国外油气勘探开发新进展丛书

GUOWAIYOUQIKANTANKAIFAXINJINZHANCONGSHU

二十一

BLOWOUT AND WELL CONTROL
HANDBOOK, SECOND EDITION

井喷与井控手册

（第二版）

【美】Robert D. Grace　著

穆增龙　李传华　李　军　译

罗远儒　审校

石油工业出版社

内 容 提 要

本书是一部理论和现场相结合油气压力控制的井控专业著作，全书共十一章，详细介绍了井控设备、常规和特殊情况下的压力控制程序、井控流体力学、井控中的特殊作业、救援井设计与作业、地下井喷、实例、应急计划和科威特灭火等内容。第二版增加了一些新内容，如：逃生系统、井屏障、MPD 设备应用、流量计、电脑程序、计算机控制的节流管汇、常规井控程序是否使用、井涌极限、负压测试、液体封隔器及第 6 章中的设备和程序、井控中的特殊作业、设备说明、弯曲考虑等内容。

本书对井控操作程序叙述得比较详细，既有理论计算的推理，又有实际的案例分析，可供从事钻井工程和现场的技术人员及现场监督参考和培训使用，同时也可作为石油院校相关专业参考书。

图书在版编目（CIP）数据

井喷与井控手册：第二版／（美）罗伯特·D. 格雷斯（Robert D. Grace）著；穆增龙，李传华，李军译.
一北京：石油工业出版社，2020.7
（国外油气勘探开发新进展丛书；二十一）
书名原文：Blowout and well control handbook, 2e
ISBN 978 - 7 - 5183 - 4005 - 7

Ⅰ. ①井… Ⅱ. ①罗… ②穆… ③李… ④李… Ⅲ.
①油气钻井 - 井喷 - 处理 - 手册 ②油气钻井 - 井控 - 手册
Ⅳ. ①TE28 - 62

中国版本图书馆 CIP 数据核字（2020）第 078564 号

北京市版权局著作权合同登记号：01 - 2020 - 4574

出版发行：石油工业出版社
　　　　　（北京安定门外安华里 2 区 1 号楼　100011）
　　　　网　　址：www. petropub. com
　　　　编辑部：(010)64523537　图书营销中心：(010)64523633
经　　销：全国新华书店
印　　刷：北京中石油彩色印刷有限责任公司

2020 年 7 月第 1 版　2020 年 7 月第 1 次印刷
787×1092 毫米　开本：1/16　印张：20
字数：480 千字
定价：150.00 元
（如出现印装质量问题，我社图书营销中心负责调换）
版权所有，翻印必究

《国外油气勘探开发新进展丛书(二十一)》
编 委 会

主　任：李鹭光

副主任：马新华　张卫国　郑新权

何海清　江同文

编　委：(按姓氏笔画排序)

万立夫　王硕亮　曲　海

范文科　罗远儒　周家尧

章卫兵　韩新强　廉培庆

序

"他山之石，可以攻玉"。学习和借鉴国外油气勘探开发新理论、新技术和新工艺，对于提高国内油气勘探开发水平、丰富科研管理人员知识储备、增强公司科技创新能力和整体实力、推动提升勘探开发力度的实践具有重要的现实意义。鉴于此，中国石油勘探与生产分公司和石油工业出版社组织多方力量，本着先进、实用、有效的原则，对国外著名出版社和知名学者最新出版的、代表行业先进理论和技术水平的著作进行引进并翻译出版，形成涵盖油气勘探、开发、工程技术等上游较全面和系统的系列丛书——《国外油气勘探开发新进展丛书》。

自2001年丛书第一辑正式出版后，在持续跟踪国外油气勘探、开发新理论新技术发展的基础上，从国内科研、生产需求出发，截至目前，优中选优，共计翻译出版了二十辑100余种专著。这些译著发行后，受到了企业和科研院所广大科研人员和大学院校师生的欢迎，并在勘探开发实践中发挥了重要作用，达到了促进生产、更新知识、提高业务水平的目的。同时，集团公司也筛选了部分适合基层员工学习参考的图书，列入"千万图书下基层，百万员工品书香"书目，配发到中国石油所属的4万余个基层队站。该套系列丛书也获得了我国出版界的认可，先后四次获得了中国出版协会的"引进版科技类优秀图书奖"，形成了规模品牌，获得了很好的社会效益。

此次在前二十辑出版的基础上，经过多次调研、筛选，又推选出了《井喷与井控手册（第二版）》《页岩油与页岩气手册——理论、技术和挑战》《页岩气藏建模与数值模拟方法面临的挑战》《天然气输送与处理手册（第三版）》《应用统计建模及数据分析——石油地质学实用指南》《地热能源的地质基础》等6本专著翻译出版，以飨读者。

在本套丛书的引进、翻译和出版过程中，中国石油勘探与生产分公司和石油工业出版社在图书选择、工作组织、质量保障方面积极发挥作用，一批具有较高外语水平的知名专家、教授和有丰富实践经验的工程技术人员担任翻译和审校工作，使得该套丛书能以较高的质量正式出版，在此对他们的努力和付出表示衷心的感谢！希望该套丛书在相关企业、科研单位、院校的生产和科研中继续发挥应有的作用。

中国石油天然气股份有限公司副总裁

译 者 前 言

《井喷与井控手册》英文第一版于 2003 年出版发行，由具有扎实的理论基础、油气田专业知识丰富和具有多年井控现场实践经验的资深专家罗伯特·D·格雷斯（ROBERT D. GRACE）先生著。14 年之后，于 2017 年出版了第二版，在第一版的基础上丰富了许多新内容，如设备对井控施工的影响、信息化控制技术、特殊情况下的处置等，提出了许多新的理论思想、控制程序和处理措施，值得国内同行认真研读、消化。

井控风险始终是石油勘探开发领域最大的风险，排在石油行业各大风险之首。而发生井喷如何处理，是钻井过程中实现安全生产的一项关键技术。钻井过程中一旦油气井失去控制，会造成人员伤亡、设备损坏、油气资源流失、环境污染等重大事故，还会影响公司声誉，甚至破产，引起社会广泛关注。因此重视井控安全，已经成为落实企业社会责任、提高政治站位的重要举措。

本书主要由中国石油长城钻探工程公司的穆增龙、李传华两位同志翻译。中国石油大学（北京）的李军教授在本书的翻译过程中提供了理论和技术指导，张锐尧博士对部分内容进行了辅助翻译。全书由穆增龙统稿，罗远儒审校。在此，对本书做出辛苦努力的各位一并表示感谢。

由于译者水平所限，难免会有不妥或不准确的地方，恳请读者和同行们批评指正。

前　　言

　　井控问题总是非常有趣。通过油气井喷失控形式释放出自然界原始能量是非常可怕的。当然,日常井控处理是一种情况,而野猫井(勘探井)的井控又是另一种情况。只要这个世界上存在钻井作业,就会有井控问题和野猫井(勘探井)问题,这就是这一专业领域的典型特点。

　　井控失败的后果是严重的,即使是最简单的井喷也能导致上百万美元设备和油气资源的损失。这些情形同样也能导致更难以估值的其他损失——人的生命。这种风险往往同时存在于非常大的石油公司和小型石油公司。它们产生于最复杂的作业过程中,如超深、高压气井,同样也可能在简单的浅气层作业过程中遇到。表层压力从 15 ~ 12000psi 的范围内,人类都曾为此失去过生命。因此,发生井控问题或井喷事故的可能性总是存在的。

　　光阴荏苒,日月如梭。曾经少年的我,如今已经老了,这似乎就是发生在转眼之间的事。但是,这期间却发生了许多事情。这些年,我有幸参与到石油工业中许多最具纪念性和最受公众关注的井控事件,包括阿瓦达(Al－Awda)项目,科威特油井灭火,以及马肯多(Macondo)深水地平线上的井喷悲剧(墨西哥湾溢油灾难)等。我研究了发生在加拿大的每一次重大井喷事故,从洛奇波尔(Lodgepole)事故起的所有事故,也包括欧德萨蒂(Old Salty)事故,那是 1916 年发生于阿尔伯达省(Alberta)北部的皮斯里弗(Peace River),是加拿大工业史上最久远的一次井喷。我一直致力于油井灭火救援工作,将方程应用以及工程概论等引入井控,这些工作对后期开发井控技术起到了很大的帮助。

　　自从本书上次更新以来,很多情况已经发生了变化。其最显著的特点就是:雄狮已逝,即石油工业界的井控泰斗都已逝世了,我们已经失去井控工业的标志性人物。

　　我最初作为一名钻井工程师,工作于俄克拉荷马市(Oklahoma)的汉布尔(Humble)石油和炼制公司,埃克森公司(Exxon)的前身。我们工作于阿科马(Arkoma)盆地,利用空气钻井。当然,每口井都存在井喷,只是规模大小的问题。我回忆当时的情形,血红的大火喷射到了井架顶部。我从中学到了很多井控方面的东西,但并没有学到太多的经典井控程序,因为这些都属于非经典性操作。

　　我在那儿工作不久,就离开了汉布尔,几个月后在得克萨斯(Texas)的潘汉德尔(Panhandle)从事咨询业务。那儿共有两名咨询师,我和凯利(Kelly)负责得克萨斯的潘汉德尔和俄克拉荷马市西部地区的所有业务。对于大多数业务,凯利能熟练应对,而我只能勉强应付。

　　在潘汉德尔和俄克拉荷马市西部,通常做法是钻进莫罗(Morrow)砂层不需要设置保护管柱(套管)。莫罗层是一种非常规压力砂层并且不可预测。因此,有一套标准操作程序来规范这种顶部不设套管时钻进莫罗系的作业，每次操作我们都努力减少暴露时间，通常是每打几英尺就停钻循环一次，观察是否有异常。由于那儿仅有几百英尺的套管设计，而在套管座和莫罗（Morrow）砂层之间有几千英尺间隔，压差很大致使关井非常困难。

大多情况是，莫罗层渗透率低，产能也低，我们能够处理遇到的天然气。但是，更可能是这种情况：我们遇到好的莫罗层，那儿出来的气体可以把我们的帽子吹飞。我们能做的就是，安装完整的节流管汇和分离器，把气体排放到池子里，直至压井成功。我当时非常沮丧，因为我们当时没有这项压井技术，不知道用什么样的钻井液密度和泵速来压井。通常只能放任井喷，直到我们经历了无数次的努力和尝试之后，我们才能在钻井液密度和泵速之间达到最优的组合。

记得有一次，我们为达拉斯（Dallas）一个叫菲隆勘探（Filon Exploration）的小公司服务，我们为得克萨斯最友好的人工作，但他对钻井和井控了解并不多。我们正在得克萨斯希金斯（Hinggins）附近钻井，设计上只有很短的一段表层套管，我们钻进离莫罗（Morrow）砂层越来越近，我打电话给联系人并告诉他，如果我们遇到浅层气之类的情况，就等着把我们的屁股烧掉吧。联系人告诉我，就在旁边扔一块石头那么远的地方，有一口支井并没有遇到莫罗砂层。我告诉他那并不代表这口井就不会遇到，我们最好准备安装上处理气体的相关设施，他问我需要什么，我说需要一套好的分离器、节流管汇、压井管汇、单向阀等，他说他会给我回话。

他后来给我回电话，说已经告诉了钻井承包商，钻井承包商也向他保证如果我们遇到气体，就会安装所有需要的设施。我告诉他这样做是不对的（因为如果遇到气体再安装就来不及了），但我们只能按他的指示做。

我给驻钻井现场的同事打电话，告诉他在钻台偏房放一个记录本，并且从现在起每钻进不超过2ft就要停钻观察一次。他照做了。

那天晚上晚些时候，我接到同事的电话，他告诉我，司钻18min内连续钻进了26ft的莫罗砂层，套压大约是800psi。那个时候过几天就是圣诞节了，我吻别我的妻子并且告诉她我不知道什么时候才能回来。我原本没必要错过与家人共度圣诞节，但我确信这次我是要错过了，这也是第一次。

我到达了井场，给杰瑞（Jerry）打了电话并且与他汇合。我们安装节流管汇并通过节流管汇开井，井口发出刺耳的呼啸声，我们遇到了巨大的莫罗砂层。我们以13bbl/min的速度泵入16lb/gal的钻井液，井一点反应也没有，我们只好重新研究方案，并且向公司办公室进行汇报，公司负责人说我们做得不对，由于我们失去了循环，应该泵入12lb/gal的钻井液，我们快糊涂了。杰瑞说自己不确定什么方法可靠，但能肯定泵入12lb/gal钻井液的方法不可行。菲隆（Filon）公司后来让步了，让我们继续按我们的思路工作。我们尽最大努力找来了所有的液压动力，在井上配制了几百桶20lb/gal的钻井液，以20bbl/min速度压入井内，最终压住了这次井喷。

我很伤心地跟杰瑞抱怨道，菲隆公司非要让我们圣诞节这一天在现场坚持工作。我们在圣诞前夜的凌晨3点完成压井并且往钻铤打水泥固住了，我们坐在井场拖车上，杰瑞问哈里伯顿（Halliburton）工程师我们需要等待候凝多长时间，那位工程师思考起来，杰瑞打断他说道，如果哈里伯顿还想继续干活的话，他的回答就应该是72小时！那个工程师又思考了一会儿接着说："我想我们应该候凝大约72小时。"接着我们打电话给菲隆公司，当然他们希望我们立即投入工作，我们也想投入工作，但是哈里伯顿说我们需要等待凝固72小时呀，公司最后很不情愿地让我们回家过圣诞节了。

这次经历给我留下了深刻印象。我从此决心从事液体动力学方面的研究。当我在汉布尔（Humble）的时候，我认识到在工程要求和实际操作之间存在着巨大差距。当我在钻井现场的时候，我发现存在断层是井控的最关键风险所在。除了传统的井控程序外，几乎没有人尝试把工程理论应用到井控实际操作上来。我内心中有一种想法，就是井喷与任何其他工程问题之间并没有什么差别，只是我们常常没有足够的数据来研究，那就意味着我们在这一领域的不确定性会比其他领域更多一些。

普雷斯顿·摩尔（Preston Moore）——伟大的钻井先生走了。普雷斯顿先生是钻井领域成人教育的先锋，他是第一篇钻井工程文章的作者，在石油工业界没有比普雷斯顿先生更有名望和受到尊重的了。普雷斯顿先生是我大学期间的指导老师，2015年年初91岁时过世，他一直是我最好的朋友，也曾是GSM公司的领头人。

杜布·戈因斯（Dub Goins）先生是写压井程序的开创者，他写的那些压井程序、那些原理现在被我们称作常规压井程序，那时候我刚从学校毕业走上工作岗位。普雷斯顿那时仍然在开放大学，主要通过"钻井实践研讨会"的形式从事继续教育，他手把手培养出了数以千计的钻井工程师和现场服务人员。

我与普雷斯顿一起工作的时候，他正在他的研讨班上教学，但我最初喜欢的是在现场工作的他。普雷斯顿先生在他的研讨班上增加了井控内容，在我与他接触期间，我见到了最新的液体动力学和传统井控的基本理论。

正如所有初学者都知道的，多相流是一门有趣且复杂的学科。油田已成功应用多相流的唯一领域就是气举作业。所有的多相计算都是建立于石油、天然气和水在细细的管柱中流动研究的基础之上的，还没有人研究过这种流动在环空流动的情况。

早期时候，我们因没有计算机而被束缚了手脚。那时，笔记本电脑只能是人们的梦想，有一个具有开方功能手持计算器的人也少之更少。直到1975年，我到蒙大拿（Montana）技术公司时，买了一个HP-41C型计算器，才能按预定的规则进行各种计算。

我的朋友鲍勃·卡德（Bob Cudd）先生离开人世有30多年了。我曾经几乎每天都和他说话,有时甚至一天说好几次。第一次遇到鲍勃时,他在奥的斯(Otis)公司。当他离开奥的斯后,我尽力雇佣他来我的公司,但是他太聪明了以至于不满足于那项工作。他继续向前走,后来创建了卡德(Cudd)压力控制公司,我们属于同一个团队——最先提供井控操作全部服务的团队。我们共同工作于许多最难解决的问题——往往是别人失败之后请我们去的。我信任鲍勃的判断力远超越了我自己。我并不总是跟他意见一致,但我仍知道他总是对的。我曾经认为鲍勃知道的东西比同行业的任何人知道的都多,但后来我发现我错了,鲍勃知道的东西比同行业的所有人知道的加到一起还多。我每天都想念着他。

我多年的另一个好朋友,帕特·坎贝尔(Pat Campbell)先生也走了。我原来总是期待着在每年的OTC会议上与他相见。他愿意到我的工作间来串门,我也愿意去他那儿。帕特总是那么彬彬有礼,而且在任何环境、任何现场都能胜任工作,我们一起为一些非常复杂的情况处理而工作,他是我推崇的一个偶像。

瑞德·阿德尔(Red Adair)也走了。瑞德是油井救火的先锋,他从事这项工作始于哈里伯顿(Halliburton)公司,后来到麦仑·克里(Myron Kinley)那里工作,麦仑的父亲是20世纪早期利用现代化手段进行油井灭火的开辟者。在20世纪50年代,麦仑离开克里公司并且开创了自己的公司,很快库茨·马修斯(Coots Mathews)和库茨·汉森(Boots Hanson)也加入了他的公司。我们总是习惯于把瑞德先生看作我们业界的巴纳姆(P. T. Barnum,美国史上最成功的娱乐之王,译者注)。他不但能力出众、创造性强,还是个爱出风头的人。我非常吃惊在大学时有一次遇到他们这三个人,那是1960年的春天,他们来到开放大学(OU)参加我们工程师的周庆典,三人全部开着红色的新卡迪拉克(Cadillacs)来的,这给一群工科学生留下了深刻印象。写本书的时候,库茨·汉森已经退休,库茨·马修斯已经离开了人世。

加拿大的安全控制公司(Safety Boss)仍在正常运转,他们是最早的井控专业服务公司。麦克·米勒(Mike Miller)是安全控制公司的骨干人物,他们做的工作都是休斯敦人干不了的活,他们的程序非常有效。事实上,他们在科威特修理了比其他任何人都多的井控设备。

简而言之,现在已经没有真正的野猫井(勘探井)战士了,那些野猫井(勘探井)救援公司被大型企业集团吞并了。那些组织对提供日常服务更感兴趣,而不是那些在极少的情况下才需要的服务,并且没有太多人对井喷服务工作感兴趣。往往是在很长一段时间内,什么事情也没有发生,然后过了一段时间,突然发生了非常严重的情况。通常,这项工作覆盖了半个地球,持续许多天甚至几个月,而且是在极端的工作和生活条件下进行。无论是圣诞还是孩子的生日,他们长期像雪橇狗一样工作,像草原狼一样生活,这样的工作不是每个人都感兴趣的。

这种情况,对石油工业的未来意味着什么?这意味着服务质量将会下降,成本将会上升,正如瑞德·埃德尔曾经说过,"如果你认为专业服务太贵,那么就等着看业余者的服务让你花费多大代价吧!"仅有花花绿绿的工作服和坚硬的头盔是不能够成为一名野猫井(勘探井)的救援者的,没有人能与瑞德·埃德尔、库茨·马修斯、库茨·汉森和鲍勃·库德等开拓者相比,他们把自己的生命和职业生涯全部献给了野猫井(勘探井)的井控工作。我仅以此书献给我的老朋友鲍勃·库德以及所有曾经为井控事业奋斗了一生的井控先烈们,一生中能够遇见他们并与他们共事,我感到非常荣幸和自豪。

鸣　谢

我要感谢我的导师,鲍勃·库德先生、杰拉德·L·舒尔森(Jerald L. Shursen)先生和理查德·卡登(Richard Carden)先生。作为和我合作了30多年并且是最亲近的私人朋友,鲍勃·库德先生不仅为这本著作做出了贡献,而且更重要的是把自己所有的经历都奉献在了这项工作上。我曾认为鲍勃知道的各种井控知识比其他人都多,后来我发现自己错了,他知道的井控知识是比其他所有人知道的加在一起还要多。鲍勃是具有丰富实践经验、理论知识和专业技能的综合代表,虽然他已经去世,但他每天都让人想念并感到悲痛。

我还要感谢杰拉德·L·舒尔森先生的奉献。作为一个非常亲近的私人朋友、商业伙伴以及同事,杰拉德和我工作中密切配合,提出了本书中的许多新概念。他是我在本行业遇到的最优秀的钻井工程师,当现场遇到最难解决的问题的时候,我最希望陪伴在身边的人就是杰拉德,这一点没有人能跟他比。

理查德·卡登先生从在蒙大拿(Montana)技术学校的学生时代就成了我的朋友和同事。他是一位杰出的工程师,我们曾经一起工作于一些非常棘手的项目。我还没有发现有什么他解决不了的问题。他技术上过硬并且特意为本书的编制做了大量工作,确保了本书的质量。

我还要感谢我毕生的朋友,普雷斯顿·摩尔博士,为了他的鼓励和灵感。说起奉献于钻井事业,没有人比普雷斯顿奉献得更多。他是50多年前我在大学期间的导师,虽然他过世了,但他的事迹至今仍然激励着我。在20世纪60年代后期,由普雷斯顿主办的世界闻名的"钻井实践研讨会"上,他和我开拓性地提出了许多现在被认为是行业典范的井控方面的新概念和新技术。

最后,我要感谢GSM员工,他们努力工作、业务专业、保证质量并以此为自豪。这里需要特别提及和感谢我的朋友、助手和秘书安吉·维吉尔(Angie Vigil)女士。最后,我要谢谢我的孙子,奎因·斯佩尔曼(Quinn Spellmann),在本书写作时,奎因是科罗拉多矿业学校(Colorado School of Mines)的石油工程专业的一位青少年,他利用现代技术努力提高了本书的图表、照片和示意图的清晰度和质量。

目　　录

第1章　井控设备 ……………………………………………………………（1）

1.1　压力、振动、冲蚀、腐蚀 ………………………………………………（2）

1.2　螺纹连接 ………………………………………………………………（6）

1.3　防喷器组 ………………………………………………………………（7）

1.4　节流管线 ………………………………………………………………（8）

1.5　节流管汇 ………………………………………………………………（10）

1.6　应急管线 ………………………………………………………………（14）

1.7　汇流管 …………………………………………………………………（14）

1.8　分离器 …………………………………………………………………（15）

1.9　压井管线 ………………………………………………………………（17）

1.10　旋塞 …………………………………………………………………（18）

1.11　逃生系统 ……………………………………………………………（19）

1.12　井屏障 ………………………………………………………………（19）

1.13　MPD 设备的应用 ……………………………………………………（24）

参考文献 ……………………………………………………………………（28）

第2章　钻井工程中常规压力控制程序 …………………………………（29）

2.1　溢流和井喷的原因 ……………………………………………………（29）

2.2　溢流的显示 ……………………………………………………………（30）

2.3　关井程序 ………………………………………………………………（34）

2.4　常规井控程序是否可适用? …………………………………………（37）

2.5　循环出溢流 ……………………………………………………………（38）

2.6　总结 ……………………………………………………………………（64）

参考文献 ……………………………………………………………………（64）

第3章　起钻时的压力控制程序 …………………………………………（65）

3.1　起钻时发生溢流的原因 ………………………………………………（65）

3.2　关井程序 ………………………………………………………………（71）

3.3　强行下钻 ………………………………………………………………（73）

第4章　井控中的特殊情况、难点及其操作程序 ………………………（81）

4.1　井口压力的重要性 ……………………………………………………（81）

4.2　常规压力控制程序中的安全系数 ……………………………………（95）

4.3　井涌时钻头不在井底的循环 …………………………………………（98）

4.4　典型程序——喷嘴堵塞的影响 ⋯⋯⋯⋯⋯⋯⋯⋯⋯⋯⋯⋯⋯⋯⋯⋯⋯⋯⋯ (98)

4.5　典型程序——钻柱刺漏的影响 ⋯⋯⋯⋯⋯⋯⋯⋯⋯⋯⋯⋯⋯⋯⋯⋯⋯⋯⋯ (99)

4.6　确定关井立压 ⋯⋯⋯⋯⋯⋯⋯⋯⋯⋯⋯⋯⋯⋯⋯⋯⋯⋯⋯⋯⋯⋯⋯⋯⋯⋯ (100)

4.7　确定侵入井筒的流体类型 ⋯⋯⋯⋯⋯⋯⋯⋯⋯⋯⋯⋯⋯⋯⋯⋯⋯⋯⋯⋯⋯ (100)

4.8　压力损失 ⋯⋯⋯⋯⋯⋯⋯⋯⋯⋯⋯⋯⋯⋯⋯⋯⋯⋯⋯⋯⋯⋯⋯⋯⋯⋯⋯⋯ (101)

4.9　应用常规压力控制程序时的套压变化 ⋯⋯⋯⋯⋯⋯⋯⋯⋯⋯⋯⋯⋯⋯⋯⋯ (104)

4.10　井涌极限 ⋯⋯⋯⋯⋯⋯⋯⋯⋯⋯⋯⋯⋯⋯⋯⋯⋯⋯⋯⋯⋯⋯⋯⋯⋯⋯⋯ (114)

4.11　恒套压、恒立压和等待加重法的修正 ⋯⋯⋯⋯⋯⋯⋯⋯⋯⋯⋯⋯⋯⋯⋯ (116)

4.12　低节流压力法 ⋯⋯⋯⋯⋯⋯⋯⋯⋯⋯⋯⋯⋯⋯⋯⋯⋯⋯⋯⋯⋯⋯⋯⋯⋯ (116)

4.13　反循环法 ⋯⋯⋯⋯⋯⋯⋯⋯⋯⋯⋯⋯⋯⋯⋯⋯⋯⋯⋯⋯⋯⋯⋯⋯⋯⋯⋯ (117)

4.14　超密度等待加重法 ⋯⋯⋯⋯⋯⋯⋯⋯⋯⋯⋯⋯⋯⋯⋯⋯⋯⋯⋯⋯⋯⋯⋯ (120)

4.15　小井眼钻井—连续取心要考虑的问题 ⋯⋯⋯⋯⋯⋯⋯⋯⋯⋯⋯⋯⋯⋯⋯ (123)

4.16　侵入流体运移时强行下钻 ⋯⋯⋯⋯⋯⋯⋯⋯⋯⋯⋯⋯⋯⋯⋯⋯⋯⋯⋯⋯ (124)

4.17　井控作业中的油基钻井液 ⋯⋯⋯⋯⋯⋯⋯⋯⋯⋯⋯⋯⋯⋯⋯⋯⋯⋯⋯⋯ (127)

4.18　浮式钻井船钻井和水下作业要考虑的问题 ⋯⋯⋯⋯⋯⋯⋯⋯⋯⋯⋯⋯⋯ (130)

4.19　负压测试 ⋯⋯⋯⋯⋯⋯⋯⋯⋯⋯⋯⋯⋯⋯⋯⋯⋯⋯⋯⋯⋯⋯⋯⋯⋯⋯⋯ (138)

参考文献 ⋯⋯⋯⋯⋯⋯⋯⋯⋯⋯⋯⋯⋯⋯⋯⋯⋯⋯⋯⋯⋯⋯⋯⋯⋯⋯⋯⋯⋯ (139)

第5章　井控中的流体动力学 ⋯⋯⋯⋯⋯⋯⋯⋯⋯⋯⋯⋯⋯⋯⋯⋯⋯⋯⋯⋯⋯ (140)

5.1　顶入压井 ⋯⋯⋯⋯⋯⋯⋯⋯⋯⋯⋯⋯⋯⋯⋯⋯⋯⋯⋯⋯⋯⋯⋯⋯⋯⋯⋯ (141)

5.2　润滑压井—体积压井程序 ⋯⋯⋯⋯⋯⋯⋯⋯⋯⋯⋯⋯⋯⋯⋯⋯⋯⋯⋯⋯ (146)

5.3　总结 ⋯⋯⋯⋯⋯⋯⋯⋯⋯⋯⋯⋯⋯⋯⋯⋯⋯⋯⋯⋯⋯⋯⋯⋯⋯⋯⋯⋯⋯ (156)

5.4　动力压井 ⋯⋯⋯⋯⋯⋯⋯⋯⋯⋯⋯⋯⋯⋯⋯⋯⋯⋯⋯⋯⋯⋯⋯⋯⋯⋯⋯ (156)

5.5　动量压井 ⋯⋯⋯⋯⋯⋯⋯⋯⋯⋯⋯⋯⋯⋯⋯⋯⋯⋯⋯⋯⋯⋯⋯⋯⋯⋯⋯ (161)

5.6　液体封隔器 ⋯⋯⋯⋯⋯⋯⋯⋯⋯⋯⋯⋯⋯⋯⋯⋯⋯⋯⋯⋯⋯⋯⋯⋯⋯⋯ (166)

参考文献 ⋯⋯⋯⋯⋯⋯⋯⋯⋯⋯⋯⋯⋯⋯⋯⋯⋯⋯⋯⋯⋯⋯⋯⋯⋯⋯⋯⋯⋯ (169)

第6章　井控中的特殊作业 ⋯⋯⋯⋯⋯⋯⋯⋯⋯⋯⋯⋯⋯⋯⋯⋯⋯⋯⋯⋯⋯⋯ (171)

6.1　强行起下作业 ⋯⋯⋯⋯⋯⋯⋯⋯⋯⋯⋯⋯⋯⋯⋯⋯⋯⋯⋯⋯⋯⋯⋯⋯⋯ (171)

6.2　设备和程序 ⋯⋯⋯⋯⋯⋯⋯⋯⋯⋯⋯⋯⋯⋯⋯⋯⋯⋯⋯⋯⋯⋯⋯⋯⋯⋯ (172)

6.3　设备说明 ⋯⋯⋯⋯⋯⋯⋯⋯⋯⋯⋯⋯⋯⋯⋯⋯⋯⋯⋯⋯⋯⋯⋯⋯⋯⋯⋯ (180)

6.4　弯曲考虑 ⋯⋯⋯⋯⋯⋯⋯⋯⋯⋯⋯⋯⋯⋯⋯⋯⋯⋯⋯⋯⋯⋯⋯⋯⋯⋯⋯ (183)

6.5　需要考虑的特殊弯曲问题——变径问题 ⋯⋯⋯⋯⋯⋯⋯⋯⋯⋯⋯⋯⋯⋯ (189)

6.6　灭火和封井 ⋯⋯⋯⋯⋯⋯⋯⋯⋯⋯⋯⋯⋯⋯⋯⋯⋯⋯⋯⋯⋯⋯⋯⋯⋯⋯ (192)

6.7　灭火作业 ⋯⋯⋯⋯⋯⋯⋯⋯⋯⋯⋯⋯⋯⋯⋯⋯⋯⋯⋯⋯⋯⋯⋯⋯⋯⋯⋯ (192)

6.8　熄灭大火 ⋯⋯⋯⋯⋯⋯⋯⋯⋯⋯⋯⋯⋯⋯⋯⋯⋯⋯⋯⋯⋯⋯⋯⋯⋯⋯⋯ (195)

6.9　封井 ⋯⋯⋯⋯⋯⋯⋯⋯⋯⋯⋯⋯⋯⋯⋯⋯⋯⋯⋯⋯⋯⋯⋯⋯⋯⋯⋯⋯⋯ (195)

6.10　冷冻 ⋯⋯⋯⋯⋯⋯⋯⋯⋯⋯⋯⋯⋯⋯⋯⋯⋯⋯⋯⋯⋯⋯⋯⋯⋯⋯⋯⋯⋯ (198)

6.11 快速分接 ………………………………………………………………………… (198)

6.12 喷射切割 ………………………………………………………………………… (198)

参考文献 ………………………………………………………………………… (199)

第7章 如何打救援井 ………………………………………………………………… (200)

7.1 回顾 …………………………………………………………………………… (200)

7.2 救援井分类 …………………………………………………………………… (200)

7.3 计划 …………………………………………………………………………… (200)

7.4 应用主动磁技术的典型救援井操作 …………………………………………… (207)

7.5 直接拦截式救援井 …………………………………………………………… (214)

7.6 几何救援井 …………………………………………………………………… (217)

7.7 总结 …………………………………………………………………………… (219)

参考文献 ………………………………………………………………………… (220)

第8章 地下井喷 ……………………………………………………………………… (221)

8.1 4000ft 以上的套管 …………………………………………………………… (226)

8.2 4000ft 以下的套管 …………………………………………………………… (233)

8.3 流体窜入层—密集序列地震—放喷井 ……………………………………… (237)

8.4 剪切闸板 ……………………………………………………………………… (238)

8.5 水泥和重晶石段塞 …………………………………………………………… (239)

参考文献 ………………………………………………………………………… (239)

第9章 实例分析:伊恩罗斯2号井 ………………………………………………… (240)

9.1 井喷分析 ……………………………………………………………………… (246)

9.2 其他可供选择方案 …………………………………………………………… (257)

9.3 观察与结论 …………………………………………………………………… (259)

第10章 应急计划 …………………………………………………………………… (260)

第11章 奥—敖达项目:科威特油井大火 ………………………………………… (263)

11.1 项目概述 ……………………………………………………………………… (263)

11.2 问题 …………………………………………………………………………… (268)

11.3 控制程序 ……………………………………………………………………… (271)

11.4 灭火 …………………………………………………………………………… (274)

11.5 切割 …………………………………………………………………………… (275)

11.6 统计资料 ……………………………………………………………………… (276)

11.7 安全 …………………………………………………………………………… (278)

11.8 总结 …………………………………………………………………………… (279)

后记 ……………………………………………………………………………………… (280)

第1章 井控设备

"可以看到,我们正在经历着一次井喷。09:40气体到达地面。"

09:40—12:30

返出流体脱气后,天然气迅速到达地面。井队报告大多数活接头(由任)和软管都发生了渗漏。在高压管汇与气压式分离器之间的一个 $3\frac{1}{2}$ in 活接头处,钻井液和天然气严重漏失。分离器安装在第一个罐的末端。天然气正从分离器的底部喷出。大约10:00,由于吸的入空气中混入天然气,钻台上电动机开始加速旋转。井队关闭了电动机。

在10:30环形防喷器开始严重漏失。关闭上闸板防喷器。

12:30—14:00

试图用钻井液和清水继续循环。

14:00—15:00

套压继续增高。从井下喷出物仅剩天然气。节流管汇与脱气器之间的管线被冲坏,刺漏更加严重。这时改用应急管线放喷,应急管线的多数联结处也发生刺漏,气流冲出应急管线和分离器。天然气在15:10着火,火焰比井架高。井架在15:20倒塌。

这段描述摘自一个真实的钻井报告。一般情况下如果设备方面不出问题,井喷是很难发生的。如果存在着上述描述过的设备问题,常规的井控问题就可能导致灾难性的井喷后果。在一些很少发生井涌的地区,承包商和施工者使用没有经过周密设计的辅助井控系统是很常见的。因此,当发生井控问题时,控制系统不能满足需要,再加上其他设备问题,井喷就不可避免地发生了。

本书是一本高级的井控操作手册,而不是对防喷器和测试方法进行探讨。因此主要讨论设备的作用、井控系统的组成和一些经常遇到的井控问题。

常言道,"看似不需要的东西会起很大的作用",这句话对井控系统非常实用。我们在实际工作中常见的情况是,在钻井过程中没有实际动用井控系统,好像也没什么问题。然而许多遇到的问题的根源就在于此。对许多钻机来讲,井控系统从来没有动用过,并且也可能将永远也用不上。

一些井队经常遇到井涌,用常规的井控方法可以将溢流循环控制。在这种情况下,稍加注意就足够了。对于多数这种情况来说,井场人员不需要考虑设备如何装配和安装的牢固程度。

在一些地方,经常用"边喷边钻"的欠平衡技术钻井。在这种情况下,井控系统非常重要,并且对井控的每一个细节都应加倍重视。

在极少数情况下,会发生井涌失控或欠平衡由可控变为失控。在这种情况下,保持非常完好的井控系统有时几乎是不可能的。当这种情况发生时,任何操作都要非常谨慎。

不幸的是,不是总能预测到什么时间和什么地点将会发生这种罕见的井喷。简单易行的办法是第一时间正确地处理它。有时最糟糕的情况就是我们碰巧侥幸地逃过了一次井喷。但是后来当我们处理同样问题的时候,总是试图以相同的方式反复做同样的事情,甚至想看看我们是否还能侥幸地逃过更多井喷。最终井喷早晚会在我们身边发生。因此,我们最好是第一次就正确地处理它。

1.1 压力、振动、冲蚀、腐蚀

当我们身边的事情都变得复杂难于处理时,需要考虑的问题是"这些问题已存在多长时间了?"。要回答这个问题,通常需考虑压力、冲蚀、腐蚀和振动等因素。

1.1.1 压力

如果井控系统的额定压力是10000psi并且已经试压到了10000psi,只要其余三个因素保持不变(这种情况很少发生),它可以很容易地工作到这个压力。对于一个装置,工作压力与其测试压力通常存在着很大差异。例如:一个10000psi工作压力的防喷器的测试压力应是15000psi。这意味着防喷器的芯子应当在10000psi的条件下工作,而在静止条件下它应当能承受15000psi的压力。

井口、阀以及所有其他组件也是同样的。这很容易理解为什么一个阀有一个工作压力和一个测试压力。然而我们也很自然地产生疑问:四通没有可活动的部件,为什么也有一个工作压力和一个测试压力?似乎它的工作压力和测试压力应该一样。

1.1.2 振动

当装置振动时,其工作压力就下降。目前还没有可以预测振动影响的模型。剧烈振动时所有的连接部位都有松动的趋势。就像第9章所描述那样,在伊恩罗斯井(E. N. Ross),钻井泵上的高压旋转接头在压井过程中由于振动造成松动,导致硫化氢溢出,气体被点燃,钻机被烧毁。

1.1.3 冲蚀

井控系统的冲蚀是经常遇到的严重问题。在日常钻井循环出溢流物和气体时,由于溢流速度小且井控系统与流体的接触时间短,冲蚀通常不严重。在高溢流速度情况下,冲蚀就会加剧。这就是为什么许多井控系统不能适用于复杂条件。当然复杂条件也不是经常存在。

许多井喷事故中,干气没有严重的冲蚀作用,至少没有什么硬度会高于 N－80 钢级。北非的一口生产井放喷时,喷速大约是每天 $200 \times 10^6 \text{ft}^3$,伴随有约 100000bbl 原油。井喷持续达6个星期,但井口和放喷管线没有明显冲蚀现象。用壁厚测试仪测试表明壁厚没有明显减少。

美国南部一口深井井喷时,3.5in 钻杆(套管是 7in)的喷速每天超过 $100 \times 10^6 \text{ft}^3$,地面压力低于 1000psi。人们自然很关心钻杆是否被严重冲蚀或被切断。大约 10d 之后起出钻杆时发现钻杆被冲刷得很光亮。除此之外,钻杆没有受到其他影响。

不巧的是,还没有一本专门研究磨损影响的参考手册。生产设备的磨损在 API RP 14E 中有比较全面的规定。设备设计为长寿命并且井控系统也设计为短时间内可用于极端恶劣条件,API RP 14E 还提供井喷条件下与装备冲蚀有关的问题和因素分析。对于所遇到流体的临界速度推荐了一些实用的关系式。API 给出的关系式为：

$$v_e = \frac{c}{\rho^{\frac{1}{2}}} \tag{1.1}$$

$$\rho = \frac{12409 S_1 p + 2.7 R S_g p}{198.7 p + RTz} \tag{1.2}$$

$$A = \frac{9.35 + \frac{zRT}{21.25 p}}{v_e} \tag{1.3}$$

式中　v_e——流体冲蚀速度,ft/s；

　　　c——经验常数,非连续工作 $c=125$,连续工作 $c=100$；

　　　ρ——操作温度下气体/液体混合密度,lb/ft^3；

　　　p——操作压力,psi；

　　　S_1——平均液体相对密度；

　　　R——气体/液体比率,ft^3/bbl；

　　　T——操作温度,°R；

　　　S_g——气体相对密度；

　　　z——气体压缩系数；

　　　A——需要的最小过流横截面积,in^2/(1000bbl/d)。

　方程(1.1)、方程(1.2)和方程(1.3)已经用于图 1.1 中,它来源于 API RP 14E,可以用于预测影响冲蚀的因素。因为可压缩流体的速度随压力的降低而增加,图中给出了避免速度随压力降低而呈指数方式增加所需的过流横截面积。

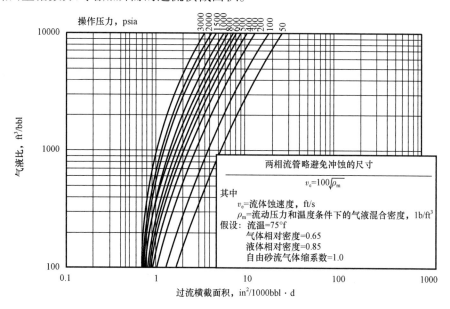

图 1.1　冲蚀速度图

然而,从图 1.1 和方程(1.1)、方程(1.2)、方程(1.3)可以看出,高气液比率比低气液比率更容易发生冲蚀。

固相的存在导致了系统的冲蚀变得不可预测。专门从事压裂模拟以及与钻井液管线有关的油田服务公司,非常清楚在只有液体存在的情况下固相的冲蚀作用。对地面设备的测试表明,放喷管线、节流管汇、带有弯头的旋转接头和短半径弯接头在大约 40ft/s 的速度下,甚至压力高达 15000psi 时可保持完好 6 个月。

进一步测试表明:除速度之外,管线的磨损是由冲击角或钻井液固相的冲击角和管线的强度、延展性和固相的硬度等决定。在冲击角小于等于 10°时,硬脆性材料的冲蚀磨损几乎为零。在这些试验中,最大的磨损速度发生在冲击角在 40°~50°的时候。水泥浆中的固相比管材表面更硬时,磨损速度增加。砂子比钢材的硬度稍大一点,重晶石的硬度比铁矿粉要小很多。

砂子和重晶石这样的固相在井喷或压井时混入气体和钻井液中情况下,管线的冲蚀和磨损速度还没有权威的数据。毫无疑问,钢材在多数条件下存在冲蚀问题。API RP 14E 仅说明了这个经验常数 c,对于砂岩 c 应该小一些。

流体中的固相对井控系统的损坏非常严重。得克萨斯州惠勒县(Wheeler)的阿帕奇(Apache)Key1 - 11 井就是一个典型例子。Key1 - 11 井发生了得克萨斯历史上最严重的一次井喷,当然也是最困难和难以被预测的一次井喷。大于 90ft 厚的莫罗(Morrow)砂岩,喷速超过了 $90 \times 10^6 ft^3/d$。Key1 - 11 井是安纳达克(Anadarko)盆地钻的最好的一口井。1981 年 10 月 4 日,在等待管线连接时,该井莫名其妙地发生了井喷。把井口、80ft 2⅞in 油管、80ft 7⅝in 套管和 12ft 10¾in 表层套管喷出井口。喷出物毫无阻拦地喷到大气中。

Key1 - 11 井于 1981 年 10 月底被控制住。3d 后所有的放喷管线都打开来释放压力。如图 1.2 中所示,45°的弯接头完全被冲蚀报废。此外,一个连接到放喷管线上的 7¹⁄₁₆in 10000psi 阀也被冲掉。

井口控制装置移去后井口继续溢流,进行了后续的压井作业。喷出的砂粒具有特殊的颜色,被认为是来自油管和 2 层套管柱分隔开的产层。

Key1 - 11 井井控操作应注意的另外一点是:加工组装了一个 20in,10000psi 的井口装置来控制井口。由于体积大又很重,井口装置被分成几部分装到井口上。在安装第二部分时钻井队发现第一部分的螺栓已松动。因此,第一部分又被拆下来进行检查。如图 1.3 所示,套管

图 1.2　Key1 - 11 井

头在钻机槽以外被严重冲漏,在紧固四通螺栓和吊装第二部分的不到 2h 内,就发生了严重的冲蚀。

随着时间的增加,发现井内流出流体更强的破坏作用。采用动量压井时,7⅝in 套管内下入了一部分 5½in 套管。在套管的井口处安装了一个 10000psi 的阀。压井结束后井口只停流了大约 1h 后又重新发生溢流。那个 10000psi 的阀仅使用了几分钟,5½in 套管就被冲蚀到通过内螺纹能看到其内部的螺栓。可以想象冲蚀是多么严重。

图 1.3　严重冲蚀后的套管头

所有井控设备内部和节流管线的内部必须用钨、铬、钴合金来防止冲蚀。井控作业将要结束时,平均每月从外溢流体中分离并运走 2000yd³ 的固相物质。

像这样严重的井不一定是高压井和深井。2000 年 3 月 12 日,加拿大阿尔伯达塔博(Tabo)附近的一口井发生了井喷,虽然井深只有 3500ft 而且地层压力是正常压力,但溢流速度估计在 $(20 \sim 40) \times 10^6 ft^3/d$。

井喷发生 30min 后,节流管线上就冲蚀出几个洞,地面管汇房内充满了天然气。后来检查发现节流管汇上有数个洞。图 1.4 所示就是其中的一个。不到 2h 钻井四通冲蚀断掉(图 1.5)。

图 1.4　冲蚀出几个洞的节流管汇图
(经加拿大 Conoco 公司允许复制)

图 1.5　被冲蚀断裂的四通照片
(经加拿大 Conoco 公司允许复制)

当套管头移开几天后已变成像纸一样薄(图 1.6)。用救援井压井成功之后发现表层套管已被冲蚀得很薄不能再支撑套管头。

地层中固相颗粒通常是造成冲蚀的主要因素。但是,钻井液中的固相也具有冲蚀作用。重晶石具有冲蚀作用,铁矿粉的冲蚀作用比重晶石还强。

前面提到的北非那口井,因为用密度是 20 lb/gal 的钻井液压井(加重材料是重晶石和铁矿粉),造成连接泵站一端的一部分软管早期损坏。当软管坏掉之后钻井作业停止,然而井内

图 1.6　套管头变薄照片
（经加拿大 Conoco 公司允许复制）

钻井液密度不足以平衡井底地层压力,因此导致井涌的发生。在压井液到达地面之后的几分钟之内,套管头因冲蚀作用而报废。

因为冲蚀是速度的函数,它首先发生在井控系统内。通常,溢流流体流经管道的转弯处是最容易发生冲蚀的地方。无论在哪里,转弯处都是最容易发生冲蚀的地方。在井喷条件下,应该重点监测所有管线转弯处的壁厚,包括井下管柱。壁厚测试在钻井上非常简单实用。

1.1.4　腐蚀

多数腐蚀过程需要大量时间,通常在井控操作中不明显。然而,井控操作中有两种基本的腐蚀因素必须考虑:硫化氢和二氧化碳。

20 世纪 80 年代中期,在加拿大阿尔伯达的埃特蒙顿西部,洛基坡(LodgePole)的井喷主要是硫化氢导致了严重的灾难。井喷发生在起钻过程中。决定起完钻后再关闭全封防喷器,但硫化氢导致钻杆在井口附近断裂,因此,无法继续下钻。钻杆被喷出后打火点燃了天然气。

硫化氢对钢材的腐蚀作用已在 NACE 中有描述。NACE 手册中对油田管材的使用限制做了规定,手册的可信度非常高。在美国南部的井喷中,当地面温度降到 200℉ 以下时才考虑硫化氢的腐蚀问题。在整个井喷过程中,地面温度通过调节流速使之保持在 200℉ 以上,就没有硫化氢的腐蚀问题发生。

二氧化碳的腐蚀所需要的时间比硫化氢要长得多,它通常是非常突然的。在持续几周时间的井控作业过程中,二氧化碳腐蚀问题就可以不用考虑,因为它需要很长接触时间。但是,二氧化碳的腐蚀也不能忽视。二氧化碳腐蚀所需要的环境不像硫化氢腐蚀那样可以预测。

总体来说,二氧化碳腐蚀需要局部压力。局部压力是摩尔数乘以总压力。对于多数气体来讲,摩尔数大约等于体积分数。如果二氧化碳的局部压力超过 30psi,腐蚀一定存在。如果二氧化碳的局部压力保持在 7 ~ 30psi 之间,腐蚀可能存在。如果二氧化碳的局部压力小于 7psi,腐蚀不可能存在。

在 TXO 马歇尔(Marshall),二氧化碳的存在使得原来的工作变得复杂。井控工作同样变得困难。当井压住之后,移走防喷器发现防喷器内部几乎全部被腐蚀和冲蚀,变成了蜘蛛网状。

1.2　螺纹连接

对于排污管线连接、洒水装置和家庭用水管线等采用螺纹连接是可以的,但在井控系统中就不能用螺纹连接。在过去的 35 年中我从鲍勃·卡德(Bob Cudd)那里学到了许多东西,其中最重要的一条是:鲍勃总是建议井控作业一定要"高标准、笔直和齐平",而螺纹连接不属于此。

20 世纪 60 年代,我有机会第一次调研井控事故。在俄克拉荷马州潘罕道(Panhandle),一家大公司在一口浅井上遇到了井控问题,有 2 人被严重烧伤,其中 1 人死亡。他们试图用带有

11V 型螺纹 2⅜in 特别双倍加厚接头的阀向环空泵入钻井液压井。我收集到的资料表明：该接头的额定压力是 5000psi，但由于铸造问题，螺纹只有一半，当压力达到 1500psi 时就发生了问题。

11V 型螺纹不是好的螺纹形式。V 型螺纹允许应力在"V"的底部集中。此外，V 型螺纹是锥形螺纹，管子螺纹部分的壁厚在加工完螺纹后变薄。如果没有完全连接啮合，那最后啮合的螺纹将是最薄弱的地方。当我计算由于壁厚的减少、水击等造成的强度减少时发现：5000psi 工作压力的接头由于条件的改变将大约为 1500psi 这几乎就是问题所在。

在另外一项工作中，10V 型螺纹损坏造成事故导致数人死亡。最近，我调研的另外一起事故是因钻台输入管线上一个螺纹连接阀损坏而导致的，并且还伤了一个人。情况非常相似，11V 型螺纹也没有加工完整，在远未达到额定工作压力时就发生损坏。幸运的是没有人员伤亡。

API 圆螺纹也好不了多少。在得克萨斯州帕瑞敦(Perryton)的边缘地区，双重采油树用 8Rd 连接。我们每星期六上午把一个润滑塞注入到井口装置中。润滑塞进入双重采油树内部指定位置上部，当操作人员向其注入润滑剂时，塞子松动，切断了底部主阀的连接部位，差点伤着自己。

在增产措施施工中，作业公司通常在高压设备上使用螺纹连接是事实。但不同的是，所有连接是由培训过的工人操作。而钻井中这项工作是由没有培训过的钻工完成。

过去，我自己也使用球阀安装过许多节流管汇，在节流阀之后用螺纹连接。这有两方面的原因。一是我从没有允许节流阀之后的管线有压力；二是我在现场监督连接。节流阀之后的管线一定不允许有压力存在，分离器的内管路毕竟通常有 300psi 左右的压力。当工人们关闭时就可能发生意外事故。我见到过一个水平低的工人在压井过程中企图关闭在节流阀之后管线中的球阀。他这样做有可能伤害到他自己，幸好是在流速较大时任何人几乎不可能去关闭球阀。

1.3　防喷器组

有趣的是，防喷器组本身没有发生过太多的事故。有一个例子发生在怀俄明州(Wyoming)，由于铸造问题造成防喷器损坏；另一个例子是 5000psi 的环形防喷器在 7800psi 时损坏。一般来讲，防喷器组件的性能是非常好的并且非常可靠。

一个经常遇到的问题是：设备要用时不起作用。在得克萨斯州加拿第安(Canadian)的一口井上，在一次井喷时环形防喷器被关闭，但蓄能器不能保持压力。当蓄能器压力下降后环形防喷器不正常地打开时，希尔森(Shursen)和另外一个人就站在钻台上。环形防喷器被迅速打开后，大火很快吞没钻台，庆幸的是没有人被大火严重烧伤。火源一直没有找到。钻机完全停掉时，储能器应该处于工作状态。

另一个实例发生在(美国)阿肯色州，防喷器不工作导致井喷。由于蓄能器没有正确组装，环形防喷器不起作用。当防喷器关闭后闸板与控制杆脱离之后，防喷器闸板不能打开。很难相信报告中所说的防喷器已经试压。

还有一个实例，在钻开目的层前准备试压。报告中记载，防喷器组已试到 5000psi 的工作压力。试压失败后发现：防喷器的螺栓孔已生锈。

这些情况在世界各地是不一定相同的，但在各地的油田中又能经常遇到。操作人员应该将防喷器进行试压以确保它能正常发挥作用。

　　远离钻机的远程台是一个非常好的做法。有的井场,远程台紧靠钻井泵,井下压力升高后冲击钻井泵和立管间的水龙带,着火时远程台可能首先被烧掉。图1.7所示的四通可以保护钻机,它可以通过应急管线放喷和通过压井管线压井。

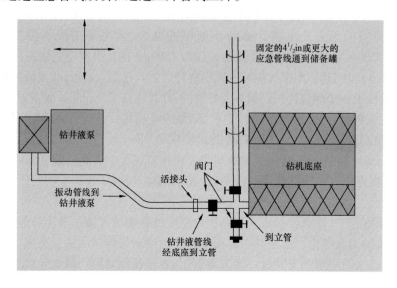

图1.7　四通与钻机连接图

　　无论是陆地上钻井、海上钻井、边远地区钻井或城市中钻井,这一章适合于所有作业。一些特殊情况需要特殊考虑。例如:海上作业所需要的设备被限制在一个很小的空间内,但必须牢记:一口油井只有深度,它不会说话,不知道自己在哪里。还要牢记:钻台下就是海水。因此,由于空间的限制而做出一些牺牲和妥协,会导致严重的后果。

1.4　节流管线

　　许多井控问题都发生在节流管或它后面的管线中。通常钻机的防喷器组和点火管线都有处理严重情况的安全储备能力。为了搞清楚为什么要安装节流管,必须记住井控作业时含有大量固相的地层流体具有很强的磨蚀作用。

　　一个常规的节流管线如图1.8所示:两个阀用法兰连接到钻井四通上。从防喷器中接出几条管线,因为使用过程中存在着严重的磨损和冲蚀,这些管线日常不能使用。

　　一个阀是液动阀,另一个是备用安全阀。液动阀的位置非常重要,它通常是接在紧靠四通的备用阀的外侧,备用阀只有在液动阀失效时才使用。许多作业者常将液动阀安装在备用阀的内侧,这是不正确的。经验表明:井眼和阀之间距离太近,在正常钻进条件下,钻屑或重晶石可能导致管线堵塞。因此,当发生问题时,节流管汇可能由于堵塞而不能使用。液动阀接在套管四通旁就可以减少或避免这些问题的发生。

　　由于备用安全阀总是安装在内侧,因此在多数情况下液动阀安装在备用阀外侧是比较好的选择,它可以定期进行检查和冲洗以保证节流管线不被钻屑所堵塞。

　　在采用欠平衡钻井的地区,如得克萨斯州的西部,通常是用气体钻井,井控设备的磨损是

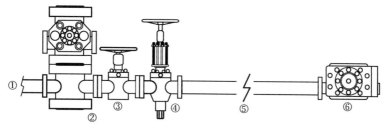

①—压井管线；②—钻井四通；③—手动闸板阀；④—液动闸板阀；⑤—节流管线最小外径（4in）；
⑥—通向节流管汇的四通

图 1.8　节流管线

一个严重问题。在这些地方,通常是有多条节流管线。这个做法是合适的,万一原来的管线磨坏或堵塞,启用备用管线是非常好的选择。

在井控中基本上是安装一套备用系统以防止设备发生问题时不至于导致灾难性的后果,但第二条节流管线必须要与第一条管线一样坚固和可靠。有一个实例:第二条管线是从填料式套管头接出 2in 管线。第一条管线坏掉后第二条坏得更快,这是因为第二条管线是从套管头处接出的而不是从四通上接出的。井喷从防喷器之下发生,导致着火将钻机烧毁。

因此,备用节流管线应该从压井管线中接出或从备用钻井四通处接出。此外,它必须与第一条节流管线具有同样的尺寸和额定压力。

从节流阀到节流管汇之间的节流管线经常容易出问题。管线必须用法兰连接,最小外径是 4in 并且从防喷器组到节流管汇之间应当是平直的。任何弯曲、拐弯或弧度都很可能发生冲蚀。一旦发生问题,井控作业就非常困难,造成严重损失,有可能引发灾难或前面所提到的所有问题。一定牢记:一定要是平直的,并且不能用螺纹连接。

如果节流管线中需要转弯,那应该是图 1.9 所示 T 形和靶形弯头。靶端必须用耐冲蚀材料填充并且要足够深来承受冲蚀。流体流向必须是流入靶端。

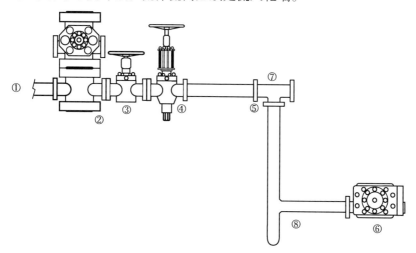

图 1.9　带有转弯的节流管线

①—压井管线；②—钻井四通；③—手动闸板阀；④—液动闸板阀；⑤—节流管线最小外径(4in)；
⑥—通向节流管汇的四通；⑦—法兰连接的靶形弯头；⑧—T 形弯头

图 1.10　连接错误的节流管线

图 1.10 所示的是一个连接不正确的节流管线。请注意:节流管线有轻微弧度。此外,靶形弯头是反向安装的。靶形弯头的方向是常容易安装错的,所以在所有作业中都要留意检查这一点。

节流管线应当首选连续长直钢管。旋转连接只用在压裂和固井作业中而不用于节流管线或任何压井作业。在密西西比州南部的一口高压含酸性气体的深井中,因活接头损坏造成钻机烧毁。

最近几年软管的使用越来越普遍。软管连接又快又方便,但软管仅推荐用于在没有其他选择条件下浮动(海洋)钻井作业中。迄今为止北海发生的两次严重井控问题的根源都是软管发生了问题。

软管和旋转接头在许多井上使用很好是因为这些井没有发生严重的井控问题。当发生严重的井控问题时,设备完好至关重要。旋转接头可以在短时间内用于压井作业时的泵入管线。正如本文所说的,软管连接可以限制在泵的吸入管线中使用。但不能推荐用软管替代节流管线。尽管有关资料标注的性能很高,但橡胶不可能比钢材硬。

总之,节流管线应当是平直的并且其直径不小于 4in。不允许用软管和旋转接头,而且任何转弯都要如图所示带有"缓冲"。最后还应当清楚:如果流体中含有大量的固相,那么包括钻井四通在内的任何地方都将发生冲蚀,只要有流体流过,就存在管线转弯处的冲蚀问题。

1.5　节流管汇

1.5.1　阀

节流管汇的最低配置要求如图 1.11 所示。我见过用一些报废的设备组装起来用作节流管汇的,如图 1.12 所示。在多数情况下,它还不如没有节流管汇仅有一条应急管线好。

图 1.11 的节流管汇中,日常使用的是外侧的阀,内侧的阀用于意外紧急情况或外侧的阀密封失效的时候。闸板阀通常能承受严重的磨损和剪切作用,必要时并能起到足够的密封作用来安装另外的阀。根据需要,闸板阀可以设计成开式或闭式。它不用于节流,因为那是节流阀的功能,由于闸板阀本体可能被冲蚀,所以闸板阀不作为节流使用。闸板阀用于封截流体,若流体中没有大量砂子或冲蚀性固相,闸板阀能被关闭且在任何压力下都可以封住。

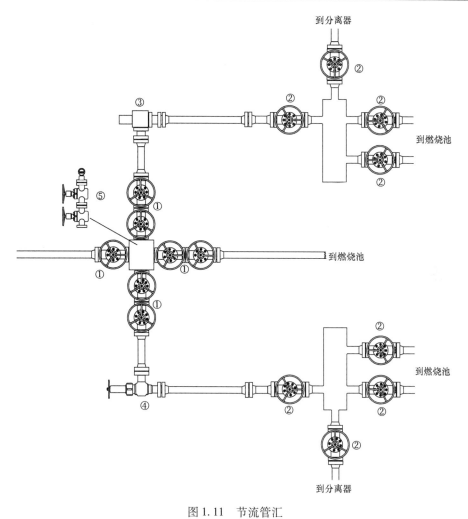

图 1.11　节流管汇

①—3⅛in 平板阀；②—3⅛in 平板阀(额定压力是 1 号阀的 1/2)；③—液压节流阀；

④—手动节流阀；⑤—2⅛in 平板阀(额定压力与 1 号阀相同)

图 1.12　报废设备组装的节流管汇

我组装过许多节流管汇,节流阀前用闸板阀,节流阀后用球形阀。我将这些节流管汇用于恶劣的条件,它们没有发生过任何事故问题而且工作得很好。但球形阀在流量大时不能关闭,由于这个原因,我再也没有用球形阀组装过节流管汇。

石油行业一般标准是节流阀之后阀的额定压力至少是节流阀前面阀的一半。例如:常用的10000psi的节流管汇,节流阀前面阀的额定压力是10000psi而节流阀后面阀的额定压力是5000psi。这不是不变的标准,但我从来没有在实践中试图去证实它。

节流阀之后的工作压力很少达到每平方英寸几百磅。通向钻井液池管线末端、分离器出口端以及点火管线末端的工作压力都是大气压力。分离器的工作压力不会高于200psi,因此,有什么地方的工作压力能超过5000psi?答案是不可能的。对于10000psi的节流管汇,节流阀后面的5000psi额定压力是任意给定的。

对于节流阀后面的阀,考虑增加壁厚是很有必要的。牢记:随着流速的增加,冲蚀的趋势也显著地增加。因此,最容易发生冲蚀的地方就是节流阀后面的管线。节流阀后面的任何部件、管线的内径都应是不变的。内径的任何变化都将增加发生冲蚀的可能性。

当井变得复杂和有可能发生井控问题时,备用一条节流管汇是非常必要的。图1.13所示

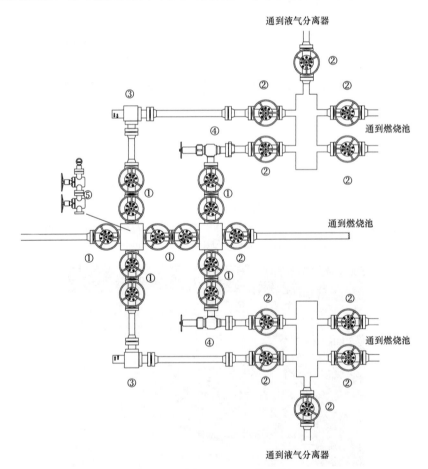

图 1.13　4$\frac{1}{16}$in 10000psi 节流管汇

①—4$\frac{1}{16}$×10000psi 阀门;②—4$\frac{1}{16}$×5000psi 阀门;③—液动钻井节流阀;④—手动节流阀;⑤—2$\frac{9}{16}$×10000psi 阀门

的节流管汇是最近在南得克萨斯州海湾的一口井上组装的。如图所示,这套节流管汇中有四个地方可以安装节流阀,非常容易操作。任何一条管线都是初始管线。因为任何一条管线都是单独通向分离器,管汇的任何系统都有备用管线。所以,任何部件损坏都不影响作业。

1.5.2 钻井节流阀

闸板阀后面的阀是钻井节流阀,钻井节流阀是井控系统的心脏。在现代钻井节流阀出现之前,日常井控无法进行。正向阀和生产阀不适用于井控作业和恶劣工况,除非特殊生产井测试需要,否则,正向阀和生产阀不能用在节流管汇中。井控作业时最好的生产阀也可能在几秒内报废。如果节流管汇被生产阀隔开,需要时要由焊工来安装一个备用钻井节流阀。在井控系统使用过程中这种作业显然不是好的做法。如果节流管汇确实需要生产阀,推荐将系统隔开以便于安装一个备用钻井节流阀。即使这样,仍然需要对新安装的设备按井控作业程序试压。

在20世纪50年代后期,井控公司用一系列带有固定闸板的分离器控制溢流。在这项技术应用前,要在环空保持一定压力来进行井控是不可能的。分离器的使用也很笨拙。根据预期环空压力的大小,通常系统由2到3个分离器组成。环空压力通过分离器的作用逐步下降到保持一定压力。它虽然在技术上向前迈出了一大步,但还不能完全满足节流阀能够承受含有固相的多相流冲蚀要求。

根据分离器的第一个作用,我们将它俗称为"马屁"阀。从它的名称中我们不难明白它的工作原理。如图1.14所示,这是开启型的环型防喷器。流体流入橡胶的球囊,通过压迫球囊的背面保持井内压力。固相可能损坏球囊,操作者需要同时加倍注意所有地方的压力。因此,使用非常笨拙。

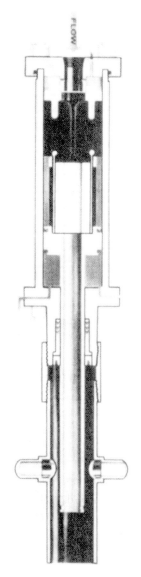

图1.14 "马屁"阀

根据节流方式的不同,所有的现代钻井节流阀分为两类:一类阀是通过旋转两个具有相匹配的开口来达到节流。有的阀使用平盘,也有的阀使用柱面或贯笼。图1.15所示的斯瓦柯(SWACO)公司的特级阀就是常规的第一类阀;在斯瓦柯(SWACO)公司的特级阀的流道内,有两个表面经过碳化钨处理的圆盘。两个表面圆盘都有半月形的开口,一个固定而另一个由水力驱转。当半月形的开口转到固定

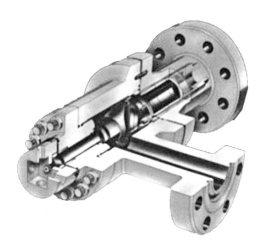

图1.15 斯瓦柯公司的特级阀

圆盘上的半月形的开口时,流体可以通过。这样通过减小匹配圆盘开口大小完成节流。

图1.16所示的喀麦隆(Cameroon)钻井节流阀代表的是另一类阀。在这类阀中,碳化钨柱塞用水力嵌入碳化钨轴套中。其作用类似于常规的生产阀。节流的程度取决于柱塞在轴套中的深度。

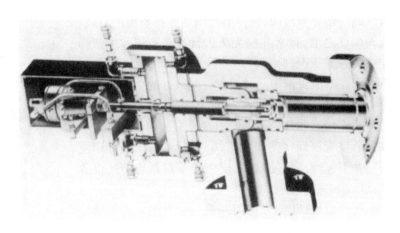

图1.16　喀麦隆钻井节流阀

节流操作系统使用前对其有所了解是很重要的。没有装配动力能否操作？它能否测试到工作压力？是否需要有多个操作站？如果操作站液压系统是用长软管相连,阀是否会不安全？更换阀是否困难或消耗时间？

无论是决定用哪种阀,现代钻井节流阀都是非常可靠的。

1.6　应急管线

如图1.13所示,大多数地面管汇的中间部分是应急管线。这条管线的直径是4in或更大,并且是径直通向点火池。其用途是当井场条件恶化到无法忍受的程度时,能够向点火池放喷。正确使用应急管线是非常好的做法,不正确的使用会带来问题。例如:有一次,钻井队无法使钻井节流阀正常工作,为释放井内压力,启动了应急管线,然而应急管线中的阀不正确的操作造成向井内加了回压,其工作不到30min阀就被冲坏,造成节流管汇不能用。没有别的选择,最后只好关井让其进行地下井喷,直至节流管汇修复为止。

一般阀只能关和开,而节流阀是设计用于节流。如果应急管线投入使用,它一定要径直地通向点火池。

1.7　汇流管

在常规的油田现场节流管汇中,节流阀后面的管线在汇流管处被连接在一起。其作用是从这里开始管线被分成一路或多路流向分离器或点火池。

一些汇流管制作得很坚固,比炮筒还重。但是也有些现场的汇流管是用废弃套管制成的。多数汇流管使井控系统效用降低。我认为汇流管是导致许多问题的根源,应当取消。

图1.17和图1.18所示的就是许多操作系统中所用的汇流管。这种系统有两方面原因可

能导致失败。从节流阀到汇流管之间的管线的外径只有2in,这将导致流体流速过高,且导致汇流管的背部由于流体流入汇流管的扩散喷射作用而被冲蚀。显然,井失去控制时,根据地面压力和套管设计不得不放喷或关井让其进行地下井喷。在多数情况下,其结果就是关井让其进行地下井喷。

图 1.17　汇流管之一

图 1.18　汇流管之二

如果应急管线也连接到汇流管上(多数情况如此),发生的任何事故几乎都将是灾难性的。汇流管通常靠近钻机。如果发生事故,继续放喷显然是很危险的。如果使用汇流管,将存在着严重的火灾和钻机被烧掉的危险。如果决定关井,套管将产生破裂或肯定会发生地下井喷。在有备用管线维持所有操作时没有理由保留汇流管。图 1.11 和图 1.13 所示的两种节流管汇就没有汇流管。

井控操作中的许多设备故障发生在节流阀与分离器之间。至于从节流阀直接接出的管线,最主要的问题是由于管线尺寸不够而导致的冲蚀问题。为了降低流速,应当至少使用外径是 4in 的管线。任何突然改变管线直径的地方都将存在严重的冲蚀。这些管线都不能承受高压,但它们的屈服强度应当是 80000psi 或更高以便使得其硬度高于流体中固相颗粒的硬度来减少冲蚀。2in 管线太细,任何操作都不能用。

1.8　分离器

当进行井控作业时,所有部件都有备件是至关重要的。在许多井控作业中节流阀之后的部件没有备件,一旦发生故障,操作是相当危险的。因此,各部件有备件是十分重要的事,需要特别注意。

连接到分离器的管线通常是会发生问题的。从节流阀中流出的流体速度很高,高速的钻井液、气体、重晶石和钻屑产生很强的切削作用。严重时冲蚀能在几秒内将管线的转弯处报废。即使是不明显的轻微弯度也能在数分钟内冲蚀报废。

这些连接节流阀和分离器的管线必须尽可能笔直。如果直的管线不可能,则必须使用靶形弯头。如图 1.19 所示的在海洋上用于深井高压井中的连接,严重时将在数分钟内冲蚀报废。不推荐使用像高压旋转接头的软管和旋转接头。

连接管线的外径应当不小于 4in,在高产的托斯卡路撒(TuscaloosaTrend)井,连接汇流管和分离器的管线外径通常是 8in,即使是 8in 管线,如果需要也应当使用靶形弯头。在一次井

图 1.19 海洋上用于深井高压井中的连接

图 1.20 典型海上作业用的分离器

控作业中,连接节流管汇和分离器的8in管线中的一个转弯仅在数小时内就被冲蚀报废。

分离器通常是最有可能发生问题的地方。分离器经常遇到的问题是其容量、无法控制流体液面以及分离器本体的腐蚀问题。分离器的容量应当足以处理预期气体量的需要。分离器处理气体的能力取决于分离器的容积大小、最大工作压力和点火管线尺寸。

经常遇到一些分离器太小和设计粗糙问题。海上作业中,由于空间受到限制,分离器经常被忽视。如图1.20所示是常规的海上作业用的分离器,它容积小,安装不正确且无法接近。在陆上作业中,井控问题较少遇到。分离器内的管路通常存在问题,像节流管汇系统一样,不能完成设计任务。如图1.21所示是一个典型例子。分离器简单地用废弃的套管制成。这种情况还不如没有分离器或节流管汇系统好,钻井队唯一可行的办法是关井等待专业人员。

所有在井控作业中使用的分离器都应当足够大。所有的内部管路的直径应大于4ft,高度大于8ft。象托斯卡路撒的高产井,所用的分离器内部管路的直径是6ft,高度是25ft。

分离器内管路操作压力和处理气体、液体量也取决于分离器大小。分离器内管路操作压力一般是125psi,但整个系统的操作压力受液面控制装置的限制。推荐使用正向液面控制,它可以使得系统更可靠。

但是,经常见到的情况是分离器液面简单地靠钻井液液柱来控制。有时分离器的管路仅简单地浸入钻井液池内数英尺深。另外一种情况是靠静水压力的升降来控制液面。因此,当分离器管路内压力超过控制液柱液面的静水压力时,气体和储层流体将从分离器的底部流入钻井液池。这种情况在分离器能经常见到,它可能导致意想不到的灾难。

从图1.20可以看到,分离器内液面是用图1.20左侧的静水压回路来控制的。这个回路的长度有3ft,因此,当分离器内管路最大压力超过3psi时,分离器中的气体将直接混入钻井液中,此时,钻井液中的气体基本无法排出。任何严峻的井控作业用这种分离器是不可能完成的。

图 1.21　用简单套管制得分离器图

从分离器到点火池的点火管线的直径和长度是系统的重要部分。点火管线的尺寸越大越好。点火管线必须是直的并且其外径不小于6in。在托斯卡路撒的高产井,常用的是12in的点火管线,点火管线的长度不小于100yd,点火池不能靠近公路或建筑物。有这样一个例子:点火管线的长度距钻机不到30yd,任何点火都将导致无法上钻台。还有这样一个例子:点火池靠近唯一一条进入井场的公路,当发生井喷时,为了进行压井作业不得不重新修一条通向井场的路。

最后,流体流入分离器管路也很重要。一些分离器设计成流体沿切线方向流入,即流体沿着管路的管壁流入。如果流体仅是气体和液体,这种设计是安全的。然而,如果流体中含有固相,则管路将很快发生冲蚀。流体垂直流入分离器管路是最好的。图1.22是可以采用的分离器设计。

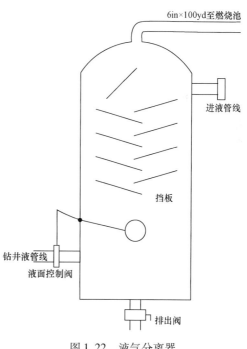

图 1.22　液气分离器

1.9　压井管线

压井管线的作用(图1.23)是进行远距离压井作业。压井管线从井口开始通常长 100 至 150ft。有些作业者在管线的末端装一个阀。

压井管线除了在应急情况下从不使用。从压井管线阻流阀向外的管线应当是直的。管线的末端的阀是选装的。

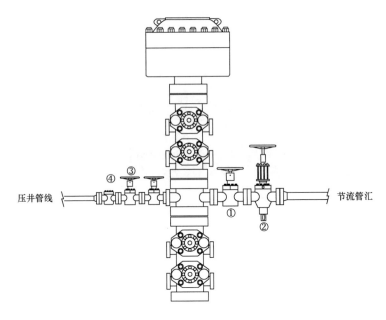

图 1.23　10000psi 压井管线
①—闸板阀;②—液动闸板阀;③—闸板阀;④—阻流阀

　　压井管线不能用作加灌钻井液管路。在一个地区,加灌钻井液管线与压井管线相接,当发生井涌关井后,压力的升高导致加灌钻井液管线破裂。最后着火将钻机烧毁。在许多地区,压井管线只用于压井以保证井的安全。压井管线只用于压井可保证压井管线系统的完整性。

1.10　旋塞

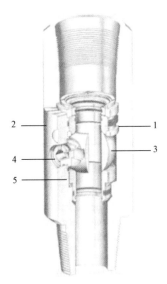

图 1.24　TIW 阀
1—上密封;2—阀体;3—球座;
4—旋阀;5—下密封

　　所有钻机和修井机钻台上都有很方便取到且能与管柱连接的阀。这样一个阀通常称作"旋塞"。在起下钻过程中易发生井涌,旋塞被装在钻柱上并关闭来防止流体从钻柱中涌出,旋塞通常是球形阀,如图 1.24 所示。

　　在许多情况下,旋塞可能是最好的选择。但是旋塞在有压力条件下的操作是非常困难和极易发生问题的。如果旋塞是关闭的,下侧承压,上侧没有平衡压力要想打开旋塞几乎是不可能的。如果旋塞所承受的压力是未知的,旋塞上侧的压力必须小幅度逐步增大来平衡其下侧的压力才能将它打开。

　　旋塞的内径必须不小于其下边管柱的内径,并且必须将其内径记录下来。经常遇到旋塞的内径太小,且不知道其大小,也没有文字记录。因此,当发生井控问题时,第一项操作就是停止使用这个旋塞并且用其他合适的阀代替它。

　　如果钻柱中流体流速很大,就不可能关闭旋塞。在许多情况下,当观察到溢流发生时,防喷器先于旋塞关闭,所有的流体都从钻柱中流出,这时就不可能关闭旋塞。在这种情况下,需要打开防喷器,关闭旋塞,再重新关闭防喷器。需要强调的是钻井过程中旋塞要使用方便和确保旋塞能容易安装和操作。

最后,当旋塞无法安装或无法关闭且防喷器中有剪切闸板时,就可能要切断钻柱,这项作业一定要注意。在许多情况下,切断钻柱将导致井报废。当钻柱在地面突然被切断,在深层释放(地下井喷)的地层能量是难以想象的,且需要数倍的时间来处理钻柱与套管问题。如果发生这样的问题,地面控制井喷的机会将显著降低。

1.11 逃生系统

因为逃生系统的不恰当安装导致在井架上的工作人员死亡的情况发生过多次。其中一种情况就是,该逃生系统的安装是附属在井架的桩腿上与工作平台保持在同一平面。当井出现井喷和着火时,因为起火的原因,井架工不能抵达逃生绳。

逃生绳必须要安装在井架上,并且其高度要处于工作平台的上方,这样工作人员就能够从平台上逃离。在平台的后面必须要有一道门。风墙和其他的一些相关的设施的设计也需要考虑到,以保障逃生出口没有障碍。

1.12 井屏障

井屏障是用来防止具有潜在流体源的地层流体流入的一种屏障。井屏障可以划分为三类:一级屏蔽,二级屏蔽,永久屏蔽。

第一级井屏蔽是防止流体进入井眼的第一屏障。如果第一屏障失效,那么第二屏障就会激活来防止流体进入井眼。在过平衡钻井过程中这一点很好说明。第一级屏障是钻井液。只要保证钻井液的静液压力大于地层压力,则井就不会出现溢流。第二级屏障就是防喷器。如果第一级屏障失效(钻井液的静液压力不足),第二级屏障就会激活。此时钻井操作会暂停,直到第一级屏障修复。

永久屏障是一种永久密封流体源的屏障。一个例子就是打塞和弃井操作。为了永久放弃该区域,如果一个铸铁桥塞放置在孔眼的上方,那么这就变成了一个永久屏障。在很多时候,水泥会被放置在桥塞的上方。监管机构也许需要进行永久屏障的压力测试或者用钻杆标记水泥。

1.12.1 井屏障系统

井屏障单元,比如防喷器,并不能独立的承担这口井的屏障任务。它还需要依赖于其他的井屏障单元。井的其他部分必须具备完整性同时还考虑到其他井的屏障单元。总而言之,所有的井屏障单元控制这口井,通常我们称之为井屏障系统。井屏障系统是通过一个或者多个井屏障来阻止流体异常地从一个地层流入另一个地层或者地表。

工业上有许多井屏障单元。包括但不仅限于以下几种:

(1)液柱;

(2)用于钻井、修井、连续油管、钢丝作业的防喷器;

(3)某点地层破裂压力梯度;

(4)封隔器与桥塞;

(5)水泥塞;

(6)油管堵塞器;

(7)套管和水泥;

(8)全开安全阀;

(9)内防喷器;

(10)油管和钻柱;

(11)井口和采油树;

(12)水下安全阀。

图 1.25 给出了钻井或起下钻的例子,液柱是第一级屏障。尽管认为液柱作为一个独立的

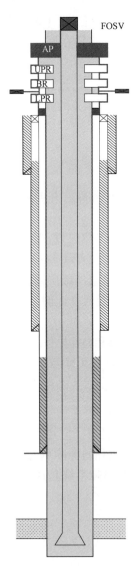

井屏障组成	说明
一级井屏障	
1.钻井液	
二级井屏障	
1.固井水泥	
2.套管	最后一级套管
3.井口	
4.防喷器	
5.钻柱	钻杆
6.全开安全阀	入扣或顶驱
7.原地层	

图 1.25 对于钻井和起下钻的井屏障方案[1]

AP—环形防喷器;UPR—上闸板;BR—全封闸板;LPR—下闸板;FOSV—全开式安全阀

有效屏障是很常见的观点,不过井眼仍然需要包括套管、水泥以及裸眼的完整性。如果出现钻井液漏失,那么液柱就没有足够的静液压力保证流体进入井眼。

第二级屏障就是防喷器,它也不是单独起作用。环空会关闭以阻止流体流动。通过施加地面压力,井眼的其余部分必须要有足够的完整性来阻止流体的侵入。就如图 1.25 所示,井屏障单元是钻井防喷器、井口、套管、水泥、钻杆、全开安全阀和原有地层。所以单个的井屏障单元之间相互配合作为井屏障系统来协同工作,同时会受到额外的压力。

图 1.26 给出了钻井和起下钻的例子,其中使用了海底防喷器和可剪切钻柱。液柱是第一级屏障,防喷器和其他井眼包络部分是第二级屏障。如果使用可剪切钻柱,钻杆和环空就会被关闭,并且如图 1.27 所示,上部钻柱和全开安全阀就成为了第二级井屏障。

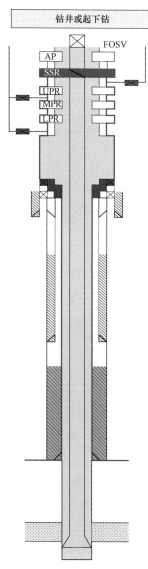

井屏障组成	说明
一级井屏障	
1.钻井液	
二级井屏障	
1.固井水泥	
2.套管	最后一级套管
3.井口	
4.防喷器	剪切闸板
5.原地层	钻杆

图 1.26　浅海钻井和起下钻井屏障示意图

AP—环形防喷器;SSR—剪切闸板;UPR—上闸板;MPR—中间闸板;LPR—下闸板;FOSV—全开式安全阀

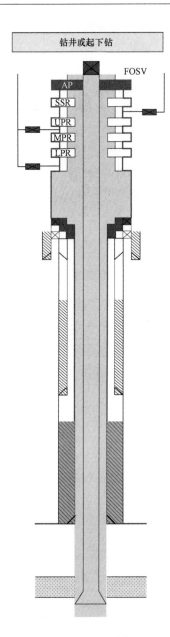

井屏障组成	说明
一级井屏障	
1.钻井液	
二级井屏障	
1.固井套管	
2.套管	最后一级套管
3.井口	
4.防喷器	剪切闸板
5.原地层	钻杆

图 1.27　不可剪切钻柱的钻井与起下钻

AP—环形防喷器;SSR—剪切闸板;UPR—上闸板;MPR—中间闸板;LPR—下闸板;FOSV—全开式安全阀

1.12.2　两个屏障原则

　　如果有可能,大多数的工业操作都是基于两个屏障原则。有第一级屏障和第二级屏障。第一级屏障是保证井眼可控,如果第一级屏障失效,那么第二级屏障就会被激活来保证井眼的可控。然而,无论什么情况下,只有当屏障得到测试验证后,才能认为是有效屏障。

　　防喷器在使用之前需要进行测试。许多防喷器的组件在安装之前需要进行测试。然后与节流和压井管线连接的高压连接件和井口在安装的时候也需要进行测试。根据 API[2],所有的组件都应该在 250~350psi 的低压进行测试,然后再进行最小 5min 的高压测试,并且没有明显的泄漏现象。

高压测试是设备额定工作压力的一个功能,包括井口和阀门。如果钻机装有 10000psi 的封井器组,但是最大预测地面压力小于 5000psi,那么可接受设备测试压力是 5000psi。如果防喷器组是 10000psi,但是井口是 5000psi,那么防喷器组只能测试到其中某个最低部件的额定工作压力 5000psi。表 1.1 是复制 API STD 53 表 2 测试陆地防喷器组的。

井控设备最初安装后需要至少每 21 天测试一次(注:有些当地部门需要测试的频率多一些)。在后续测试时,封井器组可测试到如 API STD 53 对陆地封井器所要求的井眼最大预测地面压力。如果某连接部件刺漏,那么要尽快重新测试连接部件。

封井器设备和液柱相对容易理解。其他井下工具也可视为屏障,如封隔器或桥塞。

表 1.1　压力测试、地面防喷器系统、初始测试

测试部分	压力测试—低压[①]psi(MPa)	压力测试—高压[②③]psi(MPa)
环形防喷器 操作腔	250~350(1.72~2.41) N/A	低于额定工作压力的 70%,井口额定工作压力或闸板测试压力 环形防喷器厂家推荐的最大操作压力
闸板防喷器		
固定闸板 变径闸板 盲板、剪切闸板 操作腔	250~350(1.72~2.41) N/A	闸板防喷器或套管头组额定工作压力,当中较低的 闸板防喷器厂家推荐的最大操作压力
节流和压井管线及阀门 操作腔	250~350(1.72~2.41) N/A	闸板或套管头组额定工作压力当中较低的 阀门厂家推荐的最大操作压力
节流管汇		
节流阀上游 节流阀下游 手动节流阀	250~350(1.72~2.41) 只做功能测试,作为备用	闸板、套管头组或节流阀入口额定工作压力当中较低的 节流阀出口、阀门或管线额定工作压力当中较低的
防喷器控制系统		
液压管线 储能器压力 关闭时间	N/A 核实预充压力 功能测试	控制系统最大操作压力 N/A N/A
安全阀		
方钻杆,方钻杆旋塞,安全阀	250~350(1.72~2.41)	按各设备的额定工作压力当中较低的
辅助设备		
除气器/液气分离器 流量显示器,起下钻灌浆罐等	按照设备所有者规定执行 通过目视或手动进行确认	通过流量进行试验 通过流量进行试验

注:① 低压测试至少稳压 5min 观察无漏失。流量型测试应有效持续一段时间观察漏失情况。

　　② 高压测试至少稳压 5min 观察无漏失。

　　③ 井控设备可能额定工作压力比现场要求的压力要高,这种情况应进行特殊现场测试。

　　④液气分离器在出厂或安装之前要求一次静压测试,后续在容器焊接需要另外的静压测试。

然而,它们仍然需要被测试才能作为一个屏障。尾管顶部测试后作为屏障。但是,尽可能从流体来的方向测试屏障。因此,尾管顶部或桥塞需要负压测试。不是所有地层有足够的压力做负压测试。如果地层压力小于淡水静压,为了进行负压测试,那么需要向流体中注入氮气。氮气会使测试复杂化,这个测试让人很难理解。如果地层压力不允许用水柱进行负压测试,然后在相反的流动方向进行正压试验是可以接受的,只要屏障设计为阻止双向流动。

水泥可以作为井屏障。最初,它是一个类似于钻井液的静压屏障。但是,当水泥凝固时,它会失去静压。环空气体可能发生在水泥凝固后,但在水泥具有足够的抗压强度以防止流动之前。直到水泥形成50psi抗压强度才能把临时井屏障如防喷器组拆除。50psi的抗压强度阈值超过了防止流体流入所需的最小静态强度值[3]。

例如,设计在陆上钻井下一段很长的套管串,在钻到设计井深时下入套管。用环形,变径或套管闸板防喷器(额定压力大于最大允许地面压力)可封闭套管。如果套管闸板装在防喷器上,套管闸板应测试到最大允许地面压力。如果用变径闸板,在安装防喷器时变径闸板应该测试与套管相同尺寸的管具。API STD 53 指出,最初的防喷器测试,环形和变径闸板的压力测试,应该用这口井设计中最大和最小尺寸的钻具[4]。很多时候,钻杆可能用5⅛in,油层套管用5½in。如果套管尺寸更大,下套管前测试变径闸板的钻具相当于下入套管的尺寸。

如果发生溢流,必须关闭套管。浮箍或浮鞋等设备可能会阻止流体从套管内进入,但是这些设备很少在井底测试。自动灌浆装置可能没有转换。因此,在钻台上应备有转换接头和安全阀(二级屏障),如果溢流从套管流出时立即安装。转换接头和安全阀与在钻井时的全开式安全阀功能相同。

一旦套管下入井底,就可以固井。水泥头装在套管后就成为二级屏障。如果浮箍、浮鞋等有效,在候凝时水泥头和阀门就可用于关井。

水泥通常比钻井液重,但当孔隙压力和破裂压力梯度相互接近时可能不会。当碰压后,为确保浮鞋有效,套管压力被放掉。液柱回流,流体被检测到以确保浮鞋有效。如果浮鞋失效,水泥头上的阀门关闭直到水泥凝固。候凝时间至少到达水泥50psi的抗压强度。如果水泥和替浆的密度相同,即使浮箍、浮鞋失效井也不会发生溢流。

下一步是拆掉防喷器以安装卡瓦和套管头(不是所有的套管头都需要拆掉防喷器安装悬挂器)。在拆掉防喷器之前候凝时间要足够长,允许水泥得到50psi的抗压强度。

在拆掉防喷器后,大多时候在环空只有液柱屏障。如果防喷器被悬挂起来装卡瓦和割套管,两个屏障系统没有被应用。任何拆除防喷器的计划都要考虑到二级屏障不再有效。计划应该消减风险。例如,在卸开防喷器之前建议在监测灌检测潜在溢流至少30min。在吊起防喷器来装卡瓦和割套管时,发生过很多井喷事故。

在正常生产中,两个屏障系统包括一级屏障液柱和二级屏障防喷器设备。如果液柱屏障失效,钻井生产不要继续直到一级屏障恢复。其他作业如下套管、固井和测试尾管更加小心作为一级屏障和二级屏障所包括的井屏障系统的组成部分。在保持两个屏障作业不能继续时,要进行风险评估,如何降低风险。

1.13 MPD 设备的应用

MPD(控压钻井)被定义为对整个井眼压力实现精确控制的一种可操作钻井过程。目的就是要确定井眼压力环境,同时相应地实现对环空压力的控制。控压钻井的目的就是要避免地层流体连续溢流到地表。如果是因为偶然性的操作所引起的溢流,可以通过适当的程序实现安全控制[5]。换句话说,控压钻井不是欠平衡钻井。目的就是防止地层流体的流入或者是溢流。控压钻井的其中一个应用场合就是在孔隙压力与破裂压力梯度较窄的压力窗口或者容易出现溢流的地方钻井。由于压力窗口比较窄,所以流体侵入量也一定是有限的,所以探测溢流是非常重要的。另外,环空压力必须要进行控制,以免超过地层破裂压力梯度。必须要开发控压钻井设备和电脑程序来限制溢流量和精确控制当量循环密度以及表压。在常规井中也可以使用同样的设备来探测和控制溢流。

1.13.1 流量计

早期用来检测溢流的装置就是精密的流量计。早期的流量计虽然用了很多年,但是只能检测相对流量。由于流体的增量比较小,所以很难检测。故而能够测试实际流速和密度的流量计被研发出来。其中最为常见的是科里奥利流量计,它的原理是基于运动机构。当钻井液进入到流量计之后,会被分开进入两个流动管内,如图1.28所示。在操作过程中,驱动线圈会激励管件在相反方向上以自然共振频率产生震荡。由于管件产生震荡,从传感器上产生的电压会生成正弦波。这就表明其中一个管件是相对另一个管件运动。

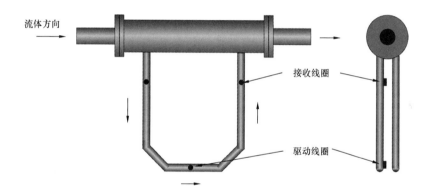

图1.28　正面和侧面看到的没有外管保护的科里奥利流量计

在没有流体的时候,如图1.29所示,正弦波会以相同的频率与入口和出口边的运动保持同步。当流体流过管件时产生的科里奥利效应会引起震荡的变化,如图1.30所示,该震荡的变化又会使得同步过程结束。如果对科里奥利流量计进行适当的校准,那么就能够通过图1.30中的ΔT确定质量流量。

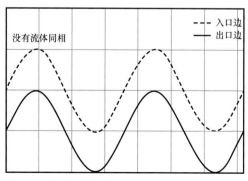

图1.29　没有流体科里奥利流量计接收线圈读数

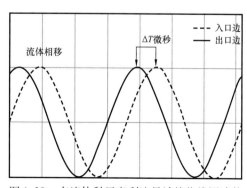

图1.30　有流体科里奥利流量计接收线圈读数

科里奥利流量计能否以一定的频率震荡,这取决于流动管内的流体密度。如果流体密度增加,那么震荡就会减弱。通过适当的校准,可以由震荡的频率得到钻井液的流体的密度。质量流量等于密度乘以体积,所以可以准确地得到体积流量。所以可以通过科里奥利流量计来对比从钻井液泵流入井眼的流体量与流出的量。如果有差异说明可能出现了溢流。超音速流量计可以测量流入和流出井眼的流体流速。

1.13.2　电脑程序

为了辅助控压钻井,推导了液力流动模型来计算当量循环密度[6,7]。通过回顾来看,即使使用成熟的液力流通模型,也很难保证计算结果的一致。所以流动模型需要通过井下装置——随钻测压来实现校准。将流动模型和随钻测压的数据相结合,控压钻井可以对环空压力实现相对准确的预测。从科里奥利流量计中得到的精确的钻井液流速以及密度等可以用作输入数据。通过流动模型,在循环钻井液、钻进和连接时可以精确地调节井眼压力。在控压钻井操作中,通常将流动模型和施加的表压相结合来保持恒定的井底压力。

电脑程序可以在钻进、连接或者起下钻的时候探测溢流[8,9]。溢流的一个显著特征就是当泵关停的时候,井内有流动。这听起来很简单,但是实际上是很复杂的。当泵关闭的时候,井内流体是不会停止流动的。在一个相对比较浅的井中,流动可以立刻停止。但是如果井变得更深,那就需要一段时间井内才会停止流动。由于井壁的弹性、钻井液的可压缩性以及井膨胀等,所以在接单根时井内会产生10bbl的流体。如图1.31所示,在连接时回流20bbl流体的一个例子。该井是用无水流体钻达13000ft。报警钟设置的值是10bbl,所以在接单根2~3min内要关掉报警。钻井工作人员必须要对井内流体回流十分熟悉,或者说什么情况下是正常的。因为在接单根时间段内,井内的流体从没有停止流动。当工作人员在调节井内流体时,很难同步的实现物理性地连接。副司钻也许可以起到作用,但是不是所有的井队都配该岗位。钻井液测试人员也会被安排对连接件的流体进行调节。

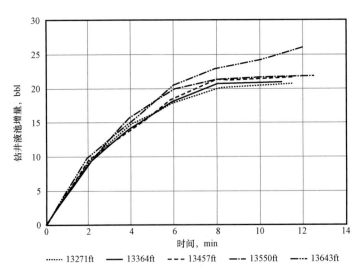

图1.31　在8½in井眼使用NAF接单根时钻井液池增量

如图1.31所示,是位于13643ft处的溢流? 在6min以前,看起来似乎没什么差别。然后,情况就变得不正常了。钻井人员就不能看到之前的四次接单根了。他知道该井在接单根位置流量几乎达到 20bbl。由于在屏幕上看不到之前的接单根。所以很难判断该井是否在最后一次接单根时发生了溢流。一种算法可以在接单根时识别正常的回流,并且能够提醒钻井人员是否该接单根时的回流与被识别的接单根存在统计上的区别。

　　由于流量计的改进,在接单根时的流动能通过算法进行识别和调节。根据不同的井以及接单根所需要的时间,在接单根期间井内流体也许可以停止,或许不行。通过加快井内流体的流速,可以表征井内流动,同时通过电脑提醒钻井人员。就像钻井液池的液位增长一样,电脑可以通过对该井之前的接单根的流体进行对比分析,从而识别出重大的差别。与钻井液池液位的增长相比,流速的加快是溢流的一种早期的表征。如图 1.32 所示,一口井内的流体停止流动,同样如图 1.33 所示,井内流体并没有停止流动,这就表明可能出现了溢流[8]。

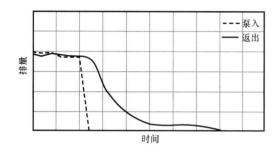

图 1.32　当接单根流体停止处泵入量对返出量

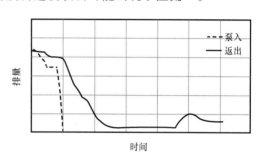

图 1.33　井内泵入量对返出量,接单根时流体什么时间没有停止

1.13.3　计算机控制的节流管汇

　　控压钻井的另外一个改善就是电脑控制的节流管汇。在一个完整的控压钻井系统中,通过电脑控制的泵以及节流管汇系统,可以实现在地表对压力进行控制。当停止钻井泵进行钻杆连接时,电脑可以控制钻井泵将钻井液通过旋转控制设备循环到井下。同时,电脑调节控压钻井节流管汇,基于泵的泵速来保持预期的表压以及井底压力[6]。如果在钻常规井时,也可以用同样的电脑程序和电脑控制节流管汇。电脑依据钻压范围来调节管汇。如果使用当量循环密度软件,那么电脑可以控制节流管汇,保证相对恒定的井底压力。该软件和电脑控制的节流管汇已经在控压钻井作业中得到了应用,可以循环出溢流流体,所以该技术的可行性已经得到了证明。

　　控压钻井的出现使得探测溢流和将溢流循环出井筒成为了可能。流量计可以从井筒中测出实际的流速和测量返回钻井液的密度。计算机算法可以监控流量和钻井液池的容量从而实现快速探测溢流情况、计算机控制的节流管汇可以通过保持适当的回压来循环出溢流流体。

　　为了使用该设备,必须要经过安装和校准。如果使用当量循环密度软件,因为钻井泵的运转情况随着时间在不断改变,所以校准的过程是连续的。必须要经过测试以保证正常的运行,这也是井控装备面临的问题。在高成本的环境中,它所占总成本的百分比比较低。但是在较低成本的环境中,那就占有较大的作业成本。所以必须要进行风险评估,弄清楚缩减成本是否合理。

参 考 文 献

［1］NORSOK Standard D – 010. Well integrity in drilling and well operations. June 2013, 48.

［2］API STD 53. Blowout prevention equipment systems for drilling wells. 4th ed. November 2012.

［3］API STD 65 – Part 2. Isolating potential flow zones during well construction. 2nd ed. December, 2010, 17.

［4］API STD 53. Blowout prevention equipment systems for drilling wells. 4th ed. November 2012, 39.

［5］Malloy KP, Stone CR, Medley GH, et al. Managed pressure drilling: what it is and what it is not, In: IADC/SPE 122281, IADC/SPE Managed Pressure Drilling Conference, San Antonio, February 2009; 2009.

［6］Fredericks PD, Smith L, Moreau KJ. ECD management and pore pressure determination with MPD improves efficiency in GOM well, In: SPE/IADC 140289, SPE/IADC Drilling Conference, Amsterdam, March 2011; 2011.

［7］Mujeer SA, Boyce GR, Davis P. Choice of hydraulics flow model: a step towards a successful high – pressure MPD operation in offshore India, In: IADC/SPE 122274, IADC/ SPE Managed Pressure Drilling Conference, San Antonio, February 2009; 2009.

［8］Santos H, Catak E. First field applications of Microflux control show very positive surprises, In: IADC/SPE 108333, IADC/SPE Managed Pressure Drilling Conference, Galveston, March 2007; 2007.

［9］Tarr BA, Ladendorf D, Sanchez D, Milner GM. Next generation kick detection during connections: Influx Detection at Pumps Stop (IDAPS) Software, In: SPE Drilling & Completion, December 2016; 2016, 250 – 260.

第2章 钻井工程中常规压力控制程序

9月24号

06:00—06:30 保养钻机

06:30—21:30 钻进12855～13126ft,进尺271ft

21:30—22:00 溢流检查。发现溢流,关井。

22:00—23:00 从钻柱泵入35桶钻井液。从钻柱已经不能灌入。

23:00—23:30 静止观察。套压1000psi。立压为0.

23:30—00:30 采用钻井液池液位法泵入170桶。钻柱仍不能灌入。立压为0,节控箱的套压1200psi。停泵。检查节流管汇的压力表,套压为4000psi。节控箱压力表固定在1200psi。井喷失控。

上面来源于南得克萨斯海湾海岸发生井喷时的钻井日报。钻机上所有的人员都在井控学校学习过并取得了井控证书。井涌发生后,决定使用任何学校都未教过的钻井液池液位法(等体积法)替换井侵。结果,井喷完全失控,接下来是地下井喷。

1960年之前,最普遍的井控方法是大家都熟悉的钻井液池液位法。然而,众所周知,如果井侵不是水,使用这种方法将是灾难。因此,常规的压力控制程序在不断发展。简直难以置信,今天在现场还有人继续使用这种古老的方法。

值得反思的是,有一些实例适合这种方法而不适合常规的方法。同样难以置信的是,在某些情况下,常规的程序适用于完全不合适的情况。如果实际情况不近似于典型程序开发中使用的理论模型,那么典型程序是不合适的。很明显大家都不理解。这章的目的是为典型程序奠定坚实理论基础和描述典型程序。在替换过程中,这个理论的应用必须严格执行。

2.1 溢流和井喷的原因

溢流和井喷是下列原因之一引起的:

(1)钻井液密度小于地层压力;

(2)起钻时井筒未能灌满钻井液;

(3)起钻抽吸;

(4)井漏;

(5)钻井液气、水、油侵。

2.1.1 钻井液密度小于地层压力

在某些情况下,钻井过程中一直强调钻井液密度接近或小于地层压力是为了获得最大机械钻速。用溢流来确定特殊孔隙压力和油藏流体组成在某些地区成为惯例。在一些产量一直很低的地区（在没有增产措施下大概每天少于一百万立方英尺），钻井时，经常使得钻井液静液柱压力低于地层压力。

需要的钻井液密度在一些地区通常是不知道的。近些年工业发展预测地层压力的能力在不断提高也很准确。然而，最近在南海野猫井是 9 lb/gal 过平衡，在美国中部几口开发井通常是 2 lb/gal 欠平衡。钻井过程中两个地方都是采用了最新技术预测地层压力。许多地区被异常压力浅层气、困扰。在盐丘周围，地质学上的相关性总是需要解释的，特别困难。

2.1.2 起钻时井筒未能灌满和抽吸

在钻井过程中未能灌满钻井液和抽吸是引起井控问题最多的。这个问题将在第三章进一步讨论。

2.1.3 井漏

如果泥浆失返，静液柱压力降低会使得渗透性地层流体进入井筒。如果不能从井筒顶部看到液面，就像在很多情况下一样，溢流有时不能被发现。这会导致非常困难的井控情况。

预防这种情况的一种方法是用清水灌满井筒以便可观察到液面。通常，如果地下井喷发生，在几个小时压力和油气运移到地面。在许多地区，禁止起钻时从地面看不到液面。在很多情况下，要特别小心起钻时看不到液面，这是要考虑起下钻时开泵下钻。

2.1.4 钻井液侵

气侵钻井液通常被认为是警示信号，但是不是很严重的问题。计算显示，严重的气侵引起井底压力降低不是很大，因为气体的可压缩性。在油气产层，不可压缩的液体像水和油能使井底静压减少很大从而导致严重的井控问题。

2.2 溢流的显示

我们经常考虑钻井或起下钻时的溢流、气泡和井喷的发生。实际上，这也是现实的。然而，在其他钻井操作过程中溢流、气泡和井喷也是经常发生。本文的重点是实际钻井作业中发生的事件。因此，钻井过程中任何情况下都要警惕。

发生在深水地平线的井喷是一个悲剧。钻机休停了几天，测井过程中没有任何井侵显示。有关各方都非常清楚，已经钻过的层位，可以以相对较高的排量输送石油和天然气。记录下了油藏的特点，油藏压力也知道了。

电测后，下入塔式管串，上部 9⅝in 套管底部 7in 套管。在套管鞋有 4 个自充式浮阀。浮阀有些问题。固井后坐在井口。套管和井口密封进行了成功试压。无疑，井被控制住。

所剩余的部分被海水替换，临时弃井。于是，下入下部带插入器的钻杆至 8367ft，从钻具泵入海水从环空返出，目的是从顶部和隔水管替换掉钻井液。

井内钻井液被海水替换，钻井液返回到钻井液罐。整个过程被两个独立系统检测，两个检测系统都能被钻台人员看到，一个检测系统在接近钻台的值班房。两个检测系统都是典型溢流显示出泵速、钻井液池液位、泵压、流量等。

作为预防措施，负压测试已经准备好的。负压测试的目的是模拟弃井的条件，测试欠平衡条件下的压力完整性。大多数负压测试,钻杆内替换成海水,环空被隔离,打开钻杆一端检测流量或压力。因为一些无法解释的原因,在这个案例中负压测试指定从水下防喷器组压井管汇检测流量或压力。这一要求带来了不必要的复杂情况。

为实现这一目的,节流和压井管汇首先被替换成了海水。然后用泵冲计数器,钻杆和环空到水下封井器组的顶部都被替换成海水。根据设计,大概需要6100冲可以替换到水下封井器组以上12ft与钻井液的液面。由于泵效率有偏差,使用泵冲计数器是最可靠的。

因此,海水被泵入预期的水下封井器组,环型封井器关闭。当钻杆解封时,环空开始泄漏(封井器的设计是从下部持压而不是从上部),环空液面下降,海水流到地面。封闭钻杆,钻杆压力上升至1200psi。

环空关闭压力增加。从环空灌入大概50bbl钻井液,并且重复这个过程。随着钻杆的封闭,钻杆压力又增加到大约1200psi。当水下防喷器的压井管汇打开时,钻杆压力突然增加了200psi至1400psi。压井管汇处没有流体流出。

钻杆上的异常压力是正常的。压井管汇没有流体和压力。因此负压测试是成功的。

大约下午7:55,井队人员继续用海水替换隔水管正准备在表层打塞和临时弃井。操作1h后,流体参数开始出现异常。

用8.4 lb/gal的海水替换14.2 lb/gal钻井液大概第一个小时,立管压力按预计的降低。然后,下午9:00开始。随着8.4 lb/gal的海水替换14.2 lb/gal钻井液,钻杆压力开始增加。井队人员没有任何反应或没有发现异常情况的迹象。

大约晚上9:00,当较轻的海水替换掉较重的钻井液时钻杆压力开始增加。为了进行光泽测试,大约在9:10时,替换被中断了6min。在这6min期间停泵,钻杆压力增加了大约250psi。

光泽测试后,替换继续,钻杆压力继续增加。大约在晚上9:30,停泵调查异常压力的原因。在接下来的5min,钻杆压力增加了大约500psi,仍保持停泵状态。

不知什么原因,井队人员从钻杆放压2min。大约在晚上9:42,井队人员连接到灌浆罐检查溢流,井喷发生,气、油和钻井液喷过天车。在晚上9:43,一个环形关闭,9:47闸板关闭。这时,预算溢流量每分钟超过100bbl。最有可能的是,在他们关闭闸板之前就已经失效了。剩下的就无从查证。

这个事故的要点是,在钻进和起下钻时不仅识别异常情况,而且需要强调的是钻井过程中提高对异常情况的警惕性。

像这样的事件简直无法想象! 很长的套管串下井、固井、测试。足够的时间候凝。在实际操作中是这样,井是被控制住的,怎么会出现错误呢? 但是,确实是出现问题了。

这应该是给钻井承包商井场高级监督的指令。当不能确定时,溢流检查! 任何时候,钻井生产进行时,钻井参数像钻杆压力、流量和钻井液池液位发生变化或出现异常时,停止作业,溢流检查或关闭防喷器,检查压力情况。

下面是早期的警示信号

(1)钻速突然加快;

(2)地面钻井液量增加,通常显示为钻井液池液位增加或出口流量增加;

（3）泵压发生变化；

（4）钻具重量减少；

（5）气体、油或水入侵钻井液。

2.2.1 钻速突然增加

通常,溢流的首先显示是钻速突然增加或"放空",这可能是钻遇了多孔地层。在可能的产层,如果放空超过允许的最小值进尺（2～5ft）,钻井人员就应该警觉。这是压力控制的最重要的一个方面。许多损失百万美元的井喷可以通过限制裸眼井段避免。

当使用 PDC 钻头时,就会变得更复杂。PDC 钻头钻速快,钻遇多孔地层不比页岩地层快。通常情况下,PDC 钻头钻遇页岩快,钻遇砂岩和碳酸盐岩时钻速下降。在产油层会出现反向放空。

2.2.2 钻井液池液位或流速增加

钻头类型的变化可能掩盖钻井放空。在这种情况下,首先得警示可能是地层流体进入引起的流速或钻井液池液位增加。根据地层的产油率,井侵可能很快或难以察觉。因此,在井侵发生之前就应该警惕。更不应该忽略钻井液池液位和流速的变化。

2.2.3 泵压的变化

井侵的发生引起环空液柱压力减小使得泵压降低。大多数情况下,上述的一个显示会在泵压下降之前就显现出来。

2.2.4 钻杆重量减小

高产层的大量进入使得钻具重量减小。同样,其他显示会在钻具减轻之前或同它同时显示。

2.2.5 气体、油或入侵钻井液

当观察到气体、油或水入侵钻井液时应当小心。通常,如果井发生井侵,这将伴随其他显示同时出现。

2.2.6 总结

图 2.1 给出了一个很好的典型井涌显示的例子。这是发生在美国中部地区一个真实的例子。司钻和钻井队长至少参加过一次井控培训。

凌晨 3 点,钻进至 9150ft,钻速从凌晨 3:04 的大约 20～100ft/h 显著增加。在 3:01 从井内返出流量明显增加。3:03 泵压开始下降。3:05 泥浆池增量为 10bbl。按 API 推荐的溢流量不超过 20bbl 是容易处理的,井队人员是否有所反应? 大约 30min 溢流量为 118bbl。

发生溢流后司钻就一直和钻井队长保持联系。井涌发生 15min 后,他停止钻进上提钻具离开井底 60ft。然而,溢流发生 20min 后他没有关闭防喷器,当他提离井底 90ft 时,溢流量大概是 80bbl,他刹住刹把逃离钻台。这口井开始着火。井涌发生时甲方监督正在宿舍睡觉。他被外面的骚动惊醒,跑去远控台,关闭了钻具闸板。

遗憾的是,井队人员未按培训做出反应。幸运的是,没有人员伤亡。

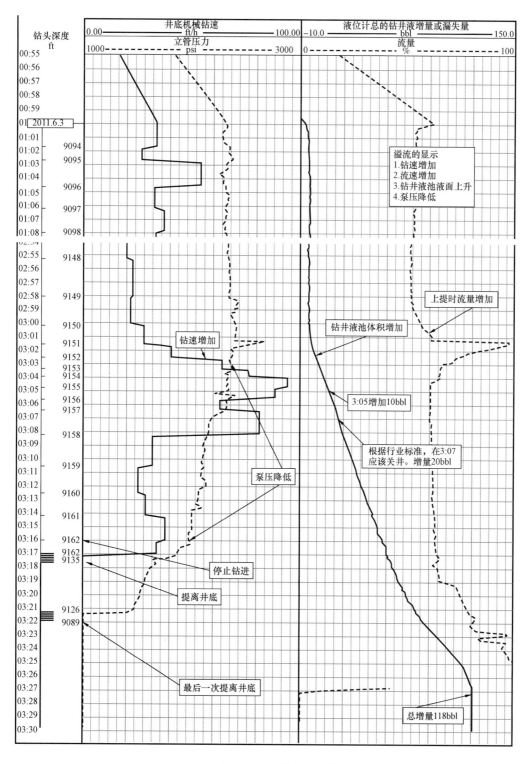

图2.1 井涌时钻井数据记录信息

2.3 关井程序

当观察到任何警示信号时,井队人员必须立即执行既定的关井程序。井队人员对使用的程序进行过全面的培训,这个程序应该张贴在值班房内。必须对井队人员进行适当的培训,发生情况时做出反应。API RP 59[1]推荐对人员进行2min内关井的培训。井控操作的成功与否要依靠井队人员在关键时刻的反应情况。

下面是常规的关井程序:

(1)钻井放空不超过3ft。

(2)上提钻具,定位,停泵。

(3)溢流检查。

(4)如果发现溢流,在节流阀开启状态下关井,关闭闸板防喷器,关闭节流阀,在压力允许范围内。

(5)记录钻井液池增量,钻杆压力和环空压力。每15min检测和记录钻杆和环空压力。

(6)关闭环空防喷器,打开闸板防喷器。

(7)准备置换溢流。

关井之前钻井放空的深度在不同地区有不同要求。然而在开始钻井放空2~5ft是相同的。钻具应该定位以确保接头不在防喷器内。这一点在海上钻机和浮动钻机特别重要。在陆上,通常程序是定位钻具接头在钻盘面以上,方便钻井泵的转换和测井作业。定位钻具时,钻井泵应运转。井侵会被分散开不会形成气柱。另外,减少堵水眼的概率。

当溢流检测时,问题是"应该观察多长时间?"明显的答案是,只要有必要,就应观察,以观察者对井况的要求。通常需要15min或略短。如果使用油基钻井液,观察时间要长一些。如果井很深,观察时间要比浅井长一些。

如果放空是在潜在的产层,但没有溢流,在钻进之前要循环一个迟到时间,以便检测潜在井控问题的显示,仔细记录这些参数如时间、泵冲数、流速和泵压。在确认井在控制之内后,钻遇下一个放空时重复以上过程。同样钻遇间隔的放空时要有灵活性。从第一次放空得到的经验必须分析。第二次放空2~5ft很正常。在产层间断性出现放空没必要循环。然而,短时间循环将分散井侵。重复这个过程直到钻速回复正常,环空没有地层流体。

首先关闭环形防喷器还是闸板防喷器是操作人员选择的一个问题。每个防喷器的关闭时间必须考虑所钻地层的产层情况。关井的目的是限制井涌量。如果关闭环形防喷器的时间是关闭闸板的两倍的时间并且是高产层,那么关闭闸板是最好的选择。如果两个防喷器关闭时间大约相同,环形是最好的选择,因为环形可封闭多种不同的管柱。

打开节流阀,关闭防喷器再关闭节流阀的关井被称为"软关井"。另一种被称为"硬关井",也就是在节流阀关闭的情况下关闭防喷器。硬关井的主要依据是它将溢流量最小化,溢流量是井控成功的关键。在早期的井控中硬关井是很流行的。

在远程液压控制的现代先进设备出现之前,打开节流管线和节流阀需要一些时间,可能会导致有额外流体进入井内。在现代设备中,所有液压控制都在中心位置,关键阀门采用液压操作。因此,简化了关井,缩短了时间。另外,防喷器就像阀门一样进行开关,同时节流阀可以限制流量。在某些情况下,在硬关井时,在防喷器有效关闭之前流体速度通过关闭防喷器足以切断防喷器。

在海洋作业中常见的年轻的岩石中,井喷时产生的超过最大值的压力使套管表层破裂。然后井喷无法控制。火山口可使得自升式钻机和平台毁掉。气体进入水中而失去浮力使得浮动钻井情况更加恶劣。

工业史上最臭名昭著和最昂贵的井喷事件与下面的表层套管向地面的破裂有关。人们常说,在关井后通过观察地面压力可避免地面破裂,如果压力过高可开井。不幸的是,大多数情况,没有足够的时间避免套管鞋处破裂。综合考虑,软关井是最好的。

如果地面压力达到最大允许地面压力,就要作出是让地下井喷发生还是在地面放压的决定。任何一种方法都可能导致严重的问题。如果表层套管下深小于3600ft,最好的选择是开井通过地面设备放喷。这个过程会导致地面设备的腐蚀。但是,需要更多的时间去补救作业和修理地面设备。它还简化了压井操作。

在表层套管下至3600ft以下的情况下,还没有地面被压裂的历史。因此,当表层套管下至3600ft以下时,地下井喷为另一个选择。有人认为在海上和陆地作业时地下流体的危害不像地面流体那样。合理的安装后,在可控条件下放喷是很好的选择。关井后地下井喷是很难分析和更难控制。

最大允许关井地面压力要小于套管破裂压力的80%~90%,地面破裂压力产生在套管鞋处。例2.1是确定最大允许关井压力的例子。

例2.1

假设：

表层套管 = 2000ft 8⅝in

抗内压强度 = 2470psi

压力梯度,F_g = 0.76psi/ft

钻井液密度,ρ = 9.6 lb/gal

钻井液梯度,ρ_m = 0.5psi/ft

井身结构如图2.2所示。

要求：

确定最大允许环空地面压力,假设套管极限破裂压力是设计的80%。

解答：

$$80\% \text{ 破裂压力} = 0.8 \times (2470\text{psi}) = 1976\text{psi}$$

$$p_{frac} = p_a(\text{最大}) + \rho_m D_{sc} \tag{2.1}$$

式中　p_{frac}——破裂压力,psi;

　　　p_a——环空压力,psi;

　　　ρ_m——钻井液梯度,psi/ft;

　　　D_{sc}——套管鞋深度,ft。

因此,

$$p_a(\text{Maximum}) = p_{\text{frac}} - \rho_m D_{\text{sc}} = 0.76 \times 2000 - 0.5 \times 2000 = 520\text{psi}$$

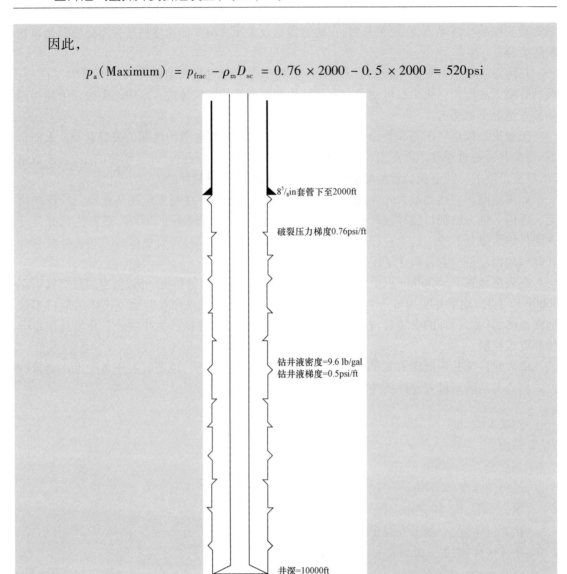

$8\frac{5}{8}$in套管下至2000ft

破裂压力梯度0.76psi/ft

钻井液密度=9.6 lb/gal
钻井液梯度=0.5psi/ft

井深=10000ft

图2.2 井身结构图

因此,最大允许环空地面压力是520psi,这是在套管鞋处产生的破裂压力。

记录钻井液池增量、钻杆压力和环空压力随时间的变化对控制井涌非常重要。正如在第四章对特殊问题的讨论将看到,地面压力对确定井的状况和井控程序的成功至关重要。结合套管压力分析地面增量对确认地下井喷至关重要。

在某些情况下,由于缺乏对地面设备的熟悉,井队人员不能完全关井。当钻井液池液面继续增加时,发现是疏忽了,井被关闭。过一段时间记录的地面压力至关重要。将在第四章讨论的气体运移将会随时间引起地面压力的升高。如果不能认识由此产生的高压,可能会导致井控程序失败。

这些程序是基本的压力控制。这是井队人员的职责,要不断学习和练习直到就和你自然呼吸一样熟练。整个作业要看司钻和其他人员对关键情况的反应能力。现在,井被控制住,压井作业将继续循环出溢流。

2.4 常规井控程序是否可适用?

此时,在没有超过最大允许环空压力的情况下井被安全关闭。问题变成:在裸眼段没被压破裂、没有井漏、没有失去油井的情况下井侵是否能被循环出来?另一种方式,在作业时套管鞋的压力是否最大,是否会超过套管鞋的破裂压力?

理解井涌极限是做出决定的关键。井涌极限是指在裸眼段最薄弱点(通常是最后一个套管鞋处的破裂压力)不超过破裂压力的情况下,能够循环到地面的最大溢流量。井涌极限或最大溢流量应提前确认,在钻进时定期更新。如果溢流量超过确认计算的井涌极限,典型压力控制程序可能就不适用了。

为什么说可能不适用?用于确定井涌极限的方法假定溢流是连续的气泡。这可能是真的,也可能不是真的。通常,溢流是一个连续气泡并显示相应的特性。然而,由于井在连续的循环,溢流通常被削弱。在这种情况下,实际井涌极限要比理论计算的要大。当使用油基钻井液时,天然气在油中无限可溶。因此,将会影响实际的井涌极限。

在没有井漏的条件下,井涌极限或溢流量能用常规压力控制程序循环到地面,通常称为司钻法和等待加重法,它是溢流密度、环空几何形状、套管鞋深度、套管鞋处破裂压力和溢流强度的函数。当处理溢流时溢流强度是欠平衡。计算井涌极限的结果在溢流量的范围内是和欠平衡一致的。

考虑井眼结构和例2.2开始的条件适用于整个这本书。在第四章描述的使用方法,井涌极限由图2.3所示的图表定义。如图2.3所示井涌强度由关井立管压力反应,也就是地层压力和泥浆静液柱压力的差值。

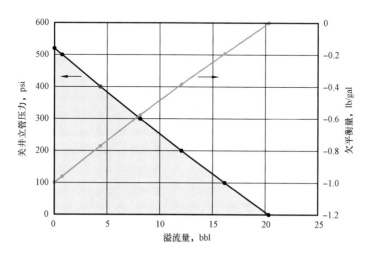

图2.3 井涌极限计算结果图

在图2.3,如果井的欠平衡量是1 lb/gal,则井涌极限是0,关井立管压力是520psi,如例2.1所显示,在这个例子中最大允许环空压力是520psi。如果井是过平衡的,例如抽吸溢流进入井内,溢流最多 25bbl 能被安全循环出来。

井涌极限窗口在图 2.3 是三角区阴影部分。由关井钻杆压力和相应的井涌体积组合确定的任何一点在井涌极限窗口内都可以安全地从井内循环出来。如果确定在井涌极限窗口之外的情况可能导致井漏和难以控制。

2.5 循环出溢流

2.5.1 理论思考

2.5.1.1 气体膨胀

在 20 世纪 60 年代早期之前,使用液位恒定法循环出溢流。这就是大家熟知的等体积置换法。尽管不再像以前那样成功,有些人今天仍坚持使用这种技术。如果溢流大多是液体,这项技术是成功的。如果溢流大多是气体,结果就是灾难。当一位支持使用液位恒定法的人被问到使用结果时,他回答,"哦,我们只是保持泵运转直到有地方破裂!"确实是,有地方破裂了,就像在本章开始的钻井日报提到的。

在 20 世纪 50 年代末期和 60 年代早期,一些人认识到液位恒定法不能成功。如果溢流是气体,当气体到达地面时,气体会膨胀。等式(2.2)给出了气体特性的基本关系:

$$pV = znRT \tag{2.2}$$

式中　p——压力,psi;

　　　V——体积,ft³;

　　　z——压缩系数;

　　　n——摩尔数;

　　　R——单位转换常数;

　　　T——温度,R。

为了研究不同条件下的气体,一般关系可以扩展到等式(2.3)中给出的另一种形式:

$$\frac{p_1 V_1}{z_1 T_1} = \frac{p_2 V_2}{z_2 T_2} \tag{2.3}$$

式中　p_1——在某点压力;

　　　p_2——在另一点压力;

　　　V_1——在某点体积;

　　　V_2——在另一点体积;

　　　T_1——在某点温度;

　　　T_2——在另一点温度;

　　　下角 1——任何一点条件下的符号;

　　　下角 2——不同于 1 的条件下。

忽略温度的变化、T 和压缩系数 z,等式(2.3)可简化成等式(2.4):

$$p_1 V_1 = p_2 V_2 \tag{2.4}$$

简单地说,等式(2.4)叙述的是气体的压力乘以气体的体积等于一个常数。井控当中气体膨胀的重要性在例 2.2 说明。

例 2.2

假设:

井身结构见图 2.4

钻井液密度, $\rho = 9.6$ lb/gal

钻井液梯度, $\rho_m = 0.5$ psi/ft

井深, $D = 10000$ ft

在例 2.1 描述的条件。

井是关闭的。

1 ft^3 的气体进入井内。

气体在井底,就是 1 点。

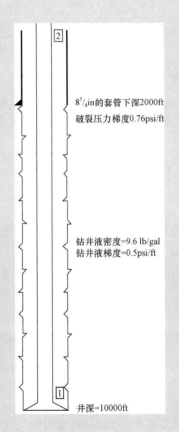

图 2.4　关闭状态下的井身结构图

要求:

(1)确定 1 点气体的压力。

（2）在 $1ft^3$ 气体不变的情况下,假设气体运移到关闭井的井口（2 点）,确定井口压力、$2000ft$ 处的压力和 $10000ft$ 处的压力。

解答：

（1）气体的压力,p_1,在 1 点,即井底,等于钻井液梯度乘以井深。

$$p_1 = \rho_m D \tag{2.5}$$

$$p_1 = 0.5 \times 10000 = 5000psi$$

（2）在井口（2 点）$1ft^3$ 的气体压力用等式（2.4）：

$$p_1 V_1 = p_2 V_2$$

$$5000 \times 1 = p_2(1)$$

$$p_{surface} = 5000psi$$

计算在 $2000ft$ 处的压力。

$$p_{2000} = p_2 + \rho_m(2000) = 5000 + 0.5 \times 2000 = 6000psi$$

计算井底压力：

$$p_{10000} = \rho_m(10000) = 5000 + 0.5 \times 10000 = 10000psi$$

例 2.2 所示,当气体不允许膨胀时,井内压力变得很大。如果井是关闭的,在 $2000ft$ 的压力就会增加到 $6000psi$。然而,如果井没有关闭,在 $2000ft$ 处的破裂压力是 $1520psi$。当 $2000ft$ 处的压力超过 $1520psi$,井眼会破裂,导致地下井喷。

循环出气体溢流的目的是将其带到井口,允许其膨胀来避免井眼破裂。同时,需要保持在储藏压力下井底静液柱压力以防止进一步流体进入井内。正如将要看到的,常规的压力控制程序通常遵守保持总静液柱压力的第二个条件,即井底压力等于油藏压力,忽略任何考虑套管鞋处的破裂压力。

2.5.1.2 U 形管原理

所有常规的替换程序都基于图 2.5 的 U 形管原理。理解这个原理很重要。通常,现场人员试图用常规的井控程序解决非常规的问题。如果 U 形管原理不能准确描述这些问题,那么常规的井控程序就不可靠。

图 2.5 中 U 形管左边的是表示钻杆,右边的是代表环空。因此,U 形管描述的过程是钻头在井底并且能从井底循环。如果不能从井底循环,常规的井控概念就没有意义,就不适用。这个概念将在第四章详细介绍。

图 2.5 将进一步说明,地层流体进入环空（U 形管右边）,井被关闭,就意味着整个系统是关闭的。在关闭条件下,钻杆内的静压力表示为 p_{dp},环空内的静压力表示为 p_a。地层流体 ρ_f 进入环空,占据环空一定的高度 h 和体积。

图2.5检查表明,U形管一侧钻杆分析比较简单,因为压力只受钻井液密度的影响,而且钻杆压力很容易被测到。在静止状态下井底压力可用等式(2.6)确定:

$$p_b = \rho_m D + p_{dp} \qquad (2.6)$$

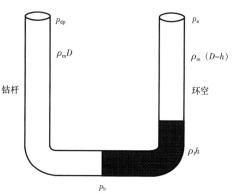

式中 p_b——井底压力,psi;

    ρ_m——钻井液梯度,psi/ft;

    D——井深,ft;

    p_{dp}——关井钻杆压力,psi。

式(2.6)描述的是井底压力和U形管一侧钻杆静液压力的关系。井底压力也可从U形管环空一侧静液压力描述,如等式(2.7):

$$p_b = \rho_f h + \rho_m(D - h) + p_d \qquad (2.7)$$

p_b=井底压力, psi
p_{dp}=钻杆压力, psi
p_a=环空压力, psi
ρ_m=钻井液梯度, psi/ft
ρ_f=溢流梯度, psi/ft
h=溢流高度, ft
D=井深, ft

图2.5　U形管模型图

式中 p_b——井底压力,psi;

    ρ_m——钻井液梯度,psi/ft;

    D——井深,ft;

    p_a——关井套管压力,psi;

    ρ_f——溢流梯度,psi/ft;

    h——溢流的高度,ft。

常规的井控程序不管用什么术语,在替换初始井侵的同时,必须保持井底压力恒定来阻止额外的溢流进入井内。很明显,等式(2.6)钻杆一侧很简单,所有变量都是已知的,因此,钻杆一侧用于控制井底压力 p_b。

随着压力控制技术的出现,推广这项技术的必要性是一项重要任务。很简单,常规的司钻法在不允许额外溢流进入井内的同时把溢流从井内置换出来。

2.5.2　司钻法

司钻法非常简单,计算很少。程序如下:

步骤一:

每一个班组,读取并记录几个不同泵冲下的立管压力,包括要参与的压井的每一台钻井泵。

步骤二:

溢流发生后,在开泵之前,读取并记录钻杆和套管压力。在压井泵速下用等式(2.8)确定压井泵的泵压:

$$p_c = p_{ks} + p_{dp} \qquad (2.8)$$

式中 p_c——置换时的循环泵压,psi;

    p_{ks}——压井泵速下记录的泵压,psi;

p_{dp}——关井钻杆压力，psi。

重要提示：如果在整改过程中有任何疑问，关井，读取并记录钻杆压力和套管压力。

步骤三：

把泵速提到压井泵速，保持套管压力等于关井时套管压力。这步要求不超过5min。

步骤四：

当泵速到达需要的泵速时，读取并记录钻杆压力。替换溢流，保持记录的钻杆压力不变。

步骤五：

当溢流被置换出后，记录套管压力并和步骤一关井时记录的初始钻杆压力比较。需要注意的是，如果溢流被完全替换出，套管压力应该等于初始关井钻杆压力。

步骤六：

如果套管压力等于步骤一记录的初始钻杆压力，在保持套管压力不变时降低泵速并关井。如果套管压力大于初始关井钻杆压力，继续循环，保持钻杆压力不变，然后关井，减低泵速时保持套管压力不变。

步骤七：

读取、记录并比较关井钻杆压力和套管压力。如果井内溢流完全被置换，关井钻杆压力应该等于关井套管压力。

步骤八：

如果关井套管压力大于关井钻杆压力，重复二—七步。

步骤九：

如果关井钻杆压力等于关井套管压力，确定压井液密度 ρ_1，用公式（2.9）（注意：没有安全系数）：

$$\rho_1 = \frac{\rho_m D + p_{dp}}{0.52D} \qquad (2.9)$$

式中 ρ_1——压井液密度，lb/gal；

ρ_m——原始钻井液梯度，psi/ft；

p_{dp}——关井钻杆压力，psi；

D——井深，ft。

步骤十：

在吸入灌把钻井液密度提高到步骤九所确定的密度。

步骤十一：

根据公式（2.10），用钻杆内容积除以钻井泵每冲的排量得出到钻头的冲数。

$$STB = \frac{C_{dp}l_{dp} + C_{hw}l_{hw} + C_{dc}l_{dc}}{C_p} \qquad (2.10)$$

式中   STB——到钻头的冲数，冲；

C_{dp}——钻杆内容积，bbl/ft；

C_{hw}——加重钻杆的内容积，bbl/ft；

C_{dc}——钻铤的内容积,bbl/ft;

l_{dp}——钻杆的长度,ft;

l_{hw}——加重钻杆的长度,ft;

l_{dc}——钻铤的长度,ft;

C_{p}——泵排量,bbl/冲。

步骤十二:

开泵,保持套管压力不变。

步骤十三:

置换压井液到钻头,保持套压不变。

警告:一旦确立了泵速,就不要进一步调整,必要时使用节流阀。保持套管压力等于初始关井时钻杆压力。如果套压开始上升,终止操作,关井。

步骤十四:

泵入压井液按需要的泵冲数到钻头后,读取并记录钻杆压力。

步骤十五:

换压井液到地面,保持钻杆压力不变。

步骤十六:

随着压井液到达地面,降低泵速并保持套管压力不变。

步骤十七:

读取并记录关井钻杆压力和关井套管压力。两个压力都等于零。

步骤十八:

开井,检查溢流情况。

步骤十九:

如果井仍有溢流,重复以上程序。

步骤二十:

如果没有检测到溢流,加上起下钻安全系数提高钻井液密度,开始循环直到压井液到达整个系统。

下面讨论每一步的详细情况。

步骤一:

每一个班组要读取并记录每一台泵的低泵冲数据。

经验显示,压井过程最难的一点是把泵速提高到压井泵速时,没有二次溢流进入或套管鞋处没有破裂。为了获得精确的压井泵率,这个问题就更加复杂。关于压井泵率用于循环出溢流没有什么神奇的。

在压力控制的早些时候,地面设备不足以在高泵速下将溢流循环到地面。因此,正常泵速的一半就成了循环溢流到地面的任意泵速的选择。然而,如果仅仅一半的泵率可以接受,当泵率稍高或稍低于一半泵率时就会出现问题。潜在问题的原因是除压井泵率外的循环压力是未知的。步骤四将进一步讨论。

最好的程序是记录和绘制几个流量和相应的泵压如图2.6所示。假设例2.3和例2.4压井泵速是30冲/min。然而,实际泵速不需要准确到30冲/min。所用的钻杆压力和实际泵速相对应，可用图 2.6 验证。

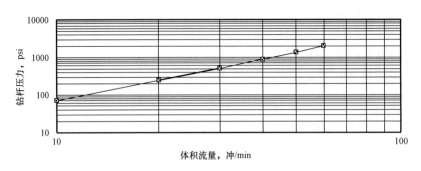

图 2.6　例 2.3 中的压力—体积关系图

步骤二：

溢流发生后，开泵之前，读取并记录钻杆和套管压力。确定在此泵速下的泵压。

重要提示：如果在整个过程的任何时候有疑问，关井，读取并记录关井钻杆压力和关井套管压力，按程序相应地进行。

由于温度、气体运移或压力表的问题，地面压力轻微波动并不少见。因此，在开始启动泵之前立即记录地面压力是非常重要的。

记住第二种说法是非常重要的。当不能确定时，关井！不计后果的继续循环似乎是一时冲动。关井后如果井的情况变得更糟糕，在泵入期间会恶化。当不能确定时，关井，读取地面压力，和初始压力相比较，在下一步操作之前对井况进行评估。如果是使用的替换程序有问题，在关井期间，情况不太可能恶化，如果是继续循环情况就可能恶化。

步骤三：

把泵速提高到压井泵速，保持套压不变。这步不超过 5min。

就像之前所说的，把泵速提高到压井泵速是井控程序中最难的一个问题。经验显示，最实用的方法是提高泵速期间保持套管压力恒定在关井套管压力。提高泵速不超过 5min，初始的气体膨胀是可忽略的。

初始流量的精确性并不重要。在压井泵率 10% 的范围是可以的。这个过程将确定置换溢流所使用的正确钻杆压力。图 2.6 可验证所用的钻杆压力。

实际上，在置换过程中泵速任何时候可高可低。简单的读取并记录循环套管压力，在调整泵速时保持套管压力不变，产生新的钻杆压力。当气体接近地面时变换泵速不要超过 1～2min，气体接近地面时膨胀非常快。

步骤四：

当泵速达到预定的压井泵速后，读取并记录钻杆压力。置换溢流，保持记录的钻杆压力不变。

实际上，所有步骤必须一起考虑，并且彼此是不可或缺的。用于循环出溢流的正确钻杆压力是在步骤四确立的钻杆压力。步骤一中确定的泵速和压力只有在操作开始后才用作确认参考。U 形管原理在图 2.5 是清楚的例子，提高泵速时保持关井时的套压不变，将根据选择的泵速确定适当的钻杆压力。

　　所有循环操作的调整必须考虑环空套管压力。在循环系统上调整压力时,钻杆压力响应必须其次考虑,因为在节流操作和钻杆压力表之间有一个很长的延迟时间。这个延迟时间是由压力瞬变从节流阀到钻杆压力表所需的时间引起的。

　　压力响应在介质中以声速传播。声速在空气中是1088ft/s,在大多数水基钻井液中是4800ft/s。因此,在10000ft井中,打开或关闭节流阀而导致的压力瞬变4s后才反映在立管压力计。只使用钻杆压力和节流阀通常会导致大的周期性变化,在套管鞋处造成额外的溢流或不可接受的压力。

　　步骤五:

　　一旦溢流被置换出来,记录套管压力,并和在步骤一记录的原始关井钻杆压力比较。需要注意的是,如果溢流被完全置换出来,套管压力应该等于初始关井钻杆压力。

　　考虑 U 形管模型图 2.7 和 U 形管模型图 2.5 进行比较。如果溢流被完全置换出来,图 2.7 环空一侧的情况就完全和图 2.5 钻杆一侧的条件相同。如果忽略环空一侧的压力损失,图 2.7 环空一侧的情况接近图 2.5 钻杆一侧。因此,一旦溢流被置换出,循环环空压力应该等于初始关井压力。

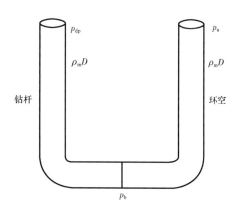

图 2.7　溢流替换出来之后的 U 形管模型图

　　步骤六:

　　如果套管压力等于步骤一记录的初始关井钻杆压力,保持套管压力不变降低泵速到关井。如果套管压力大于初始关井钻杆压力,继续循环并保持钻杆压力不变,然后关井,保持套管压力不变来降低泵速。

　　步骤七:

　　读取、记录并比较关井钻杆压力和套管压力。如果井内被置换干净,关井钻杆压力应该等于关井套管压力。

　　再考虑图 2.7,假设溢流被完全置换,U 形管两侧的情况是完全相同的。因此,钻杆和套管的地面压力是完全相同的。

　　通常,在置换过程中系统内有圈闭压力。如果置换溢流后钻杆压力和套管压力相等,但是大于初始关井钻杆压力或步骤二重新记录的钻杆压力,这个差值就是圈闭压力造成的。

　　如果置换后记录的地面压力相等,但是大于初始关井钻杆压力,环空仍有地层流体,这个讨论是无效的。这种情况下的特殊问题在第四章讨论。

　　步骤八:

　　如果关井套压大于关井钻杆压力,重复步骤二～步骤七。

　　如果初始溢流被置换后,关井套压大于关井钻杆压力,可能是在置换过程中又有溢流在某点进入井内。因此,有必要置换二次溢流。

　　步骤九:

　　如果关井钻杆压力等于关井套管压力,用等式(2.9)确定压井液密度 ρ_1(注意:这里不包

含安全系数):

$$\rho_1 = \frac{\rho_m D + p_{dp}}{0.052D}$$

式中 ρ_1——压井液密度;

$\rho_m D$——原钻井液密度;

p_{dp}——关井钻杆压力;

D——井的垂深。

安全系数在第四章详细讨论。

步骤十:

把吸入灌的钻井液比重按步骤九确认的提高到压井比重。

步骤十一:

根据公式(2.10)用钻具内容积的量除以泵每冲的量确定到钻头的冲数:

$$STB = \frac{C_{dp}l_{dp} + C_{hw}l_{hw} + C_{dc}l_{dc}}{C_p}$$

式中 STB——到钻头的冲数;

C_{dp}——钻杆内容积;

l_{dp}——钻杆长度;

C_{hw}——加重钻杆内容积;

l_{hw}——加重钻杆长度;

C_{dc}——钻铤内容积;

l_{dc}——钻铤长度;

C_p——泵每冲的排量。

通过在公式(2.10)的分子上加减容量与截面积的乘积,不同截面或重量的钻杆,加重钻杆,钻铤可在公式(2.10)简单增加或删除。

步骤十二:

把泵速提高到压井泵速,保持套管压力不变。

步骤十三:

把压井液置换到钻头,保持套管压力不变。

警告:一旦确立了泵速,不需要再进一步调整节流阀。保持套管压力等于初始关井钻杆压力。如果套管压力开始上升,终止程序并关井。

理解步骤十三至关重要,再考虑图 2.7 的 U 形管模型。当压井液被置换到钻杆一侧钻头位置时,在动态条件下,环空一侧的条件不会改变。因此,一旦泵速确定,套管压力不需要改变,也不必要调节节流阀保持恒定的钻杆压力。

在其他因素都不变的情况下,如果套管压力开始增加,最大可能是在环空有气体。如果环空出现气体,程序必须终止。由于提高地面钻井液密度来压井,在这种条件下的压井程序是等待加重法,将在标题为等待加重法的一部分进一步描述。等待加重法用于循环出环空气体到地面而控制井涌。

步骤十四：

在泵入需要冲数的压井液到钻头后,读取并记录钻杆压力。

步骤十五：

替换压井液到地面,保持钻杆压力不变。

如图 2.7 所示,一旦压井液到达钻头,开始进入环空时,U 形管模型钻杆一侧的情况不变,不要去改变它。因此,压井液被替换到地面保持钻杆压力不变。在这个过程中,预计套管压力会有所变化,节流阀大小也会有所调整。如果程序能正确执行,节流阀将会被调大来保持恒定的钻杆压力,当压井液到达地面时,套管压力会降到 0。

步骤十六：

随着压井液到达地面,降低泵速并保持套压不变直到关井。

步骤十七：

读取并记录关井钻杆压力和关井套管压力。两个压力应该为 0。

步骤十八：

开井并检查溢流。

步骤十九：

如果井内仍有溢流,重复以上过程。

步骤二十：

如果没有观察到溢流,提高包含起钻安全系数泥浆密度,开始循环直到整个系统充满设计的钻井液。

司钻法举例见例 2.3。

例 2.3

假设：

井身结构 = 图 2.8

井身, $D = 10000\text{ft}$

井眼尺寸, $D_h = 7\frac{7}{8}\text{in}$

钻杆尺寸, $D_p = 4\frac{1}{2}\text{in}$

$8\frac{5}{8}\text{in}$, 表层套管 = 2000ft

套管内径, $D_{ci} = 8.017\text{in}$.

破裂压力梯度, $F_g = 0.76\text{psi/ft}$

钻井液密度, $\rho = 9.6 \text{ lb/gal}$

钻井液梯度, $\rho_m = 0.5\text{psi/ft}$

钻具在井底时发生溢流,关井钻杆压力, $p_{dp} = 200\text{psi}$

关井环空压力, $p_a = 300\text{psi}$

钻井液池增量 = 10bbl

正常循环排量 = 6bbl/min 在 60 冲/min

压井排量 $=3\mathrm{bbl/min}$ 在 30 冲/min

压井排量下的循环压力, $p_{ks}=500\mathrm{psi}$

泵排量, $C_P=0.1\mathrm{bbl/冲}$

容量:

钻杆, $C_{dpi}=0.0142\mathrm{bbl/ft}$

钻杆与套管环空, $C_{dpca}=0.0428\mathrm{bbl/ft}$

钻杆与井眼的环空, $C_{dpha}=0.406\mathrm{bbl/ft}$

井涌极限图图2.3

注意:为了计算简单,假设没有钻铤。只是在中途计算中加入钻铤。

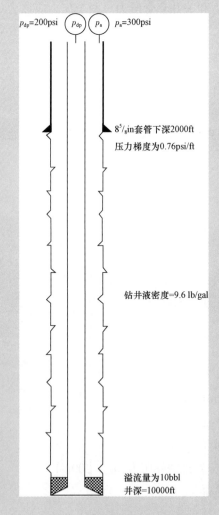

图 2.8　溢流状态下的井筒图

要求:

(1)确定常规的井控程序是否适用。

(2)描述使用司钻法的压井过程。

解答:

(1)分析图2.3,注意到关井钻杆压力200psi和溢流量10bbl的点在溢流极限范围内。因此,常规的压力控制程序适用。

(2)绘制压力——排量关系图(2.6)。

(3)记录关井钻杆压力和关井套管压力。

$$p_{dp} = 200psi$$

$$p_a = 300psi$$

(4)绘制压井排量在30冲/min的泵压,用公式(2.8)确定压井排量为30冲/min时的泵压:

$$p_c = p_{ks} + p_{dp}$$

$$p_c = 500 + 200$$

$$p_c = 700psi$$

(5)把泵速提高到30冲/min,同时保持300psi的套压不变。

(6)读取并记录钻杆压力等于700psi。应用图2.6确认钻杆压力。

(7)替换掉进入井内环空的所有气体,保持钻杆压力等于700psi。

(8)读取并记录钻杆压力等于700psi,套管压力等于200psi。

(9)关井,保持套管压力等于200psi。让井处于稳定状态。

(10)确定钻井液内所有气体循环出来。

$$p_a = p_{dp} = 200psi$$

(11)确定压井液密度ρ_1,用公式(2.9):

$$\rho_1 = \frac{\rho_m D + p_{dp}}{0.052D}$$

$$\rho_1 = \frac{0.5 \times 10000 + 200}{0.052 \times 10000}$$

$$\rho_1 = 10 \, lb/gal$$

式中 ρ_1——压井液密度;

   ρ_m——原浆密度;

   D——井的垂深。

(12)用公式(2.10)确定到钻头的冲数：

$$\text{STB} = \frac{C_{dp}l_{dp} + C_{hw}l_{hw} + C_{dc}l_{dc}}{C_p}$$

$$\text{STB} = \frac{0.0142 \times 10000}{0.1}$$

$$\text{STB} = 1420 \text{ 冲}$$

式中　STB——到钻头的冲数；

C_{dp}——钻杆内容积；

l_{dp}——钻杆长度；

C_{hw}——加重钻杆内容积；

l_{hw}——加重钻杆长度；

C_{dc}——钻铤内容积；

l_{dc}——钻铤长度。

(13)在地面把钻井液密度提高到 10 lb/gal。

(14)把泵速提高到 30 冲,保持套管压力在 200psi。

(15)用 10 lb/gal 的钻井液替换 1420 冲到钻头。保持套管压力在 200psi,节流阀的大小不用调整。

(16)在泵入 1420 冲后,观察并记录钻杆循环压力。假设观察到的钻杆压力是 513psi。

(17)循环 10 lb/gal 的钻井液到地面,保持钻杆压力在 513psi。

(18)关井并检查套管压力 = 钻杆压力 =0。井被压住。

(19)继续循环并提高钻井液密度到可接受的起钻安全系数,通常高于地层压力 150 ~ 500psi 或 10.3 ~ 11.0 lb/gal。

(20)继续钻进。

2.5.3　等待加重法

另一种常规的压井方法就是通常所说的等待加重法。顾名思义,关井后,用公式(2.9)把钻井液密度提高到压井液密度。因此,主要区别是气体被置换的同时,泵入压井液。结果是等待加重法用一个循环周压井,而司钻法需要两个循环周。

在压力控制的早期,增加钻井液密度到压井液密度所需要的时间是重要的。在这期间,气体运移和卡钻并不罕见。然而,现代钻井液混合系统消除在操作中的时间因素,大多数系统能在地面提高钻井液密度和泵入速度相同。还有另一个比较,在等待加重法介绍、说明和讨论后提出来。

随后将详细讨论每个步骤,等待加重法的替换过程如下：

步骤一：

每个班组,读取并记录几个低泵冲钻杆压力,包括压井要用的几台泵。

步骤二：

开泵期间,读取并记录钻杆和套管压力。用公式(2.8)确定在压井泵率下的预期钻杆压力：

$$p_c = p_{ks} + p_{dp}$$

式中　p_c——初始循环压力；

　　　p_{ks}——低泵冲压力；

　　　p_{dp}——关井钻杆压力。

步骤三：

用公式(2.9)确定压井液密度ρ_1(注意,不包含安全系数)

$$\rho_1 = \frac{\rho_m D + p_{dp}}{0.052D}$$

式中　ρ_1——压井液比重；

　　　ρ_m——原浆密度；

　　　D——井的垂深；

　　　p_{dp}——关井钻杆压力。

步骤四：

根据公式(2.10)用钻具内总容量的桶数除以泵每冲的桶数来确定到钻头的冲数。

$$\text{STB} = \frac{C_{dp}l_{dp} + C_{hw}l_{hw} + C_{dc}l_{dc}}{C_p}$$

式中　STB——地面到钻头冲数；

　　　C_{dp}——钻杆内容积；

　　　l_{dp}——钻杆长度；

　　　C_{hw}——加重钻杆内容积；

　　　l_{hw}——加重钻杆长度；

　　　C_{dc}——钻铤内容积；

　　　l_{dc}——钻铤长度；

　　　C_p——泵每冲排量。

步骤五：

用公式(2.11)在压井泵速下使用压井液密度确定新的循环压力p_{cn}：

$$p_{cn} = p_{dp} - 0.052(\rho_1 - \rho)D + \left(\frac{\rho_1}{\rho}\right)p_{ks} \tag{2.11}$$

式中　ρ_1——压井液密度比重,lb/gal；

　　　ρ——原钻井液密度,lb/gal；

　　　p_{ks}——低泵速循环压力,psi；

　　　p_{dp}——关井钻杆压力,psi；

D——井的垂深,ft。

步骤六:

对于较复杂的钻具结构,确定并绘制泵入计划,以将步骤二确定的初始循环压力 p_c 降低至步骤五确定的最终循环压力 p_{cn}。用公式(2.12a)至公式(2.12d)、公式(2.13a)至公式(2.13d),计算表2.1并创建相应的图表。

注意:钻具部分的尺寸是相同的。当井眼或钻具尺寸改变时新的部分才开始。只要直径相同就是同一部分。因此,每一部分都有一个不同的环空容积。计算从地面开始。

例如:如果井眼尺寸不变,管柱由2种重量的钻杆组成,加重钻杆和钻铤,需要4步计算。

计算表如下:

$$\text{STKS 1} = \frac{C_{ds1}l_{ds1}}{C_p} \tag{2.12a}$$

$$\text{STKS 2} = \frac{C_{ds1}l_{ds1} + C_{ds2}l_{ds2}}{C_p} \tag{2.12b}$$

$$\text{STKS 3} = \frac{C_{ds1}l_{ds1} + C_{ds2}l_{ds2} + C_{ds3}l_{ds3}}{C_p} \tag{2.12c}$$

$$\text{STB} = \frac{C_{ds1}l_{ds1} + C_{ds2}l_{ds2} + C_{ds3}l_{ds3} + \cdots + C_{dc}l_{dc}}{C_p} \tag{2.12d}$$

$$p_1 = p_c - 0.052(\rho_1 - \rho)(l_{ds1}) + \left(\frac{\rho_1 p_{ks}}{\rho} - p_{ks}\right)\left(\frac{\text{STKS 1}}{\text{STB}}\right) \tag{2.13a}$$

$$p_2 = p_c - 0.052(\rho_1 - \rho)(l_{ds1} + l_{ds2}) + \left(\frac{\rho_1 p_{ks}}{\rho} - p_{ks}\right)\left(\frac{\text{STKS 2}}{\text{STB}}\right) \tag{2.13b}$$

$$p_3 = p_c - 0.052(\rho_1 - \rho)(l_{ds1} + l_{ds2} + l_{ds3}) + \left(\frac{\rho_1 p_{ks}}{\rho} - p_{ks}\right)\left(\frac{\text{STKS 3}}{\text{STB}}\right) \tag{2.13c}$$

表2.1　钻杆压力表

冲数	压力
0	700
STKS 1	p_1
STKS 2	p_2
STKS 3	p_3
…	…
STB	p_{cn}

$$p_{cn} = p_{dp} - 0.052(\rho_1 - \rho) \times (l_{ds1} + l_{ds2} + l_{ds3} + \cdots + l_{dc}) + \left(\frac{\rho_1 p_{ks}}{\rho} - p_{ks}\right) \tag{2.13d}$$

式中　STKS 1——到第一部分钻具底部的冲数;

STKS 2——到第二部分钻具底部的冲数;

STKS——到第三部分钻具底部的冲数;

STB——到钻头的冲数;

ρ_1——压井液密度,lb/gal;

ρ——原钻井液密度,lb/gal;

l_{dc}——钻铤长度,ft;

$l_{ds1,2,3}$——不同钻具部分的长度,ft;

C_{dc}——钻铤内容积,bbl/ft;

$C_{ds1,2,3}$——钻具不同部分的内容积,bbl/ft;

$p_{1,2,3}$——压井液循环到不同钻具底部的压力,psi;

p_{dp}——关井钻杆压力,psi;

p_{ks}——压井泵速下步骤一确定的循环压力,psi;

C_p——泵排量,bbl/冲;

p_{cn}——新的循环压力,psi;

p_c——步骤二中用公式(2.8)确定的初始替换压力,psi。

对于只有一种钻具重量的钻具组合,一种加重钻杆或钻铤,泵入计划可用公式(2.14):

$$\frac{STKS}{25psi} = \frac{25(STB)}{p_c - p_{cn}} \tag{2.14}$$

式中　STKS——到钻具底部的冲数;

STB——到钻头的冲数;

p_c——步骤二中用公式(2.8)确定的初始替换压力,psi;

p_{cn}——新的循环压力,psi。

步骤七:

提高吸入灌的钻井液密度到步骤三确认压井液密度。

步骤八:

把泵速提高到压井泵速,保持关井时的套压不变。这一步不超过5min。

步骤九:

当泵速达到压井泵速时,读取并记录钻杆压力。逐渐调整泵入计划。用在步骤一绘制的图表修正钻杆压力。根据在步骤六设立泵入计划替换压井液到钻头,在这步修正。

步骤十:

替换压井液到地面,保持钻杆压力不变。

步骤十一:

关井,保持套压不变,观察钻杆压力和套管压力都为0,井被压住。

步骤十二:

如果地面压力不为0,井没有被压住,继续循环,保持钻杆压力不变。

步骤十三:

井被压住以后,提高吸入灌钻井液密度并加上起钻安全系数。

步骤十四:

恢复钻进。

分析每一步的详细情况如下:

步骤一:

每个班组读取并记录每台泵的低泵冲泵压。

这与司钻法步骤一后讨论的相同。经验显示,压井过程最困难的一步是在没有额外溢流或套管鞋处没有破裂的情况下把泵速提高到压井泵速。为了获得精确的压井泵速,这个问题会更复杂。用压井泵速循环出溢流没有什么神奇的。

在压力控制的早期,地面设施不足以用高泵速把溢流循环到地面。因此,一半正常泵速成为循环出溢流的任意选择。然而,如果只有一个泵速(像一半的泵速)是可以接受的。可能出现的问题是当泵速稍高或稍低于一半的泵速时。潜在问题的原因是压井速率以外的速率下的压力未知。进一步参考在步骤四之后的讨论。

最好的程序是记录并绘制几种排量下相对应的泵压,如图2.6所示。假设例2.3和例2.4压井泵速为30冲/min。然而,实际泵速不会是确切的30冲/min,相对应的钻杆压力对泵速可用图2.6修订。

步骤二:

开泵之前,读取并记录钻杆和套管压力。用公式(2.8)确定在压井泵速下的泵压。

$$p_c = p_{ks} + p_{dp}$$

式中 p_c——压井时的泵压;

p_{ks}——低泵速压力;

p_{dp}——关井钻杆压力。

这与司钻法步骤二以后的讨论是相同的。由于温度、气体运移或压力表的问题,地面压力轻微的波动是很常见的。因此,在开泵之前立即记录地面压力是很重要的。

当不能确定时,关井。看起来冲动的做法是不计后果的继续循环。关井后如果井内变得更恶化,在开泵期间变得恶化。当不能确定时,关井,读取地面压力,和初始压力比较,评估下一步操作前的情况。如果使用的替换程序有什么错误,关井要比继续循环情况会好一些。

步骤三:

用公式(2.9)确定压井液密度ρ_1(注意:不包括安全系数):

$$\rho_1 = \frac{\rho_m D + p_{dp}}{0.052D}$$

式中 ρ_1——压井液密度;

ρ_m——原钻井液密度;

D——井的垂深;

p_{dp}——关井钻杆压力。

安全系数在第四章讨论。

步骤四:

根据公式(2.10)用钻具内总容量的桶数除以泵每冲的桶数来确定到钻头的冲数。

$$STB = \frac{C_{dp}l_{dp} + C_{hw}l_{hw} + C_{dc}l_{dc}}{C_p}$$

式中　STB——地面到钻头冲数；

C_{dp}——钻杆内容积；

l_{dp}——钻杆长度；

C_{hw}——加重钻杆内容积；

l_{hw}——加重钻杆长度；

C_{dc}——钻铤内容积；

l_{dc}——钻铤长度；

C_p——泵每冲排量。

钻杆、钻铤、加重钻杆不同重量部分可从公式(2.10)加上或减去,不同的长度产生不同的容量。

步骤五:

用公式(2.11)在压井泵速下使用压井液密度确定新的循环压力 p_{cn}:

$$p_{cn} = p_{dp} - 0.052(\rho_1 - \rho)D + \left(\frac{\rho_1}{\rho}\right)p_{ks}$$

式中　ρ_1——压井液密度,lb/gal;

ρ——原钻井液密度,lb/gal;

p_{ks}——低泵速循环压力,psi;

p_{dp}——关井钻杆压力,psi;

D——井的垂深,ft。

压井液下循环压力可能稍高于记录的压井泵率下的循环压力,因为摩阻压力损失是钻井液密度的一个函数。实际上,摩阻压力损失是密度函数的0.8。然而,这个差别可以忽略。

步骤六:

对于复杂的钻具结构,确定并绘制泵入计划,以将步骤二确定的初始循环压力 p_c 降低至步骤五确定的最终循环压力 p_{cn}。用公式(2.12a)至公式(2.12d)、公式(2.13a)至公式(2.13d),计算表2.1并绘制相应的曲线图。

注意:所有直径相同的钻具作为一个部件的长度计算。改变井眼或钻具外径,则作为新的部件计算。因此,每一部分有一个环空容积。计算从地面开始。例如,如果井眼尺寸没变,钻柱包括加重钻杆和钻铤,需要4步计算。

确定泵入计划是最关键的一步。例2.4说明了这些方程的使用。基本上,循环钻杆压力的降低可抵消由钻井液密度增加引起的静液压力增加以保持井底压力不变。

通过有计划地降低套管压力来获得必要的钻杆压力的降低,压力到达钻杆压力表需要等待4~5s。通过控制节流阀来直接控制钻杆压力,由于时间延迟通常是不成功的。

成功的关键是同时观察几块压力表。顺序通常是观察节流阀的位置、套管压力和钻杆压力。在缓慢开节流阀的同时观察节流阀的位置显示。下一步,为降低节流压力检查节流压力表。继续按此顺序操作直到设计的压力要求。

最后,等 10s 读取钻杆压力表。重复这个过程直到钻杆压力调节合适。

步骤七:

提高吸入灌钻井液密度到步骤三确定的压井液密度。

步骤八:

把泵速提高到压井泵速,保持套管压力等于关井时的套管压力。这步要求不超过 5min。

步骤九:

当泵速达到压井泵速后,读取并记录钻杆压力。相应调整泵入计划。用在步骤一绘制的曲线修正钻杆压力。根据在步骤六确定的泵入计划替换压井液到钻头,在此步骤中修订。

正如司钻法所讨论的,实际用的压井泵速不是关键的。一旦在恒定的套管压力等于关井套管压力下确定了实际压井速度,则钻杆压力的读数是正确的。必须调整泵入计划,以反映不同于从绘制的图表用的泵速。

该表的调整是通过关井钻杆压力以计算方式降低初始钻杆压力,并重新进行适当的计算来完成的。这个图更容易调整。循环钻杆压力标注在开始点。用这个点画一条线,平行于步骤六画的线。新的线用来纠正泵入计划。泵压图对步骤一构建的体积,用于计算。

如果在开泵期间出现疑问,关井并在降低泵速的同时保持套压不变。关井钻杆压力,关井套管压力和泵入体积用于评估井的情况。通过保持套管压力不变提高泵速使得泵入程序连续,读取钻杆压力,绘制泵入计划的每一个点,创建一条与原来平行的线。这些点在例 2.3、例 2.4 中阐述。

保持套管压力恒定,以确定泵速和正确的循环钻杆压力是一个可接受的程序,前提是时间周期短,且溢流不接近地面。这个时间周期不应该超过 5min。如果溢流接近地面,套管压力将会变化很快。在这种情况下,时间周期应在 1~2min。

步骤十:

替换压井液到地面,保持钻杆压力不变。

步骤十一:

关井,保持套管压力恒定,观察钻杆压力和套管压力应该为 0,井被压住。

步骤十二:

如果地面压力不为 0,井没被压住,继续循环,保持钻杆压力不变。

步骤十三:

井被压住之后,提高吸入灌的钻井液密度包括起钻安全系数。

步骤十四:

继续钻进。

例 2.4 举例说明等待加重法。

例 2.4
假设:
井身结构——图 2.8
井涌极限图——图 2.3
井深,$D = 10000\text{ft}$

井眼尺寸,$D_h = 7\frac{7}{8}$in

钻杆尺寸,$D_p = 4\frac{1}{2}$in

$8\frac{5}{8}$in 表层套管 $= 2000$ft

技术套管尺寸,$D_{ci} = 8.017$in

破裂压力梯度,$F_g = 0.76$psi/ft

钻井液密度,$\rho = 9.6$ lb/gal

钻井液梯度,$\rho_m = 0.5$psi/ft

溢流发生时钻具在井底,关井钻杆压力 $p_{dp} = 200$psi

关井环空压力,$p_a = 300$psi

钻井液池增量 $= 10$bbl

正常循环排量 $= 6$bbl/min(60 冲/min)

压井排量 $= 3$bbl/min(30 冲/min)

在压井排量下循环泵压,$p_{ks} = 500$psi

泵排量,$C_p = 0.1$bbl/冲

容量:

钻杆,$C_{dpi} = 0.0142$bbl/ft

钻杆和套管环空,$C_{dpca} = 0.0428$bbl/ft

钻杆和井眼环空,$C_{dpha} = 0.0406$bbl/ft

注:为了使计算和举例简化,假设没有钻铤。有钻铤的只是在中间加个计算。

要求:

(1)确认常规的井控程序是否适用。

(2)用等待加重法描述压井程序。

解答:

(1)在图 2.3 中,200psi 的关井钻杆压力和 10bbl 溢流量的交汇点在溢流极限内。溢流极限图如图 2.3 应进一步假设用司钻法循环出溢流,那就是最糟糕的情况。

(2)建立压力与体积关系图,如图 2.6 所示。

(3)记录关井钻杆压力和关井套管压力。

$$p_{dp} = 200\text{psi}$$

$$p_a = 300\text{psi}$$

(4)用公式(2.8)计算 30 冲/min 时的循环泵压。

$$p_c = p_{ks} + p_{dp}$$

$$p_c = 500 + 200$$

$$p_c = 700\text{psi}$$

(5)用公式(2.9)确定压井液密度:

$$\rho_1 = \frac{\rho_m D + p_{dp}}{0.052D}$$

式中 ρ_1——压井液密度;

   ρ_m——原浆密度;

   D——井的垂深;

   p_{dp}——关井钻杆压力。

$$\rho_1 = 0.5 \times (10000) + 200/0.052 \times (10000) = 10 \text{ lb/gal}$$

(6)用公式(2.10)确定 STB:

$$STB = \frac{C_{dp}l_{dp} + C_{hw}l_{hw} + C_{dc}l_{dc}}{C_p}$$

$$STB = \frac{0.0142 \times 10000}{0.1}$$

$$STB = 1420 \text{stk}$$

式中 STB——地面到钻头冲数;

   C_{dp}——钻杆内容积;

   l_{dp}——钻杆长度;

   C_{hw}——加重钻杆内容积;

   l_{hw}——加重钻杆长度;

   C_{dc}——钻铤内容积;

   l_{dc}——钻铤长度;

   C_p——泵每冲排量。

(7)用公式(2.11)确定在压井泵率下用压井泥液浆比重的新的循环压力,p_{cn}:

$$p_{cn} = p_{dp} - 0.052(\rho_1 - \rho)D + \left(\frac{\rho_1}{\rho}\right)p_{ks}$$

$$p_{cn} = 200 - 0.052 \times (10 - 9.6) \times 10000 + \frac{10}{9.6} \times 500$$

$$p_{cn} = 513 \text{psi}$$

式中 p_{cn}——新的循环压力,psi;

   ρ_1——压井液密度,lb/gal;

   ρ——原浆密度,lb/gal;

   p_{ks}——低泵速循环压力,psi;

p_{dp}——关井钻杆压力,psi;

D——井的垂深,ft。

(8)按照公式(2.14)确定钻具泵入计划(表2.2):

表2.2 立压计划表(例2.4)

冲数	压力
0	700
190	675
380	650
570	625
760	600
950	575
1140	550
1330	525
1420	513
1600	513

$$\frac{STKS}{25psi} = \frac{25 \times STB}{p_c - p_{cn}}$$

$$\frac{STKS}{25psi} = \frac{25 \times 1420}{700 - 513}$$

$$\frac{STKS}{25psi} = 190stk$$

式中 STKS——到钻具底部的冲数;

STB——到钻头的冲数;

p_c——用公式(2.8)步骤二中确定的初始替换压力,psi;

p_{cn}——新的循环压力,psi。

(9)泵压与泵冲关系图(图2.9)。

(10)把泵速提高到30冲/min,保持套压在300psi。

(11)根据步骤七、步骤八泵压、泵冲变化值替换压井液到钻头(1420冲)。

190冲后,在这时减少套管压力25psi。10s后,观察钻杆压力降到675psi。380冲后,这时降到套管压力25psi。10s后,观察钻杆压力降到650psi。继续按这个规律直到压井液到达钻头,钻杆压力为513psi。

(12)1420冲后,随着压井液到达钻头,读取并记录钻杆压力等于513psi。

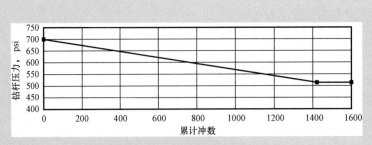

图2.9　钻杆压力变化图

（13）替换压井液到地面,保持钻杆压力等于513psi。

（14）关井,保持套管压力不变,观察钻杆和套管压力都等于0。

（15）检查溢流情况。

（16）一旦确认井被压住,加上起钻安全系数提高钻井液密度,继续钻进。

很明显,等待加重法最可能令人困惑的方面是在保持井底压力不变的同时用计划的泵压和泵冲循环压井液到钻头。应用计划的泵压和泵冲在例2.5进一步说明。

例2.5

假设:

例2.4。

要求:

（1）假设例2.4步骤九的压井泵速改为20冲而不是30冲。确定对泵入进度表的影响和在图2.9的应用。

（2）假设钻具结构是复杂的,包括4000ft 5in 19.5 lb/ft,4000ft 4½in 16.6 lb/ft,1000ft 4½in加重钻杆,1000ft 6¼in钻铤。图2.9显示了复杂钻具结构的影响效果。将复杂钻具结构的泵入进度表与简单的直线相比较。

解答:

（1）根据图2.6,在泵速20冲时地面压力为240psi。初始替换地面压力根据公式（2.8）如下:

$$p_c = p_{ks} + p_{dp}$$

$$p_c = 240 + 200$$

$$p_c = 440psi$$

因此,在图2.9 Y轴上找到440psi,画出与原来的相平行的一条线。新线修改泵入进度表。这个概念在图2.10显示出来。

作为替代方法,只需从值中减去260psi（700 − 440）步骤七的表2.3中列出。

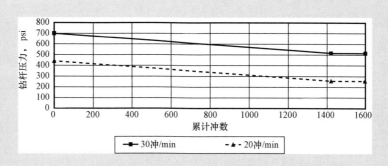

图 2.10 钻杆压力变化表——20 冲/min 对 30 冲/min

表 2.3 钻杆压力对泵冲的表(例 2.5)

冲数	压力
0	440
190	415
380	390
570	365
760	340
950	315
1140	290
1330	265
1420	253
1600	253

(2)公式(2.10),公式(2.12a)至公式(2.12d)以及公式(2.13a)至公式(2.13d)用于绘制新的泵压与泵冲曲线(图 2.11)。

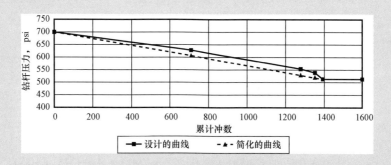

图 2.11 钻杆压力曲线。设计曲线对简化的泵压与冲数曲线

$$STB = \frac{C_{dp}l_{dp} + C_{hw}l_{hw} + C_{dc}l_{dc}}{C_p}$$

$$STB = (0.01776 \times 4000 + 0.01422 \times 4000 +$$

$$0.00743 \times 1000 + 0.00389 \times 1000) \div 0.10$$

$$STB = 1392stk$$

式中　STB——地面到钻头冲数；

　　　C_{dp}——钻杆内容积；

　　　l_{dp}——钻杆长度；

　　　C_{hw}——加重钻杆内容积；

　　　l_{hw}——加重钻杆长度；

　　　C_{dc}——钻铤内容积；

　　　l_{dc}——钻铤长度；

　　　C_{p}——泵每冲排量。

从公式(2.12a)至公式(2.12d),公式(2.13a)至公式(2.13d):

$$STKS\ 1 = \frac{C_{ds1} l_{ds1}}{C_p}$$

$$STKS\ 1 = \frac{0.01776 \times 4000}{0.1}$$

$$STKS\ 1 = 710stk$$

式中　STKS 1——到第一部分钻具底部的冲数；

　　　C_{ds1}——第一部分钻具容积；

　　　l_{ds1}——第一部分钻具的长度。

$$STKS\ 2 = \frac{C_{ds1} l_{ds1} + C_{ds2} l_{ds2}}{C_p}$$

$$STKS\ 2 = \frac{0.01776 \times 4000 + 0.01422 \times 4000}{0.1}$$

$$STKS\ 2 = 1279\ 冲$$

$$STKS\ 3 = \frac{C_{ds1} l_{ds1} + C_{ds2} l_{ds2} + C_{ds3} l_{ds3}}{C_p}$$

$$STKS\ 3 = \frac{0.01776 \times 4000 + 0.01422 \times 4000 + 0.00743 \times 1000}{0.10}$$

$$STKS\ 3 = 1353\ 冲$$

式中　STKS 1——到第一部分钻具底部的冲数；

C_{ds1}——第一部分钻具容积；

l_{ds1}——第一部分钻具的长度；

STKS 2——到第二部分钻具底部的冲数；

C_{ds2}——第二部分钻具容积；

l_{ds2}——第二部分钻具的长度；

STKS 3——到第三部分钻具底部的冲数；

C_{ds3}——第三部分钻具容积；

l_{ds3}——第三部分钻具的长度。

相同，STKS 4 = 1392stk

用公式(2.13a)至公式(2.13d)计算出每一部分钻具底部地面循环压力。

$$p_1 = p_c - 0.052(\rho_1 - \rho)(l_{ds1}) + \left(\frac{\rho_1 p_{ks}}{\rho} - p_{ks}\right)\left(\frac{STKS\ 1}{STB}\right)$$

$$p_1 = 700 - 0.052 \times (10 - 9.6) \times 4000 + \left(\frac{10 \times 500}{9.6} - 500\right) \times \frac{710}{1392}$$

$$p_1 = 627\,\text{psi}$$

$$p_2 = p_c - 0.052(\rho_1 - \rho)(l_{ds1} + l_{ds2}) + \left(\frac{\rho_1 p_{ks}}{\rho} - p_{ks}\right)\left(\frac{STKS\ 2}{STB}\right)$$

$$p_2 = 700 - 0.052 \times (10 - 9.6) \times (4000 + 4000) + \left(\frac{10 \times 500}{9.6} - 500\right) \times \frac{1279}{1392}$$

$$p_2 = 552\,\text{psi}$$

$$p_3 = p_c - 0.052(\rho_1 - \rho)(l_{ds1} + l_{ds2} + l_{ds3}) + \left(\frac{\rho_1 p_{ks}}{\rho} - p_{ks}\right)\left(\frac{STKS\ 3}{STB}\right)$$

$$p_3 = 700 - 0.052 \times (10 - 9.6) \times (4000 + 4000 + 1000) + \left(\frac{10 \times 500}{9.6} - 500\right) \times \frac{1353}{1392}$$

$$p_3 = 534\,\text{psi}$$

式中　STKS 1——到第一部分钻具底部的冲数；

　　　STKS 2——到第二部分钻具底部的冲数；

　　　STKS——到第三部分钻具底部的冲数；

　　　STB——到钻头的冲数；

　　　ρ_1——压井液密度，lb/gal；

　　　ρ——原浆密度，lb/gal；

　　　l_{dc}——钻铤长度，ft；

　　　$l_{ds1,2,3}$——不同钻具部分的长度，ft；

C_{dc}——钻铤内容积,bbl/ft;

$C_{ds1,2,3}$——钻具不同部分的内容积,bbl/ft;

$p_{1,2,3}$——压井液循环到不同钻具底部的压力,psi;

p_{dp}——关井钻杆压力,psi;

p_{ks}——压井泵速下步骤一确定的循环压力,psi;

C_p——泵排量,bbl/冲。

加上最后钻铤一部分到上面的公式中,

$$p_4 = 513psi$$

如图 2.10 所示,在置换溢流时改变泵率,仅仅是移动泵入计划曲线到平行的另一条线。如图 2.11 所示,复杂的泵入计划曲线更难一点建立。简单的直线泵入计划曲线在压井液替换到钻头之前是欠平衡的。在这个例子中,欠平衡仅 25psi。

实际上,在大多数情况下,环空摩擦压力损失在经典的压力控制分析中被认为是可以忽略的,将超过补偿的值,额外的溢流不会发生。然而,在特殊情况下可能不是这样,额外的溢流将会发生。大多数情况下,简单的泵入计划就足够了。复杂的钻具结构应进行比较。

2.6 总结

钻井时发生溢流的井控程序是 50 多年前发展起来的,是化学和物理规律在钻井作业中应用的经典方法。然而,必须认识和理解这些程序是基于数学模型,如果实际情况与使用程序的模型不符,那么模型就没有意义了。此外,井涌极限描述和定义典型程序的范围。如果真实情况在井涌极限范围之外,这个程序是没有意义了。如果实际情况与制定程序所依据的模式不一致,那么这些模式就毫无意义。

司钻法是最常用置换程序。井队人员可以立刻置换溢流。要求的计算很容易。计算完之后,置换压井液很简单,然后即可恢复钻进。司钻法的一个缺点是至少需要两周来控制井。

等待加重法稍微有点复杂,但是通常是有明显优势的。首先,用一半的时间就能压住井。用双混合系统现代化的加重设施每小时可加入 600 袋重晶石,因此,把吸入灌的钻井液加重需要很短时间,压井泵率不会受影响。等待加重法会使压井液到井内很快,通常这是一个优点。

此外,如在第四章讨论和说明的,当使用等待加重法时环空压力较低。当置换压井液到钻头时,最初的缺点是出现潜在的错误。使用司钻法,很容易停止和启动程序。当使用等待加重法时停止和启动程序就没那么容易了,特别是当压井液被置换到钻头阶段。用等待加重法置换过程中混淆钻井工人的情况并不少见。

考虑所有因素,等待加重法是大多数操作人员的首要选择。

参 考 文 献

API RP 59. Recommended practice for well control operations. 2nd ed. 2006, 49.

第3章 起钻时的压力控制程序

6月22日

钻具起出井眼,开始溢流。将底部钻具组合下入井内,体积增加60bbl。进行循环。压力继续增大。关井压力3000psi。钻杆由转盘面开始上窜。打开节流阀,关闭位于接头上面的闸板防喷器,关闭节流阀。体积共增加140bbl。试关安全阀没有成功。打开节流阀,关闭安全阀,关闭节流阀。体积已经增加了200bbl。快速安装不压井起下钻作业装置。

7月14日

开始不压井下钻作业。

7月15日

继续不压井下钻至4122ft,用密度为18.5 lb/gal的钻井液进行循环。地面压力为3700psi。

7月16日

不压井下钻至8870ft。用密度为18.5 lb/gal钻井液循环。地面套管压力增加到5300psi。入井钻井液量540bbl,返出钻井液量780bbl。将钻井液的泵送速度从3bbl/min提高到6bbl/min。立压增加到6700psi。钻台上的活接头冲开。由于过大的压力和流速,无法关闭钻台上的安全阀。硫化氢检测仪器发出警报。用信号枪点火。

上面这个钻井报告很好地描述了一口在起钻前几小时压力仍处于控制之下的井,在起钻作业中,出现复杂并造成灾难的过程。任何起钻作业在钻头离开井底前,必须做好井控工作。起钻作业常使井控问题突然出现。正如经常发生的情况,由于在检测出问题时才进行井控工作,井眼情况已恶化,井控问题越来越复杂。

发生一系列类似不幸事故的原因是针对这些情况缺乏统一规范的处理程序。最近的井控调查揭示了这些问题的存在。

实际上,常规压力控制程序只能用于在钻进过程中所发生的井控问题。不幸的是,目前还没有公认的控制程序用于处理起钻过程中发生溢流的问题。把用于钻进时的井控程序和操作指令张贴在钻台上,而对于在起钻过程中发生溢流时应遵循的控制程序和操作指令却没有张贴明示。得克萨斯州佩科斯(Pecos)的一个法庭判决一家大石油公司存在重大的疏忽过失,理由正是没有明示起钻过程中井控程序和操作指令。本章的目的之一就是建议采用、培训和明示常规起钻井控程序。

3.1 起钻时发生溢流的原因

在起钻过程中发生的井控问题,一般是由于钻井人员没有及时灌满钻井液,或钻井人员不知道井眼没有用钻井液灌满。保持井眼充满钻井液已强调了多年。与起钻相关的压力控制问题和井喷仍然是一个主要问题。由于缺乏培训和了解相关知识,经常造成这些问题的发生。

常规压力控制程序只能用于钻进作业,而不能用于起钻作业。与起钻模型不同,所有压力控制的模型和技术都是在钻进基础上发明的。因此,在钻进作业中发生压力控制问题所用的技术不能应用于起钻作业中发生的压力控制问题。但实际情况是,起钻作业中发生的压力控制问题往往使用钻进控制程序,应用范围混淆,导致灾难性后果。

3.1.1 起钻记录表和钻井液灌注程序

起钻前,假定井筒处于控制状态,并且在井筒充满钻井液、保持静液柱压力的情况下可以安全起钻。在起钻过程中发生的压力控制问题一般是抽吸或简单地没有保持井筒充满钻井液的结果。这两种情况,认识和防止问题发生比处理问题要容易得多。

不论何时钻穿生产层、进入过渡带或生产井段前最后一趟起钻,必须记录精确的"起钻表"。起钻表是简单记录在提出钻具时保持井筒充满所用的实际钻井液量,与起出管柱后理论上所需要补充的钻井液量进行比较。适当监测起钻作业和利用起钻表可以为现场人员预报可能发生的井控问题。

为了适当地灌注和监测井筒,必须向立柱内泵入重塞,使起出转盘的钻具内没有钻井液。不能以保持管柱内没有钻井液困难为借口,不及时向井筒内灌满钻井液。如果第一次泵入重塞后,立柱内仍有钻井液,应第二次泵入密度更高一些的重塞。如果有一段时间立柱内没有钻井液,随后立柱内又出现钻井液,仍要再次向立柱内泵入重塞。一个常见的问题是"起多少立柱需要灌满井筒?"决定起多少根钻杆就需要灌满井筒的基本因素是有关标准规范、井况和井筒几何尺寸。

通常,专业领域的标准规范委员会将详细制定,在特定场合或区域内保持静液柱压力稳定的方法。当然,要遵守这些标准规范。如果有适当的理由或当广泛认可所用程序比标准规范的程序更具权威性时,可以偏离标准规范程序。当然某些井的状况比其他井的状况更为严峻。井况与位置、井深、压力、碳水化合物组分、地层流体毒性等有关。

例 3.1 说明了井筒几何尺寸的重要性。

例 3.1

给定条件:

井深,$D = 10000\text{ft}$;

钻井液密度,$\rho = 15\ \text{lb/gal}$;

钻井液压力梯度,$\rho_m = 0.78\text{psi/ft}$;

立柱长度,$L_{std} = 93\text{ft}$;

$4\frac{1}{2}$in 钻杆钻井液置换量,$DSP_{4\frac{1}{2}} = 0.525\text{bbl/立柱}$;

$2\frac{7}{8}$in 钻杆钻井液置换量,$DSP_{2\frac{7}{8}} = 0.337\text{bbl/立柱}$;

$12\frac{1}{4}$in 井筒无管柱置换时的容量,$C_1 = 0.14012\text{bbl/ft}$;

$4\frac{3}{4}$in 井筒无管柱置换时的容量，$C_2 = 0.14012$bbl/ft；

已起出井口的立柱数 = 10 立柱；

井筒结构 1：$4\frac{1}{2}$in 钻杆用于 $12\frac{1}{4}$in 井筒；

井筒结构 2：$2\frac{7}{8}$in 钻杆用于 $4\frac{3}{4}$in 井筒。

求出：

分别从井筒结构 1 和井筒结构 2 起出 10 立柱钻杆，在没有灌注钻井液的情况下，比较静液柱压力损失。

解答：

确定从井筒结构 1 起出 10 立柱钻杆的置换量：

$$置换量 = (DSP_{ds}) \times (立柱数) \tag{3.1}$$

式中　DSP_{ds}——钻杆的钻井液置换量，bbl/立柱。

$$置换量 = 0.525 \times 10 = 5.25bbl$$

确定井筒结构 1 的静液柱压力损失：

$$Loss = \frac{\rho_m \times (置换量)}{C_1} \tag{3.2}$$

式中　ρ_m——钻井液压力梯度，psi/ft；

　　　C_1——井筒无管柱置换时的容量，bbl/ft。

$$Loss = \frac{0.78 \times 5.25}{0.14012} = 29psi$$

确定从井筒结构 2 起出 10 立柱钻杆的钻井液置换量：

$$钻井液置换量 = (DSP_{ds}) \times (立根数) = 0.337 \times 10 = 3.37bbl$$

确定井筒 2 结构的静液柱压力损失：

$$Loss = \frac{\rho_m \times (置换量)}{C_2} = \frac{0.78 \times 3.37}{0.01829} = 144psi$$

对于多数钻井作业来说，井筒结构 1 的静液柱压力损失显然不严重。井筒结构 2 的静液柱压力损失几乎达到 150psi，是非常严重的。起钻安全压力余量，也就是钻井液静液柱压力与地层孔隙压力之间的压力差，经常不超过 150psi。因此，在所有其他条件相同的情况下，井筒结构 1 允许起出 10 立柱后开始灌注钻井液，而井筒结构 2 要依次连续灌注钻井液。

3.1.2 定期灌注钻井液程序

起出特定数量的立柱后，用钻井液灌满井筒称为定期灌注钻井液程序，定期灌注钻井液程

序是最低要求,通常按照计划利用泵冲计数器完成。定期灌注钻井液程序如下:

步骤 1:

确定单位泵冲容积 C_p,bbl/冲。

步骤 2:

确定每段钻具的置换量 DSP_{ds},bbl/立柱。

步骤 3:

确定灌注钻井液前井筒中起出的每部分钻具的立柱数(通常每 5 柱钻杆,3 柱加重钻杆,1柱钻铤)。

步骤 4:

起出步骤 3 确定的立柱数后,确定理论上灌满井筒所需要的泵冲数。

步骤 5:

到达临界层段前,在起出步骤 3 确定的钻具立柱数后,开始记录灌满井筒所需要的泵冲数并保存记录数据。

以表格的形式保存记录数据。比较起出的钻具立柱数与实际灌满井筒所需的冲数、理论上灌满井筒所需要的冲数以及以前起钻所需要的冲数。这个以表格形式记录的数据就是起钻表。起钻表应在钻台上张贴并保存。

步骤 6:

为使起出钻台的钻具内没有钻井液,向钻具内泵入一段配置好的重钻井液。等待钻具内静液柱压力达到平衡。

步骤 7:

起出特定数量的立柱。

步骤 8:

泵冲计数器回零。开泵。观察到地面有钻井液返出,在适当的表栏中记录钻井液返出地面所需要的实际冲数。

步骤 9:

用钻井液返出地面所需要的实际冲数与以前起钻灌满井筒所需要的冲数和理论上确定灌满井筒所需要的冲数进行比较。

用例 3.2 说明由定期灌注程序生成的起钻表。

例 3.2

已知条件:

单位泵冲容积,$C_p = 0.1$ bbl/冲;

钻具置换量,$DSP_{ds} = 0.525$ bbl/立柱;

钻杆 $= 4\frac{1}{2}$ in 16.6 lb/ft;

每起出 10 立柱钻杆向井筒灌注钻井液。

实际所需要的冲数见表 3.1。

以前起钻所需要的冲数见表 3.1。

求出:

用于定期灌注程序的起钻表。

解答:

每10立柱钻杆所需要的冲数

$$冲数 = \frac{DSP_{ds} \times (立柱数)}{C_p}$$ (3.3)

式中 DSP_{ds}——钻具的钻井液置换量,bbl/立柱;

C_p——单位泵冲容积,bbl/冲。

冲数 $= (0.525 \times 10)/0.1$;

冲数 $= 52.5$ 冲程/10立柱(每10立柱52.5冲程)。

适合定期灌注程序的起钻表见表3.1。

表3.1 定期灌注程序起钻表

累计起钻立柱数	实际所需冲数	理论冲数	以前起钻所需冲数
10	55	52.5	56
20	58	52.5	57
30	56	52.5	56
…	…	…	…

定期灌注程序代表了最低可接受的灌注程序。钻井液返出指示器,在建立循环时不应该使用。泵冲计数器回零、开泵、观察井口管线钻井液返出是很好的程序。作为实际问题,每个不同的钻具结构都应该确定置换量。起出的各个部件立柱数所灌注的钻井液量会变化。例如,每起出1立柱钻铤就应该灌注钻井液,因为钻铤的置换量约是钻杆置换量的5倍。

3.1.3 连续灌注程序

对于情况危险的井,推荐使用钻井液补给罐进行连续灌注钻井液作业。钻井液补给罐是一种小容量的罐(一般小于60bbl),用钻井液补给罐易于准确读出体积。钻井液补给罐安装位置最好完全处于司钻或钻台工作人员监控之下,并安装上一个小型离心泵用于灌满起钻钻井液补给罐,让钻井液补给罐中的钻井液经过防喷器顶部喇叭口或钻杆环空,再返回钻井液补给罐,从而使钻井液补给罐内的钻井液连续循环。只要使用这套机械装置,井筒内静液柱压力就不会下降。

本程序是为井筒连续灌注钻井液而设计的。每起出10立柱(或特定数量)钻具后,司钻要观察、记录从钻井液补给罐中泵入井筒的钻井液体积,并与理论上所需泵入井筒的钻井液体积进行比较。用钻井液补给罐连续灌满井筒的程序如下:

步骤1:

确定每段钻具的置换量 DSP_{ds},bbl/立柱。

步骤2:

确定检查钻井液补给罐前井筒中起出的每段钻具的立柱数。

步骤3:

理论上确定需要置换从井筒中起出钻具的体积。在起出步骤2确定的钻具立柱数时,灌满井筒。

步骤4:

到达临界层段前,在起出步骤2确定的钻具立柱数过程中,开始记录保持井筒静液柱压力不变所需要的体积并保存记录数据。

步骤5:

为使起出钻台的钻具内没有钻井液,向钻具内泵入一段配置好的重钻井液。等待钻具内静液柱压力达到平衡。

步骤6:

灌满钻井液补给罐并隔离井筒与循环钻井液罐之间的连接。

步骤7:

启动离心泵,观察钻井液返回钻井液补给罐。

步骤8:

随着离心泵井口循环,起出在步骤2中指定的钻具立柱数。

步骤9:

起出在步骤2中指定的钻具立柱数后,观察并记录从钻井液补给罐灌入井筒的钻井液体积。

步骤10:

将本次起钻从钻井液补给罐灌入井筒的钻井液体积与以前起钻从钻井液补给罐灌入井筒的体积以及理论上确定所需要的体积进行比较。

用例3.3说明连续灌注程序生成的起钻表。

例3.3

已知条件:

钻杆 $= 4\frac{1}{2}$in16.60$^{\#}$/ft;

每起出10立柱钻杆进行一次观察;

钻井液补给罐容量为60bbl,刻度增量为$\frac{1}{4}$bbl;

实际所需体积见表3.2;

以前起钻所需体积见表3.2;

求出:

为连续灌注程序列出适当的起钻表。

解答:

确定每10立柱钻具的体积。

$$置换量 = (DSP_{ds}) \times (立柱数) = 0.525 \times 10 = 5.25bbl$$

适合于连续灌注程序的起钻表列于表3.2。

表3.2　连续灌注程序起钻表

累计立柱数	累计所需体积,bbl	理论累计体积,bbl	以前起钻所需体积,bbl
10	5.50	5.25	5.40
20	11.50	10.05	11.00
30	17.00	15.75	16.50
40	23.25	21.00	22.75
…	…	…	…

一般情况下,保持井筒充满钻井液所需的实际钻井液体积超过理论计算的体积。超过量可高达50%。但在很少的偶然情况下,会出现保持井筒充满钻井液所需的实际钻井液体积系统性地低于理论确定所需的钻井液体积。因此,保存以前起钻时制作的起钻表,以备将来参考是极其重要的。无论用哪种灌注方式,必须真实记录以备将来比较。

3.1.4　下钻

在某些特定的、不常见的事例中,在下钻时需仔细监测置换量,以确保置换钻井液量不过量。下钻时测量置换量最好的方法是直接将钻井液置换到隔离的钻井液补给罐中。制作并保存与表3.2几乎相同的起钻表。下钻过程中所有现场人员过于放松,历史上曾记录了几起这种事例,由于没有注意到置换出过多的钻井液量,造成严重的井控问题。

计算和经验均证明,抽吸现象在起钻时可能发生。应当计算出抽吸压力,抽吸是真实存在的,应该考虑。

在钻头刚到达井底时,潜在的井控问题并未消失。在钻头到达井底后第一个钻井液循环周期要仔细监测钻井液池液面变化情况。侵入钻井液中的气体在循环上返到地面过程中发生膨胀所造成的总静液柱压力减少,可能足以导致溢流的发生。

在使用油包水乳状液钻井液体系时要特别注意。从以往来看,侵入油基钻井液的流体难以检测。由于气体可以无限地溶于油中,在压力减小到碳氢化合物达到泡点压力前,用常规方法可能造成大量的气体没有被检测出。在起泡点,气体能很快从钻井液分离出,排空环空钻井液,造成溢流。

3.2　关井程序

如果按照起钻表进行钻井液灌注,在未能适当地灌满井筒情况下,正确的操作程序如下:
步骤1:
对未能适当地灌满钻井液的井筒进行观察,停止起钻,溢流检查。
步骤2:
如果井口观察到有流体流出,定位。
步骤3:
在钻杆上抢接一个完全打开安全阀,然后关闭安全阀。

步骤4：

打开节流管线,关闭防喷器,关闭节流阀,观察压力。

步骤5：

观察记录关井立压和关井环空压力,测量侵入井筒的地层流体体积。

步骤6：

间隔15min,重复步骤5。

步骤7：

准备强行下钻到井底。

下面按步骤进行讨论。

步骤1：

对未能适当灌满钻井液的井筒进行观察,停止起钻,检查井口溢流情况。

如果未能用钻井液适当地灌满井筒,应该检查溢流情况。观察时间与地区、生产层位产量、井深、钻井液类型有关。大多数情况下,15min 就足够了。对于井深超过 15000ft 的深井,或使用了油基钻井液体系的井,观察时间至少需要 30min。

如果没有观察到溢流发生,可以在非常小心的情况下继续起钻。如果使用了定期的灌注程序,则每起出一立柱钻具,井筒就应该灌注一次钻井液,并检查溢流情况,直到作业恢复正常。如果在又起出一个设定的立柱数后,仍然不能适当地灌满钻井液,应该停止起钻。

如果停止起钻时没有发生溢流,可以小心地下钻到井底。在进行下钻到井底时,应该监测每立柱钻具的置换量,并在下完每立柱钻具后检查溢流情况。

任何时间观察到溢流发生就应该停止起钻。众所周知,世界上许多地方起钻会造成溢流,但这些问题应该按各个具体情况考虑。

步骤2：

如果井口观察到有流体流出,定位。

定位,以确保关井时闸板防喷器中没有钻杆接头。如果不加考虑,接头往往位于闸板位置,造成关不上井。

步骤3：

在钻杆上抢接一个完全打开的安全阀,然后关闭安全阀。

应当首先关闭钻杆。大家知道,通常用于关闭钻杆的球形阀门,在有流体流动时或有压力时,难以关闭。

步骤4：

打开节流管线,关闭防喷器,关闭节流阀,观察压力。

本步骤表示软关井。关于软关井及其对应的硬关井方面的讨论,参考第2章司钻法的关井程序。

步骤5：

观察记录关井立压和关井环空压力,测量侵入井筒的地层流体体积。

步骤6：

间隔15min,重复步骤5。

如图3.1所示,如果井筒发生抽吸,气泡应该在钻头下面。这种情况下,关井立压等于关井套压。为了确保有效地关井、建立储层压力、监测气体上升,每隔 15min 必须监测关井立压、关井套压和侵入井筒的地层流体。有关气体上升的问题在第 4 章讨论。

步骤 7:

准备强行下钻。

强行下钻是一项简单作业。但强行下钻时确实需要一种将流体排出井筒的方法和在钻具强行下入井筒时精确测量排出井筒的钻井液体积。起下钻钻井液补给罐适用于测量流出的钻井液体积。另一个方法是在环空上安装一个服务公司的泵车,用泵车上的顶替液储罐测量出顶替量。如果溢流量大并且压力高,通过钻机设备不能进行强行下钻。这一点将在第 6 章不压井作业中进行详细讨论。

关井后,井筒就处于控制之下。操作适当,井筒地面压力应小于 500psi 这样的压力影响不大。关井后,就有充裕的时间考虑不会有灾难性危险的可选方案。发生抽吸问题的井筒,在钻头开始离开井底时,井筒处于控制之下。操作适当,完全恢复对井筒的控制应该是一个简单的程序。

一旦关井并且控制了井筒,可选择以下方案处理。

3.3 强行下钻

如果遵守几个简单的规则,强行下钻并不复杂。强行下钻程序如下。

步骤 1:

在钻杆安全阀顶部安装止回阀。等上下压力相等时打开安全阀。

步骤 2:

确定下入井筒的每柱钻具的顶替量。要考虑到钻具内是空的。

步骤 3:

当钻头进入有地层流体侵入的井段时,按照方程(3.4)确定预期增加的地面压力:

$$\Delta p_{incap} = \frac{DSP_{ds}}{C_{dsa}}(\rho_m - \rho_f) \tag{3.4}$$

式中 DSP_{ds}——钻具顶替量,bbl/立柱;

  C_{dsa}——单位钻具内环空容积,bbl/ft;

  ρ_m——钻井液压力梯度,psi/ft;

  ρ_f——地层流体压力梯度,psi/ft。

$$\rho_f = \frac{S_g p_b}{53.3 z_b T_b} \tag{3.5}$$

式中 S_g——气体相对密度;

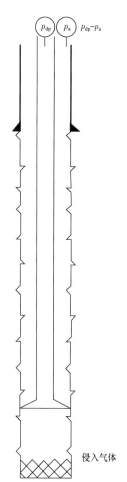

图 3.1 地层流体抽吸侵入井筒

侵入气体

p_{dp} p_a $p_{dp}-p_a$

p_b——井底压力,psi;

T_b——井底温度,°R;

z_b——压缩系数。

步骤4:

按照方程(3.6)确定有地层流体侵入的井段顶部位置 TOI。

$$\text{TOI} = D - \frac{\text{侵入井筒的地层流体体积}}{C_h} \tag{3.6}$$

式中　D——井深,ft;

　　　C_h——单位井筒容积,bbl/ft。

步骤5:

随着钻具通过封井器,准备用水润滑钻具。

步骤6:

将1立柱钻具下入井筒。

步骤7:

同时,放出被钻具顶替的钻井液,并精确测量步骤2确定的钻井液顶替量。

步骤8:

关井。

步骤9:

读取并以表格形式记录关井套压。比较钻具下入井筒前后关井套压。

注意:关井套压应该保持不变,直至钻头到达有地层流体侵入的井段。

步骤10:

重复步骤9,直至钻头到达步骤4确定的侵入井筒的地层流体的顶部。

步骤11:

当钻头到达步骤4确定的侵入井筒的地层流体的顶部时,即使放出适量的钻井液,地面关井压力也应该升高。

读取并记录新的关井套压,并将原关井套压与步骤2确定预期增加的关井套压进行比较。

新的关井套压不应大于原关井套压加上预期的压力增加值。

步骤12:

重复步骤11,直至钻头到达井底。

步骤13:

一旦钻头到达井底,用第2章描述的司钻法循环出侵入井筒的地层流体。

步骤14:

若有必要,循环并提高钻井液密度,起出钻具。

讨论每个步骤的合理性:

步骤1:

在钻杆安全阀顶部安装止回阀。使上下压力相等时,打开下部的安全阀。

步骤 2:

确定下入井筒的每立柱钻具的顶替量。要考虑到钻具内是空的,没有钻井液。

步骤 3:

当钻头进入侵入井筒的地层流体时,按照方程(3.4)确定预期增加的地面压力:

$$\Delta p_{incap} = \frac{DSP_{ds}}{C_{dsa}}(\rho_m - \rho_f)$$

当钻头进入侵入井筒的地层流体时,由于侵入的地层流体只占据了钻具与井筒之间的环空区域,而不是全部井筒区域,因此,侵入井筒的地层流体柱会变长。因此从井筒中放出的钻井液体积应该被增加了长度的侵入井筒的地层流体柱顶替。只要精确测量从井筒中流出的钻井液体积,地面压力的增加量就是钻井液静液柱压力与侵入井筒的地层流体静液柱压力之间的差值,而井底压力保持不变。不会有额外的地层流体进入井筒。

步骤 4:

按照方程(3.6)确定侵入井筒的地层流体的顶部位置 TOI。

$$TOI = D - \frac{侵入井筒的地层流体体积}{C_h}$$

必须预计出钻头进入侵入井筒的地层流体时的井深。正如所讨论的那样,当钻头进入侵入井筒的地层流体时,环空压力会突然增加。

步骤 5:

随着钻具通过封井器,准备用水润滑钻具。随着钻具下入井筒,润滑钻具将减少钻具移动所需重量。此外,润滑剂会减小强行下钻对封井器的磨损。

步骤 6:

将 1 立柱钻具下入井筒。

钻具连续下入井内是重要的。

步骤 7:

同时,放出被钻具顶替的钻井液,并精确测量步骤 2 确定的钻井液顶替量。

下入井筒钻具的顶替量恰好等于放出的钻井液量是至关重要的。

步骤 8:

关井。

步骤 9:

读取并以表格形式记录关井套压。比较钻具下入井筒前后关井套压。

注意:在钻头到达有地层流体侵入的井段前,关井套压应该保持不变。

下入每立柱钻具后监测地面压力是重要的。钻具下入井筒前,地面压力应该保持不变。但如果侵入井筒的地层流体是气体,而且开始向地面运移,地面压力将慢慢地增加。地面压力增加速度可以指示出,地面压力的增加表明增加是由于侵入井筒的地层流体向地面运移造成的还是由于地层流体仍然在渗入井筒产生的。

如果地面压力的增加是由于地层流体仍然在渗入井筒产生的,在强行下入每 1 立柱钻具过程中,地面压力会迅速增加。如果地面压力的增加是由于侵入井筒的地层流体向地面运移造成的,强行下入1立柱钻具所增加的地面压力几乎觉察不出来。气泡向地面运移及在气泡向地面运移时强行下钻程序在第4章讨论。

步骤10:

重复步骤9,直至钻头到达步骤4确定的侵入井筒的地层流体的顶部。

步骤11:

当钻头到达步骤4确定的侵入井筒的地层流体的顶部时,即使放出适量的钻井液,地面关井压力也应该升高。

读取并记录新的关井套压,并将原关井套压与步骤2确定预期增加的关井套压进行比较。新的关井套压不应大于原关井套压加上预期的压力增加值。

步骤12:

重复步骤11,直至钻头到达井底。

步骤13:

一旦钻头到达井底,用第2章描述的司钻法循环出侵入井筒的地层流体。

步骤14:

若有必要,循环提高钻井液密度,起出钻具。

例3.4说明了强行下钻程序。

例3.4

已知条件:

井身结构如图3.2所示;

起出的立柱数 = 10立柱;

单位立柱长度,L_{std} = 93ft/立柱;

10立柱钻具强行下入井筒;

强行下入井筒的钻具 = $4\frac{1}{2}$in16.60$^{\#}$/ft;

钻具顶替量,DDP_{ds} = 2bbl/立柱;

钻井液密度,ρ = 9.6 lb/gal;

侵入井筒流体 = 10bbl(气体);

环空容积,C_{dsa} = 0.0406bbl/ft;

井深,D = 10000ft;

井眼直径,D_h = $7\frac{7}{8}$in;

单位井筒容积,C_h = 0.0603bbl/ft;

井底压力,p_b = 5000psi;

井底温度,T_b = 620°R;

气体相对密度,S_g = 0.6;

关井套压,p_a = 75psi;

压缩系数,z_b = 1.1。

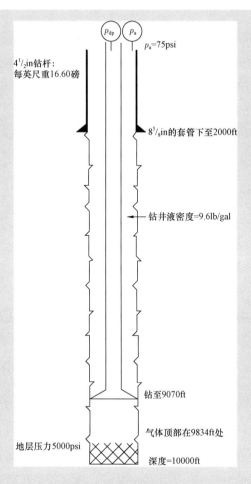

图 3.2　井筒结构图

求出：

描述强行下入 10 立柱钻具到井底的操作程序。

解答：

确定侵入井筒的地层流体高度 h_b：

$$h_b = \frac{侵入井筒的地层流体体积}{C_h} \tag{3.7}$$

式中　C_h——单位井筒容积，bbl/ft。

$$h_b = \frac{10}{0.0603} = 166\text{ft}$$

用方程(3.6)确定侵入井筒的地层流体的顶部位置。

$$\text{TOI} = D - \frac{侵入井筒的地层流体体积}{C_h} = 10000 - \frac{10}{0.0603} = 9834\text{ft}$$

钻头将在9立柱进入侵入井筒的地层流体。

确定钻头位置:

$$钻头位置 = D - (立柱数) \times L_{std}$$

式中 D——井深,ft;

　　　　L_{std}——一立柱钻具长度,ft。

$$钻头位置 = 10000 - 10 \times 93 = 9070ft$$

用方程(3.4)确定 Δp_{incap}:

$$\rho_f = \frac{S_g p_b}{53.3 Z_b T_b} = \frac{0.6 \times 5000}{53.3 \times 1.1 \times 620} = 0.0825psi/ft$$

$$\Delta p_{incap} = \frac{DSP_{ds}}{C_{dsa}}(\rho_m - \rho_f) = \frac{2}{0.0406}(0.4992 - 0.0825) = 20.53psi/立柱 = 0.22psi/ft$$

因此,下入8立柱钻具,每柱经过测量放出钻井液量2bbl,关井套压保持在75psi不变。下入第9立柱钻具,放出2bbl钻井液。观察到关井套压增加到91psi:

$$p_{an} = p_a + \Delta p_{incap}(侵入井筒的地层流体上窜高度)$$

式中 p_a——关井套压,psi;

　　　　Δp_{incap}——钻头穿过侵入井筒的地层流体而增加的压力。

$$p_a = 75 + 0.22 \times (166 - 93) = 91psi$$

下入第10立柱钻具到井筒,放出2bbl钻井液。观察到关井套压增加到112psi。

以表3.3形式保存结果。表3.3总结了强行下钻程序。注意,如果强行下钻程序操作得当,在钻头进入侵入井筒的地层流体前,关井套压应该保持不变。这种情况只有在侵入井筒的地层流体不发生运移才是真实的。对存在地层流体发生运移情况时,必须修正强行下钻程序。包含侵入井筒的地层流体发生运移情况的强行下钻程序在第4章表述。

表3.3　例3.4 强行下钻程序

立柱数	开始关井时间	起始环空压力,psi	放出钻井液量,bbl	最后的关井环空压力,psi
1	08:00	75	2	75
2	08:10	75	2	75
3	08:20	75	2	75
4	08:30	75	2	75
5	08:40	75	2	75
6	08:50	75	2	75
7	09:00	75	2	75

续表

立柱数	开始关井时间	起始环空压力,psi	放出钻井液量,bbl	最后的关井环空压力,psi
8	09:10	75	2	75
9	09:20	75	2	91
10	09:30	91	2	112

例3.4还可以进一步综合为图3.3。图3.3阐明了在强行下钻作业过程中各阶段,钻头与侵入井筒的地层流体在相对位置方面的对应关系。当8立柱钻具强行下钻到井筒内,钻头位置在9820ft或在侵入井筒的地层流体上方14ft处。直到此时,关井地面压力仍然一直保持在75psi不变。当强行下入9立柱钻具时,钻头进入侵入井筒的地层流体中,这时,关井地面压力增加到91psi。强行下入最后一立柱钻具,钻头已处于侵入井筒的地层流体中,关井地面压力增加到112psi贯穿于整个强行下钻程序,井底压力一直保持在5000psi不变。

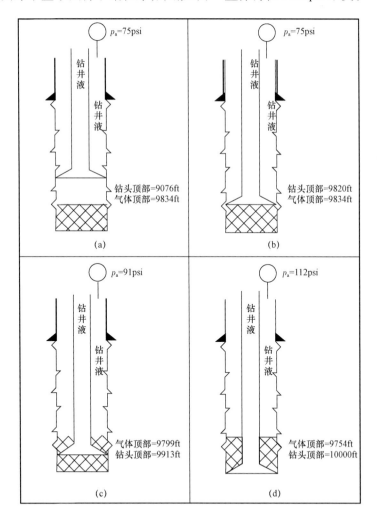

图3.3 (a)下入0立柱 (b)下入8立柱 (c)下入9立柱 (d)下入10立柱

在保持关井地面压力不变实施强行下钻程序后,不应认为工作已完成。如例3.4所述,在关井地面压力一直保持不变的情况下,实施强行下钻程序,下入最后2根立柱钻具时,井筒处于欠平衡状态,可能造成另外的地层流体侵入井筒。当然,必须考虑关井地面压力。但是,这仅仅是许多重要因素中的一个。

一旦钻头返回井底,用第2章描述的司钻法可以很容易循环出侵入井筒的地层流体。随着侵入井筒的地层流体被循环出井筒,井筒又处于控制之下,与开始起钻前的状况相同。

第4章 井控中的特殊情况、难点及其操作程序

11月9日

在15:30发生溢流,溢流量接近100bbl。关井后立压和套压为2400psi,17:30压力增到2700psi,19:30时压力增加到3050psi。

11月10日

2:00压力为2800psi,总的溢流量确定为210bbl,3:30压力为3800psi,放掉10bbl钻井液后,压力降到3525psi。4:45压力为3760psi且每15min增加压力60psi,5:45压力为3980psi且压力以每15min 40psi的增速增长,到10:00时压力稳定在4400psi。

以上实例取自美国新墨西哥州东南部的一口井的钻井报告,在此钻井报告中,有关井涌的情况与常规典型模型不相同,井涌时钻头在1500ft处,总井深大于14000ft另外,井口压力变化迅速,这些情况在常规的压力控制程序中并不常见,因此,必须给予特别考虑。

本章所要讨论的就是井控中的特殊情况。理解常规压力控制情况是重要的,然而,对于常规压力控制模型的每种井控情况,总存在与常规压力控制模型不同的特殊情况。根据英国健康和安全执行部门的行业统计报告,常规的井涌并非常见,在1990年到1992年三年期间,所报告的179次井涌中只有39次(22%)属于常规情况。

作为研究人员必须明白常规井控程序的适用情况,且能区别那些无法采用常规井控程序的非常规情况;此外,当出现特殊情况时,需要知道和了解所有可行方案及哪个方案最具潜力取得成功。遇到特殊情况时,如果采用常规井控程序可能会导致井眼状况恶化而发生油井报废或烧毁钻机。

4.1 井口压力的重要性

在任何井控情况中,失控的井都遵从物理和化学规律,井口压力反映了问题的关键。因此,井控专家要分析和了解井口压力这个关键问题,井口压力总是反映地下井况信息,我们应对信息进行适当解释分析。

4.1.1 钻进时井涌

在第2章已讨论了常规压力控制情况,当钻进时发生井涌而关井后,要定期记录关井立压和套压,立压和套压二者的关系是非常重要的,司钻法和等待加重法的适用性应根据立压和套压间的关系加以考虑。

假定常规的U形管模型如图4.1所示,在图中U形管的左边代表钻杆而U形管的右边代表环空,当初关井时,关井立压p_{dp}与关井套压p_a间的可能关系用不等式(4.1)和不等式(4.2)及方程(4.3)表达:

$$p_a > p_{dp} \tag{4.1}$$

$$p_a < p_{dp} \tag{4.2}$$

$$p_a \cong p_{dp} \tag{4.3}$$

对于图 4.1 中的 U 形管模型,井底压力 p_b 可以根据钻杆这一边的条件和环空这一边的条件分别按方程(2.6)和方程(2.7)来确定。

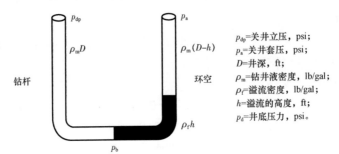

图 4.1　常规的 U 形管模型

在钻杆这一边,井底压力 p_b 由式(2.6)计算确定:

$$p_b = \rho_m D + p_{dp}$$

在环空这一边,井底压力 p_b 由式(2.7)计算确定:

$$p_b = \rho_f h + \rho_m (D - h) + p_a$$

由式(2.6)和式(2.7)重新整理后可分别得出关井立压 p_{dp} 和关井套压 p_a 表达式:

$$p_{dp} = p_b - \rho_m D$$

$$p_a = p_b - \rho_m (D - h) - \rho_f h$$

为了说明关井立压和关井套压间关系的重要性,首先假定发生溢流且已关井,关井套压大于关井立压,以不等式(4.1)表达:

$$p_a > p_{dp}$$

将方程(2.6)和方程(2.7)分别代入不等式(4.1)的右边、左边得出以下表达式:

$$p_b = \rho_m (D - h) - \rho_f h > p_b - \rho_m D$$

展开后得:

$$p_b = \rho_m D + \rho_m h - \rho_f h > p_b - \rho_m D$$

上式两边同时加上 $\rho_f h$ 和 $\rho_m D$ 减去 p_b 得:

$$p_b - p_b + \rho_m D - \rho_m D + \rho_m h + \rho_f h - \rho_f h > p_b - p_b + \rho_m D - \rho_m D + \rho_f h$$

简化后得:

$$\rho_m h > \rho_f h$$

最后,约去不等式两边的 h:

$$\rho_m > \rho_f \tag{4.4}$$

上述分析的重要性在于:当一口井钻进时在井底发生井涌,根据图4.1中U形管模型所说明的条件关井后,关井立压和关井套压间的关系应按式(4.1)、式(4.2)和式(4.3)之一来描述。

为了对此分析进一步说明,假定按不等式(4.1)所描述的那样,关井套压大于关井立压,那就导致不等式(4.4)成立。因此,发生井涌关井后,关井套压比关井立压大,那么侵入井筒的流体密度一定比井筒中钻井液的密度小。

假如钻井液密度为15 lb/gal,那么关井套压 p_a 必然大于关井立压 p_{dp},因为盐水密度约为9 lb/gal;而假如钻井液密度为9 lb/gal 且关井套压 p_a 大于关井立压 p_{dp},那么侵入井筒的流体是气、油气混合物或水(在本章的后面说明怎样确定侵入井筒的流体密度)。

通过类似的分析,可以得出:如果关井立压和关井套压间的关系如表达式(4.2)和式(4.3)所描述的那样,则必然得出以下正确的推论:

若

$$p_a > p_{dp}$$

则

$$\rho_m < \rho_f \tag{4.5}$$

若

$$p_a \cong p_{dp}$$

则

$$\rho_m \cong \rho_f \tag{4.6}$$

也就是说,如果关井套压小于或等于关井立压,那么侵入井筒的流体密度必定大于或等于井筒中钻井液的密度。

而且,当钻井液密度大于 10 lb/gal 或明显知道侵入流体为碳氢化合物时,理论上关井套压不可能小于或等于关井立压。

现在,关键点就在此,对此正确理解是极其重要的。假定真实情况是现已关井,钻井液密度超过 10 lb/gal,已知侵入流体为碳氢化合物,且关井套压等于或小于关井立压,那么计算结果和实际相矛盾。

当计算结果和实际相矛盾时,那么计算结果就不能反映现实情况。换言之,井下存在问题,所假定的U形管数学模型与井下情况不符,通常是因为发生了井漏和地下井喷。关井套压受关井立压以外的因素影响。

作为试验,可在关闭环空时通过钻杆向下泵少量钻井液,观察环空套压情况,有无井漏和地下井喷反映。

不管关井套压和关井立压间不一致原因是什么,重要之处在于在这些条件下U形管模型并不适合,而且常规压力控制程序也不适合。司钻法不能控制住井,等待加重法也不能控制住井,在这些条件下"保持立压不变"并无更多意义。

在这些情况下必须采用特殊的压力控制程序。特殊的压力控制操作并无固定程序,具体每一个实例必须考虑其独特的条件并加以分析,而且必须据此制定详细的作业程序。

4.1.2 侵入流体的运移

低密度的流体会通过高密度的流体而运移并非是件新鲜事,然而,在钻井作业中,存在许多影响侵入流体运移速度的因素,在有些实例中,还发现侵入流体并无运移。

近几年,对侵入流体的运移进行了大量的研究。最终分析表明,预测侵入流体运移速度所需要的参数在油田现场操作中不易获知,老油田所用的侵入流体经验运移速度约为 1000ft/h,事实证明这一数值与更多的理论计算一样可靠。

从已进行的研究中得出了一些有趣而又令人深受启发的观察结果和概念。侵入流体是否运移取决于其进入井筒发生混合时的混合程度。如果侵入流体经过一段相对长的时间后被分散为钻井液中的很小气泡,而钻井液黏性高,那么侵入流体可能不会运移;而如果侵入流体是以连续气泡形式进入井筒,如同抽吸进入井筒这种情况,那么侵入流体很有可能会发生运移;随着侵入流体黏度接近水的黏度,其发生运移的可能性增加。

研究人员观测到了许多影响侵入流体运移速度的因素,例如,在垂直环空中运移的侵入流体会沿环空的一边往上运行,而其相对区域由回流液体占据着。此外,侵入流体运移速度还受环空间隙的影响,环空间隙越小,侵入流体运移速度越慢;侵入流体和钻井液密度差越大,侵入流体运移速度越快。

因此,侵入流体的成分会影响运移速度,钻井液成分同样会影响侵入流体运移速度,而且侵入流体运移速度会随钻井液黏度的增加而减少,钻井液流动速度的增加又会加快侵入流体运移速度。

很显然,如果没有特别的实验室对所讨论的钻井液、侵入流体及其混合物进行实验,要想对侵入流体运移特征进行预测实际上会毫无意义。

前面已经提过,井口压力是地下井况信息的反映。通过关井井口压力的变化可以对侵入流体的运移进行观察和分析。假若井眼几何尺寸没有变化,随着侵入流体往上向地面运移,关井井口压力通常会增加。井口压力增加是由于侵入流体往上向地面运移时,侵入流体上部钻井液静水压力减少的结果。

随着侵入流体的上移和井口压力的增加,施加于整个井眼的压力也相应增大。因此,整个系统处于超压状态直至超过地层破裂压力梯度或直到通过在地面泄放钻井液之前,允许侵入流体适度膨胀,在本节的后部分就要讨论当侵入流体往上运移时控制压力的程序。

假若井眼几何尺寸没有变化,即使在理想状态下,套压会随侵入流体上移而增大,明白这一点是非常重要的。假若在井眼上部套管尺寸较大而侵入流体又允许适度膨胀,那么井口压力会随侵入流体在较大尺寸套管中占据高度的缩短而减小,但一经侵入流体进入较大尺寸套管中后,套压又会随侵入流体的继续上移而增大。

一些油田实例说明了以上讨论的要点。在本章开始所引用的美国新墨西哥州东南部那口井的钻井报告中提到,起钻至 14000ft 时发生 210bbl 溢流,溢流计算位置在 6½in 井眼中的8326ft 处,溢流发生在 15:30,在第二天上午 10:00 通过 11.7 lb/gal 的水基钻井液运移到地面,平均运移速度为 450ft/h。

先锋石油公司(Pioneer Corporation)在得克萨斯州惠勒(Wheeler)县的 Burton#1 井,在一个多月的时间里,所有气体都是在每天最后时刻循环出井。气体通过 7in 套管和 2⅞in 油管间环空用近 8h 从 13000ft 运移到地面。在此条件下,计算得出气体平均运移速度为 1600ft/h,记录压力和上升速度呈指数规律变化。

在同等条件下通常认为在定向井中侵入流体运移速度更快(图 4.2)。在新西兰钻的一口定向井,7in 套管下在 2610m 从测深 2777m 垂深 2564m 开始取 6in 岩心,此时,井眼井斜 38°、方位 91°,聚合物钻井液密度为 11.2 lb/gal,塑性黏度为 29mPa·s,屈服值为 29 lbf/100ft²。

7:00 时,取心起钻至取心钻头位置在 1884m 发生井涌而关井,记录溢流量 12bbl,关井立压和套压分别为 830psi 和 1040psi。

压力数据分析表明侵入流体顶部在 1428m(4685ft),在准备把取心钻头强行下回井底期间,侵入流体发生运移。强行下钻开始之前,侵入流体已达地面。在 10:30 时地面探测到气体,侵入气体上移速度为 1330ft/h。

许多人会认为侵入流体不会运移。让我们看看在新西兰钻的另一口井。7in 套管下在 2266m(图 4.3)。取心至井深 2337m 后开始起钻,聚合物钻井液密度为 10.1 lb/gal,塑性黏度为 14mPa·s,屈服值为 16 lbf/100ft²,范式黏度为 40s/L。

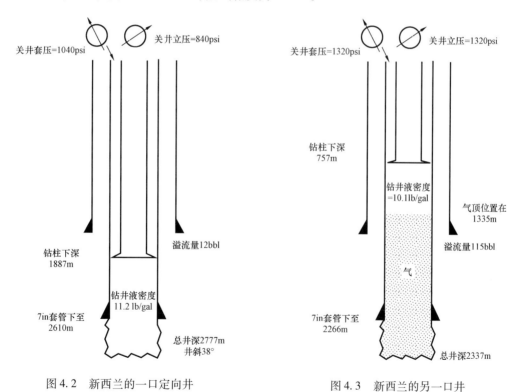

图 4.2 新西兰的一口定向井　　　　　图 4.3 新西兰的另一口井

在取心钻头起至 757m 时,观测到 3bbl 的溢流量。溢流量为 6bbl 时关井。关井立压和套压均为 350psi。接上方钻杆,打开节流阀,进行钻井液循环。当第二次关井时,总溢流量达到

115bbl,关井立压和套压相同,均为1350psi。

计算表明溢流顶部位置距地面只有1335m,在这些条件下,直觉和经验强烈预示着侵入流体会迅速升到地面,作业者决定允许侵入流体运移到地面。并进行3天观察,具有讽刺意义的是井口压力保持在1320psi不变,这意味着侵入流体没有运移。

在接下来的24h里,钻柱被强行下回井底。在强行下钻过程中,由于钻柱的替换作用,从环空同时返出了接近钻井液体积量的7bbl侵入气体,最初侵入的115bbl天然气的剩余部分以气泡的形式处于井底位置,必须通过循环返至地面。

在靠近密西西比州杰克逊(Jackson)的伊恩罗斯(E. N. ROSS)2号井,井深19419ft,含酸性气体。在7⅝in尾管里起钻时发生井涌,溢流量260bbl,计算得出侵入流体顶部在13274ft。当时用的是17.4 lb/gal的油基钻井液。初始关井压力为3700psi,在以后强行下钻的17d时间里,压力保持不变,说明侵入流体在那17d时间里并未运移。17d以后,侵入流体开始运移到9⅝in技术套管中,井口压力相应减小。以后的6d时间里,在强行下钻过程中在10000ft处遇到侵入流体,在6d时间里侵入流体仅仅运移了3274ft,参考例4.1。

例4.1
给定条件:
井身结构示意图(图4.4和图4.5)。

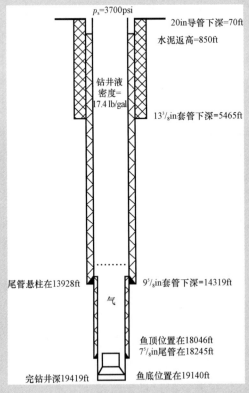

图4.4　伊恩罗斯2号井初始井涌后状况

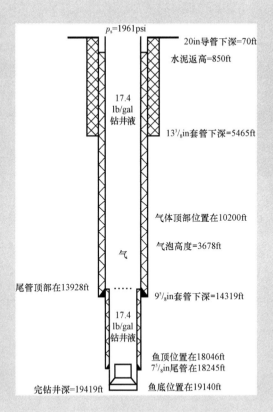

图 4.5 伊恩罗斯 2 号井气泡运移

尾管顶部,$D_t = 13928\text{ft}$;

井深,$D = 19419\text{ft}$;

溢流量 $= 260\text{bbl}$;

套管容积,$C_{\text{dpaca}} = 0.0707\text{bbl/ft}$;

钻井液密度,$\rho = 17.4\ \text{lb/gal}$,油基钻井液;

钻井液压力梯度,$p_m = 0.9048\text{psi/ft}$;

井底压力,$p_b = 16712\text{psi}$;

井底温度,$T_b = 772°\text{R}$;

10200ft 处温度,$T_x = 650°\text{R}$

侵入流体压力梯度,$\rho_f = 0.163\text{psi/ft}$(井底);

$$\rho_f = 0.163\text{psi/ft}(9\tfrac{5}{8}\text{in 套管内});$$

10200ft 处压缩系数,$Z_x = 1.581$;

19419ft 处压缩系数,$Z_b = 1.988$。

求出:

侵入流体运移至 10200ft 并且全部进入 $9\tfrac{5}{8}$in 技术套管后的井口压力。

解答:

由理想状态方程:

$$\frac{p_b V_b}{Z_b T_b} = \frac{p_x V_x}{Z_x T_x}$$

既然侵入流体没有膨胀,则:

$$V_b = V_x = 260 \text{bbl}$$

因此

$$p_x = \frac{Z_x T_x p_b}{Z_b T_b}$$

或

$$= \frac{16712 \times 1.518 \times 650}{1.988 \times 772}$$

$$p_x = 11190 \text{psi}$$

且

$$p_s = 11190 - 0.9048 \times 10200 = 1961 \text{psi}$$

井口压力数据分析结果与实际遇到的情况保持一致。侵入流体运移至10200ft时井口压力是2000psi,而在给定条件下计算井口压力为1961psi。注意到这点是非常重要的:侵入流体运移时并未发生膨胀而井口压力减少,按预期未膨胀的侵入流体运移时井口压力应该增加,然而,在这些非常规条件下却得到了相反的结果。

近来的研究表明以压力解释为基础的侵入流体运移分析,由于分析中通常未考虑钻井液的可压缩性、钻井液滤饼和地层因素而受到限制。然而,本章所描述的油田应用工艺总体上证明是成功的,井口压力的增加是由于侵入流体通过钻井液运移时其上部钻井液静液柱压力减少的结果,油田观察已证明与在此描述的理论认识保持一致。

考虑一下图4.6中展示的井身结构,这是靠近得克萨斯州奥班尼(Albany)附近的一口井井喷时的情况。如图所示,从720ft 8⅝in套管鞋到总井深4583ft是裸眼段。钻杆在980ft处有一孔。压井后,高压浅层气通过钻杆运移到地面。这为分析传统计算方法的可靠性提供了一个机会,而且,因为裸眼段中实实在在地含有各种流体,包括钻井液、天然气、水和水泥。这为观察有关压缩性文献中描述的误生产效应(error-producingeffects)提供了可能。

许多泵作业方式中的情况之一是,通过向4½in钻杆里泵水把气体在75min内以784ft/h的运移速度运移到地面;而另一种情况是,运移气体时,按每4min泵2bbl水的间隔泵水。记录下井口压力的变化,水的体积由服务公司水泥车上的带刻度罐仔细计量。在4½in钻杆里,2bbl清水就相当142ft静水柱或122psi。在每种情况下,泵入2bbl水后,井口压力会增加120psi。井口压力的增加是由于侵入流体通过水运移时其上部钻井液静液柱压力减少的结果,因此,在这种情况下可以断定地层和流体的可压缩性对于预测和分析由井口压力反映的侵入流体特征没有显著的影响。

侵入流体运移概念和运移速度进一步以例4.2来说明。

例4.2
给定条件:
井身结构示意图(图4.7);
井深,$D = 10000\text{ft}$;
井眼尺寸,$D_h = 7\frac{1}{2}\text{in}$;
钻杆尺寸,$D_p = 4\frac{1}{2}\text{in}$
$8\frac{5}{8}\text{in}$ 表层套管 $= 2000\text{ft}$;
套管内径,$D_{ci} = 8.017\text{in}$;
破裂压力梯度,$F_g = 0.76\text{psi/ft}$;
钻井液密度,$\rho = 9.6\ \text{lb/gal}$;
钻井液压力梯度,$\rho_m = 0.50\text{psi/ft}$;
钻柱在井底时发生井涌;
关井立压,$p_{dp} = 200\text{psi}$
关井套压,$p_a = 300\text{psi}$;

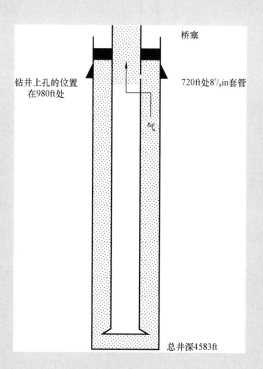

图4.6 得克萨斯州奥班尼附近的一口井井身结构

溢流量 = 10bbl;

钻杆套管环空容积,$C_{dpca} = 0.0428bbl/ft$;

钻杆井眼环空容积,$C_{dpha} = 0.0406bbl/ft$;

侵入流体顶部深度 = 9754ft。

而且,钻机失去了所有动力,不能置换侵入流体,1h 后,关井立压增到 300psi 关井套压增到 400psi。

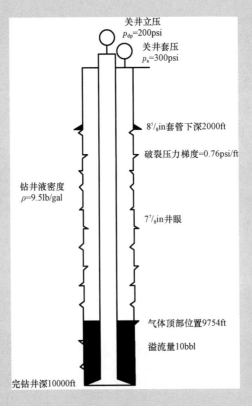

关井立压
$p_{dp}=200psi$

关井套压
$p_a=300psi$

$8\frac{5}{8}in$套管下深2000ft

破裂压力梯度=0.76psi/ft

钻井液密度
$\rho=9.5lb/gal$

$7\frac{7}{8}in$井眼

气体顶部位置9754ft

溢流量10bbl

完钻井深10000ft

图 4.7　侵入流体运移情况

求出:

1h 后侵入流体顶部深度及其运移速度。

解答:

运移距离由方程(4.7)确定:

$$D_{mgr} = \frac{\Delta p_{inc}}{0.052\rho} \tag{4.7}$$

式中　Δp_{inc}——压力增加值,psi;

　　　ρ——钻井液密度,lb/gal。

$$D_{mgr} = \frac{100}{0.052 \times 9.6}$$

$$D_{mgr} = 200ft$$

1h后侵入流体顶部深度 D_{toi} 为：

$$D_{toi} = TOI - D_{mgr} \tag{4.8}$$

式中　TOI——侵入流体初始顶部深度,ft;

D_{mgr}——运移距离,ft。

$$D_{toi} = 9754 - 200 = 9554ft$$

运移速度 v_{mgr} 由式(4.9)确定：

$$v_{mgr} = \frac{D_{mgr}}{时间} \tag{4.9}$$

$$v_{mgr} = \frac{200}{1}$$

$$v_{mgr} = 200ft/h$$

1h后井况示意图如图4.8所示。1h后关井压力增加了100psi,关井立压从200psi增到300psi,关井套压从300psi增到400psi。因此,相当于100psi的钻井液静液柱压力从侵入流体上部传到了侵入流体下部,或者说侵入流体通过100psi的钻井液静液柱压力而发生了运移,100psi的钻井液静液柱压力相当于200ft钻井液静液柱。损失的100psi的钻井液静液柱压力转变成了增加的100psi关井井口压力。所以,第一小时内的运移速度为200ft/h。

运移速度保持不变是不可预期的,侵入流体向地面运移时,通常运移速度会增加,侵入流体膨胀后,扩散的气泡会聚集成气柱,而使运移速度增大。

侵入流体可允许运移到地面,方法恰好与以每分钟0bbl循环的司钻法一样。通过从环空泄放钻井液保持立压不变,套压须按小增量泄压,同时在几秒钟后留意其对立压的影响。

例如,在本例中,从环空泄压100psi并等待观察立压情况并不合适。适当的程序是允许井口压力以100psi增量增加,然后以25psi的递减量泄套压,同时观察对立压的影响。必须测量记录准确的钻井液泄放量。

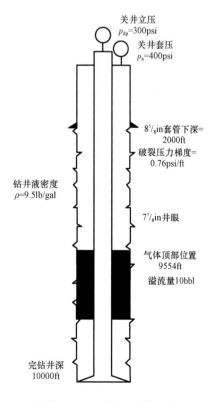

关井立压
p_{dp}=300psi

关井套压
p_a=400psi

8⅝in套管下深=
2000ft

破裂压力梯度=
0.76psi/ft

钻井液密度
ρ=9.5lb/gal

7⅞in井眼

气体顶部位置
9554ft

溢流量10bbl

完钻井深
10000ft

图4.8　1h后侵入流体运移

立压必须保持在稍微超过200psi,按这种方式,侵入流体可允许运移到地面。然而,一旦侵入流体到达地面,通常作业程序必须终止,在地面泄放侵入流体通常会导致在井底再次发生流体侵入。

程序说明在例4.3中。

例4.3

给定条件:

与例4.2条件相同。

求出:

描述把侵入流体运移到地面的许可程序。

解答:

lbbl 钻井液在环空中有效静液柱压力 p_{hem} 由式(4.10)确定:

$$p_{hem} = \frac{0.052\rho}{C_{dpha}} \tag{4.10}$$

式中　ρ——钻井液密度,lb/gal;

　　　C_{dpha}——环空容积,bbl/ft。

$$p_{hem} = \frac{0.052 \times 9.6}{0.0406} = 12.3psi/bbl$$

因此,环空每泄放 lbbl 钻井液,最小可接受的环空套压增加值12.3psi。

表4.1概括了此程序。

如图4.9和表4.1所说明的那样,井口压力允许增大到一个预定值。计算此值时要考虑套管鞋处地层破裂压力梯度,以避免发生地下井喷。在此第一个例子中,此值是井口压力100psi增加值。在立压增加100psi达到300psi;套压增加100psi达到400psi后,通过从环空泄放钻井液,侵入流体发生膨胀而使井口压力降低。套压以25psi的递减量泄压。

表4.1　侵入流体运移程序

时间	立压,psi	套压,psi	泄放体积,bbl	最小套压,psi
09:00	200	300	0.00	300
10:00	300	400	0.00	300
10:05	275	375	0.05	301
10:10	250	350	0.10	301
10:15	225	325	0.15	302
10:20	200	303	0.20	303
...	...	...	...	...

由于侵入流体的膨胀,立压会回到 200psi,但套压并未回到 300psi。从环空释放钻井液静液柱压力置换成了地面当量压力。在此情况下,从环空泄放 0.2bbl 钻井液,立压回到 200psi,然而,套压未能降到 303psi 以下,3psi 附加套压代替了 0.2bbl 钻井液静液柱压力。

对此在图 4.9 中做了进一步说明,从环空释放钻井液后侵入流体顶部在 9549ft。因此,侵入流体膨胀了 5ft,这相当于 0.2bbl 钻井液所占的体积。也就是说,侵入流体体积从 10bbl 增加到了 10.2bbl。

在这个例子中所列计算都是以实际理论计算为基础。在井场,立压可能会维持在超过原始关井立压的某个值。然而,必须考虑地层破裂压力梯度以确保不发生地下井喷。

侵入流体运移——体积法。

如果无法读出立压,侵入流体运移代表着一种难度更大的情况。采用体积法,侵入流体可被允许安全运移到地面,再次考虑方程(2.7)情况:

$$p_b = \rho_f h + \rho_m (D - h) + p_a$$

方程(2.7)扩展后得:

$$p_b = p_a + \rho_m D - \rho_m f + \rho_f h$$

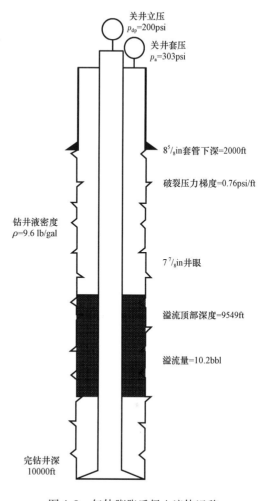

关井立压 p_{dp}=200psi
关井套压 p_a=303psi
$8\frac{5}{8}$in套管下深=2000ft
破裂压力梯度=0.76psi/ft
钻井液密度 ρ=9.6 lb/gal
$7\frac{7}{8}$in井眼
溢流顶部深度=9549ft
溢流量=10.2bbl
完钻井深 10000ft

图 4.9　气体膨胀后侵入流体运移

程序目标是在保持井底压力不变的情况下允许侵入流体运移,因而,当侵入流体运移时,应维持方程(2.7)右边不变。对于给定条件下,$\rho_m D$ 是常量,此外,假定井眼几何尺寸不变时,$\rho_f h$ 是常数;从理论上讲,需要考虑井眼几何尺寸;然而,假定井眼几何尺寸与井底一样通常会犯保守性错误。也就是说,愈靠近地面时环空横截面积可能增大,因此减小了侵入流体液柱高度,但决不会愈靠近地面时减小。有一个明显的例外是浮式钻井船作业时侵入流体不得不通过一个小的节流管线运移。

所以,为了在保持井底压力不变的情况下允许侵入流体运移,方程(2.7)简化为:

$$常数 = p_a + 常数 - \rho_m h + 常数$$

假若侵入流体运移时保持井底压力不变,那么因侵入流体的膨胀而引起的钻井液静液柱压力变化必须由增加相应的环空压力来弥补。在这个例子中,假若从环空释放 1bbl 钻井液,则关井套压不能低于 312psi;假若从环空释放 2bbl 钻井液,则关井套压不能低于 324psi。

本程序在例 4.4 中做了说明,例 4.4 中除了在钻杆中装有一个不可传递立压的浮阀外其他与例 4.3 相同。

例 4.4

给定条件:

在钻杆中装有一个使关井立压无法记录的浮阀,其他条件与例 4.3 相同,而且,钻机失去了所有动力,不能置换侵入流体。1h 后,关井套压增到 400psi。

求出:

描述把侵入流体运移到地面的许可程序。

解答:

1bbl 钻井液在环空中有效压力 p_{hem} 由方程(4.10)确定:

$$p_{hem} = \frac{0.052\rho}{C_{dpha}} = \frac{0.052 \times 9.6}{0.0406} = 12.3 \text{psi/bbl}$$

因此,环空每泄放 1bbl 钻井液,最小可接受的环空套压增加值 12.3psi。

侵入流体膨胀之前,可接受的井口压力最大增加值等于 100psi。

环空泄放 1bbl 钻井液,但并不允许井口压力降到 312psi 以下。

环空累计泄放 1bbl 钻井液后,不允许井口压力降到 324psi 以下。

环空累计泄放 2bbl 钻井液后,不允许井口压力降到 336psi 以下。

环空累计泄放 3bbl 钻井液后,不允许井口压力降到 348psi 以下。依此类推,直到侵入流体到达地面。

当侵入流体到达地面时,关井。

这个设计指导指令程序可允许压力升至一个预先确定值,该压力值根据套管鞋处地层破裂压力确定。在这个例子中,采用 100psi 增加值,压力增加 100psi 后,要从环空泄放钻井液。假如只要关井套压不低于 312psi,那么就要从环空泄放 1bbl 钻井液,见表 4.2。

表 4.2 侵入流体运移体积程序

时间	井口压力,psi	泄放体积,bbl	累计泄放体积,bbl	最小井口压力,psi
09:00	300	0.00	0.00	300
10:00	400	0.00	0.00	300
10:05	312	0.20	0.20	312
11:00	412	0.00	0.20	312
11:05	312	0.20	0.40	312
11:50	412	0.00	0.40	312
11:55	312	0.20	0.60	312
12:30	412	0.00	0.60	312
12:35	312	0.25	0.85	312
13:00	412	0.00	0.85	312
13:05	324	0.25	1.10	324
…	…	…	…	…

在这种情况下,第一步从环空泄放 0.2bbl 钻井液,套压会减到 312psi。此时关井,允许侵入流体进一步沿井眼上移。

当关井井口压力达到 412psi 时,重复此程序,从环空累计泄放 1bbl 钻井液后,最小套压会增到 324psi,执行累计环空泄放 2bbl 钻井液作业,但不允许套压降到 324psi 以下。

当关井井口压力达到 424psi 时,重复此程序,从环空累计泄放 2bbl 钻井液后,最小套压会增到 336psi,执行累计环空泄放 3bbl 钻井液作业,但不允许套压降到 336psi 以下。

每从井眼中泄放 1bbl 钻井液,维持井底压力不变的最小关井井口压力会增加相当于 1bbl 钻井液的静液柱压力,本例中是 12.3psi。如果井眼几何尺寸随侵入流体的运移而变化,1bbl 钻井液的静液柱压力当量值就要重新计算,且应用新值。

侵入流体的运移是井控作业中的一种实际情况,必须加以考虑。不考虑侵入流体的运移通常会导致不可接受的井口压力、套管破裂,甚至地下井喷。

4.2 常规压力控制程序中的安全系数

在图 4.1 中说明了以常规的 U 形管模型为基础的司钻法和等待加重法。不管名称是什么,所有常规压力控制程序的各种概念都是遵从由钻井液密度和关井立压确定井底压力、置换侵入流体时保持井底压力不变。对于图 4.7 中所给定的条件,关井井底压力是 5200psi,因此,如第 2 章所述,压力控制的目标就是保持井底压力为 5200psi 不变将侵入流体循环出井眼。

在石油行业中遇到的最常见和最严重的井控问题之一,是在不产生另外的侵入流体和不引起地下井喷情况下,无法将侵入流体运移到地面。另外,在油田现场遇到了不允许有新流体侵入情况下开始和终止置换侵入流体的难题。为了解决后面这个问题,许多人采取了"安全系数"法。

随意应用"安全系数"法改变了常规压力控制程序,可能导致潜在的严重后续问题。"安全系数"法通常有三种表现形式:第一种是随意附加立压使之超过压井时的计算循环压力;第二种是任意增加钻井液密度使之超过控制井底压力的计算密度;第三种是以上两种情况的组合。当应用"安全系数"这个术语时,通常并未怀疑这概念的有效性,谁还可能会怀疑"安全"呢?然而,武断地采用"安全系数"可能会对井控程序产生严重的影响,甚至引起所要避免发生的问题,见例 4.5。

例 4.5
给定条件:
井身结构示意图(图 4.7);
U 形管示意图(图 4.10);
井深,$D = 10000\text{ft}$;
井眼尺寸 $D_h = 7\frac{7}{8}\text{in}$;
钻杆尺寸,$D_p = 4\frac{1}{2}\text{in}$;
$8\frac{5}{8}\text{in}$ 表层套管 = 2000ft;
套管内径,$D_{ci} = 8.017\text{in}$;

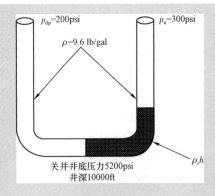

图 4.10　U 形管示意图

破裂压力梯度,$F_g = 0.76\text{psi/ft}$;

破裂压力 $= 1520\text{psi}$;

钻井液密度,$\rho = 9.6\ \text{lb/gal}$;

钻井液压力梯度,$\rho_m = 0.50\text{psi/ft}$;

钻柱在井底时发生井涌,且

关井立压,$p_{dp} = 200\text{psi}$

关井套压,$p_a = 300\text{psi}$;

溢流量 $= 10\text{bbl}$;

在 60 冲/min 时正常循环流量 $= 6\text{bbl/min}$;

在 30 冲/min 时压井循环流量 $= 3\text{bbl/min}$;

压井时循环压力,$p_{ks} = 500\text{psi}$;

泵容积,$C_p = 0.1\text{bbl/冲}$;

钻杆套管环空容积,$C_{dpca} = 0.0428\text{bbl/ft}$;

钻杆井眼环空容积,$C_{dpha} = 0.0406\text{bbl/ft}$;

初始置换压力,$p_c = 700\text{psi(冲/min)}$;

关井井底压力,$p_b = 5200\text{psi}$;

最大许可井口压力 $= 520\text{psi}$。

求出:

(1)采用司钻法时在初始置换压力的基础上增加 200psi 安全附加量的后果。

(2)采用等待加重法时压井液密度增加 0.5 lb/gal 安全附加量的后果。

解答:

(1)采用司钻法时初始置换压力增加 200psi 的后果是套压会增加 200psi 到 500psi。套管鞋处压力增加到 1500psi,这接近地层破裂压力梯度,如图 4.11 所示。

(2)10.5 lb/gal 的钻井液到达钻头时,U 形管左边压力为:

$$p_{10000} = \rho_{ml}D = 0.546 \times 10000 = 5460\text{psi}$$

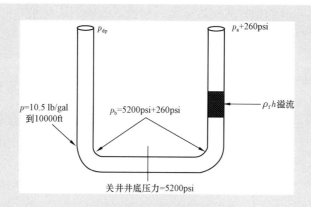

图4.11　U形管示意图

因而,随着加重钻井液到达钻头,U形管右边的压力增加了260psi,这会导致在套管鞋处压漏地层。

在这些例子中,"安全系数"终究不安全。如图4.10中所述,在附加井口压力作为"安全系数"的实例中,附加压力施加到了整个系统,井底压力并未像希望的那样保持为关井井底压力不变,事实上是保持关井井底压力加"附加安全值"不变,在本例中为5400psi,进一步恶化了井况,使"附加安全值"加到了套管鞋处。

由于"附加安全值",套管鞋处压力从1300psi增到了1500psi,这在引起地下井喷所需的200psi压力范围内,随着侵入流体循环到套管鞋,套管鞋处压力增大。因而,在例4.5所述条件下,施加200psi的"附加安全压力",不可避免会引发地下井喷。

在图4.11中,图解说明了压井液密度增到10.5 lb/gal后引起了整个系统附加260psi的压力,井底压力不再像最初想象的那样保持在5200psi现在是保持在5460psi不变,附加载荷超过了地层所能承受的破裂压力梯度,压井钻井液到达钻头时,套压会在最大许可压力520psi以上,因而,在这些条件下,压井液密度附加0.5 lb/gal的"安全值",也会不可避免地发生地下井喷。

假定严格按方程(2.11)要求执行,所用的压井液密度可能会比常规典型工艺计算的密度更高。

$$p_{cn} = p_{dp} + 0.052(\rho_1 - \rho)D + \left(\frac{\rho_1}{\rho}\right)p_{ks}$$

在方程(2.11)中,由密度增加引起的附加静液柱压力从摩擦压力损失中减去了,因而,井底压力会保持不变,即保持本例中计算井底压力5200psi不变。按照此方法,采用10.5 lb/gal的钻井液相对于10 lb/gal的钻井液并不存在不利的影响,而且,不存在比关井井底压力计算值更大的井底压力安全因素。

然而,当10.5 lb/gal的钻井液在套管鞋处时的压力比10 lb/gal的钻井液在套管鞋处时的压力低时就是一种"安全"的情况。在下一节中进一步讨论套压变化情况。应用10.5 lb/gal的钻井液的另一个好处就是循环时间短,因为起下钻余量包含在初始循环中。

缺点是在 10.5 lb/gal 的钻井液到达钻头后和侵入流体到达套管鞋前的任何时候需要关井时,作业可能会失败。如果发生这种情况,套管鞋处压力会超过地层破裂压力梯度,将要发生地下井喷。

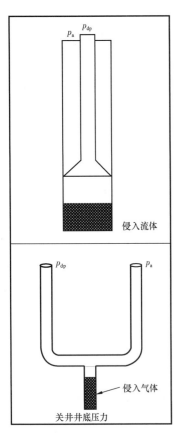

图 4.12　离底循环改变了 U 形管模型

4.3　井涌时钻头不在井底的循环

在钻井报告中经常可以看到像这样的描述:"起钻完,发生溢流,下 10 根立柱后关井,关井压力 500psi,保持立压不变循环加重钻井液,关井压力 5000psi。"

井涌时钻头不在井底,此时进行循环会像其他任何简单操作一样引起许多井控问题恶化,简而言之,不存在地层流体侵入井筒后采用离底循环的常规井控程序。因为常规的 U 形管模型不能描述此时井眼状况,在这种情况下,U 形管模型是无效的。

如果像图 4.12 所描述的那样钻头不在井底,U 形管模型就变成了 Y 形管模型。立压可能受到操作节流阀的影响,然而,立压也可能受到井眼条件和 Y 形管模型底部侵入流体活动程度的影响。但不可能知道每个因素的相对影响。

因此,在这些情况下,常规压力控制的概念、术语和技术就没有应用的意义,司钻法是无效的,等待加重法也是无效的,保持立压不变就没有意义。司钻法和等待加重法只有在 U 形管模型所描述的井眼条件下才有效。

假如一口发生溢流的井具有被控制住的所有特性,那就可以把侵入流体安全地循环出井底。就是说,立压必须保持不变,套压必须保持不变,节流阀开启程度必须保持不变,循环流量必须保持恒定而且钻井液池体积必须保持不变。这些因素之一发生变化后继续循环通常会导致更严重的井控问题。

4.4　典型程序——喷嘴堵塞的影响

当用司钻法或等待加重法把侵入流体循环出井眼时,喷嘴可能会堵塞。在发生喷嘴堵塞的情况时,节流阀操作者会观察到循环立压突然增大,而套压并未同步增加。节流阀操作者通常的反应会是把节流阀开大以保持立压不变。这样,当节流阀开大时,井眼压力变得不平衡,额外的侵入流体又会进入井筒。对这种情况不加以制止,最终会导致井眼卸载而发生井喷。

堵塞的喷嘴并不改变 U 形管模型,U 形管模型和常规压力控制程序依然适用,发生改变的只是钻柱中的压力损失,以正常压井流量压井时的循环压力会因喷嘴堵塞而增加,当立压突然增大时应遵从的最佳程序是立即关井,然后按第 2 章描述的用司钻法或等待加重法重新启动压井程序。

4.5　典型程序——钻柱刺漏的影响

当钻柱发生刺漏时,会观察到立压降低而套压并没有同步减少。此时唯一可行办法是关井并分析问题原因,如果采用的是司钻法,则分析可以简化;如图 4.13a 所示,如果已关井且侵入流体在刺漏点以下,那么关井立压和关井套压相同,在这些情况下,U 形管模型并不适用,也没有合适的常规压力控制程序。

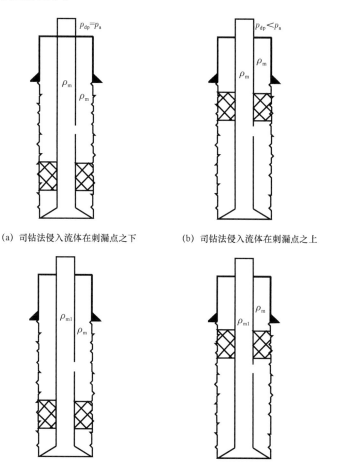

(a) 司钻法侵入流体在刺漏点之下　　　　　(b) 司钻法侵入流体在刺漏点之上

(c) 等待加重法侵入流体在刺漏点之下　　　(d) 等待加重法侵入流体在刺漏点之上

图 4.13　钻柱刺漏的影响

有几个可行的方案,最常用的方法大概就是按先前讨论的那样允许侵入流体运移到地面,一旦侵入流体到达地面,就将其循环出;另一个办法就是确定刺漏点(冲蚀点),强行起出冲蚀钻具,修好坏的单根或接头,然后强行下到井底并重新开始井控程序。

如果发生刺漏时正采用的是司钻法,关井后侵入流体在刺漏点以上,如图 4.13b 所示,那么关井立压就会小于关井套压。在这种情况下,U 形管模型是可用的,通过继续采用司钻法可把侵入流体按第 2 章中说明的那样循环出。

钻柱中摩擦压力损失已经改变,最初确定的压井循环压力就不再适用了,新的压井循环压力必须按第 2 章中阐述的那样确定,即,当按既定泵速开泵时保持套压不变,读取新的立压值,在把侵入流体循环到地面的过程中,保持那个新的立压值不变。

如果正采用的是等待加重法,那么分析就变得相当复杂,因为如图 4.13c 和 4.13d 所示,压井加重钻井液已进入系统。钻井液静液柱压力的差别必须包含在分析中以确定关井立压和关井套压的关系,因为通常刺漏点的深度并不知道,就不可能确定关井立压和关井套压间的可靠关系,当进行分析时,其方法与司钻法中讨论的相同。

4.6 确定关井立压

通常,关井立压会在关井后几分钟内稳定下来而容易确定。在有些例子中,立压可能不会恰当地反映井底压力的增加,特别是在长裸眼段,钻井液液柱压力梯度接近低产层的破裂压力梯度情况下。采用水基钻井液时,气体运移迅速,因此掩盖了关井立压。在这些例子中,为了解和分析问题,以及为压力控制程序提供基础数据,很好掌握预期的井底压力和立压是有益处的。

当钻柱中接有回压阀(或称单流阀)时会使立压的确定复杂化,然而,当进行低泵冲时监测立压和套压就能容易确定。当套压首先开始增加时,在那瞬间立压读值就是关井立压。

另一个通常程序是保持套压不变时开泵顶开回压阀一会儿,然后,用读取的立管压力减去套管压力的增加值就是关井立管压力;另一个工艺就是把泵冲速度调到压井时大小,然后将以前压井时记录的循环压力与当前立压进行比较;还有另一种可行方法就是应用舌瓣形浮阀,在舌瓣上开个小孔,这样可读出立压而不会有大量流体通过。

4.7 确定侵入井筒的流体类型

确定流体类型主要目的之一是看是否有气侵入井眼中。假如仅仅是液体侵入,那压力控制就很简单。要可靠地确定侵入流体类型,必须对钻井液池中增加的溢流进行精确的计量。例 4.6 说明了计算方法。

例 4.6
给定条件:
井身结构示意图(图 4.7);
井深,$D = 10000\text{ft}$;
井眼尺寸,$D_\text{h} = 7\frac{7}{8}\text{in}$;
钻杆尺寸,$D_\text{p} = 4\frac{1}{2}\text{in}$;
$8\frac{5}{8}\text{in}$ 表层套管 $= 2000\text{ft}$;
套管内径,$D_\text{ei} = 8.017\text{in}$;
破裂压力梯度,$F_\text{g} = 0.76\text{psi/ft}$;
钻井液密度,$\rho = 9.6\text{ lb/gal}$;
钻井液压力梯度,$\rho_\text{m} = 0.50\text{psi/ft}$;
钻柱在井底时发生井涌,且

关井立压,$p_{dp} = 200$psi

关井套压,$p_a = 300$psi;

溢流量 $= 10$bbl;

钻杆套管环空容积,$C_{dpha} = 0.0406$bbl/ft;

求出:

侵入流体密度。

解答:

由方程(2.6)得:

$$p_b = \rho_m D + p_{dp}$$

由方程(2.7)得:

$$p_b = \rho_f h + \rho_m (D - h) + p_a$$

侵入流体的高度 h 由方程(3.7)给定:

$$h = \frac{侵入流体体积}{C_{dpha}} = \frac{10}{0.0406} = 246 \text{ft}$$

联解方程(2.6)和(2.7)得:

$$\rho_m D + p_{dp} = \rho_f h + \rho_m (D - h) + p_a$$

未知数是 ρ_f 代入后求得:

$$\rho_f (246) = 0.5 \times 10000 + 200 - 0.5 \times (10000 - 246) - 300$$

$$\rho_f = \frac{23}{246}$$

$$\rho_f = 0.094 \text{psi/ft}$$

这也可用方程(3.5)加以证实:

$$\rho_f = \frac{S_g p_b}{53.3 z_b T_b} = \frac{0.6 \times 5200}{53.3 \times 1.1 \times 620} = 0.0858 \text{psi/ft}$$

因此,由于计算的侵入流体压力梯度与假定侵入流体相对密度为 0.6 时得出的流体压力梯度非常接近,所以,井眼中侵入流体是天然气。天然气通常是在 0.15psi/ft 以下,而盐水接近 0.45psi/ft 油接近 0.3psi/ft。很显然,气、油、水的混合物可能的密度梯度在 0.1psi/ft 到 0.45psi/ft 间。

4.8 压力损失

通常测量钻柱内的压力损失,而常常忽略在常规作业中环空的压力损失,但在任何压井作业中,现场人员应有计算循环压力损失的手段和能力。

对于环空的层流,压力损失由幂律定律按方程(4.11)给定:

$$p_{\text{fla}} = \left[\left(\frac{2.4\bar{v}}{D_{\text{h}} - D_{\text{p}}} \right) \left(\frac{2n+1}{3n} \right) \right]^n \frac{KL}{300(D_{\text{h}} - D_{\text{p}})} \tag{4.11}$$

对于钻柱内的层流,压力损失由方程(4.12)计算:

$$p_{\text{fli}} = \left[\left(\frac{1.6\bar{v}}{D} \right) \left(\frac{2n+1}{4n} \right) \right]^n \frac{KL}{300} \tag{4.12}$$

对于环空的紊流,压力损失由方程(4.13)计算:

$$p_{\text{fta}} = \frac{7.7 \times 10^{-5} \times \rho^{0.8} Q^{1.8} (pV)^{0.2} L}{(D_{\text{h}} - D_{\text{p}})^3 (D_{\text{h}} + D_{\text{p}})^{1.8}} \tag{4.13}$$

对于钻柱内的紊流,压力损失由方程(4.14)计算:

$$p_{\text{fli}} = \frac{7.7 \times 10^{-5} \times \rho^{0.8} Q^{1.8} (pV)^{0.2} L}{D_{\text{i}}^{4.8}} \tag{4.14}$$

流体通过钻头时的压力损失由方程(4.15)计算:

$$p_{\text{bil}} = 9.14 \times 10^{-5} \frac{\rho Q^2}{A_{\text{n}}^2} \tag{4.15}$$

式中　p_{bit}——钻头压降,psi;

　　　p_{fla}——环空层流压力损失,psi;

　　　p_{fta}——环空紊流压力损失,psi;

　　　p_{fli}——管内层流压力损失,psi;

　　　p_{fti}——管内紊流压力损失,psi;

　　　$\bar{v}$——平均速度,ft/min;

　　　D_{h}——井眼直径,in;

　　　D_{p}——管子外径,in;

　　　D_{i}——管子内径,in;

　　　ρ——钻井液密度,lb/gal;

　　　θ_{600}——在600r/min时黏度计读值,$\dfrac{\text{lbf}}{100\text{ft}^2}$;

　　　θ_{300}——在300r/min时黏度计读值,$\dfrac{\text{lbf}}{100\text{ft}^2}$。

$$n = 3.32 \lg \left(\frac{\theta_{600}}{\theta_{300}} \right) \tag{4.16}$$

$$K = \frac{\theta_{300}}{511^n} \tag{4.17}$$

　　　L——长度,ft;

Q——体积流量,gal/min;

PV——塑性黏度,mPa·s;

$$PV = \theta_{600} - \theta_{300} \tag{4.18}$$

A_n——喷嘴总面积,in^2。

通常钻柱内的流态为紊流,环空流态为层流。当流动状态不知道时,可假定两种流动状态进行计算。压力损失计算值较大的那个是正确的。并以此定义流动状态,例4.7是一个计算实例。

例 4.7

给定条件:

井身结构示意图(图4.7);

井深,$D = 10000\text{ft}$;

井眼尺寸,$D_h = 7\frac{7}{8}\text{in}$;

钻杆尺寸,$D_p = 4\frac{1}{2}\text{in}$;

$8\frac{5}{8}\text{in}$ 表层套管 $= 2000\text{ft}$;

套管内径,$D_{ci} = 8.017\text{in}$;

破裂压力梯度,$F_g = 0.76\text{psi/ft}$;

钻井液密度,$\rho = 9.6\text{ lb/gal}$;

钻井液压力梯度,$\rho_m = 0.50\text{psi/ft}$;

在 60 冲/min 时正常循环流量 $= 6\text{bbl/min}$;

在 30 冲/min 时压井循环流量 $= 3\text{bbl/min}$;

$$\theta_{600} = 25 \frac{\text{lbf}}{100\text{ft}^2}$$

$$\theta_{300} = 15 \frac{\text{lbf}}{100\text{ft}^2}$$

求出:

假定为层流时,环空的压力损失。

解答:

$$\bar{v} = \frac{Q}{\text{area}} = \frac{126\left(\dfrac{\text{gal}}{\text{min}}\right)}{\dfrac{\pi}{4}(7.875^2 - 4.5^2)\text{in}^2}\left(\frac{144\dfrac{\text{in}^2}{\text{ft}^2}}{7.48\dfrac{\text{gal}}{\text{ft}^3}}\right) = 74\text{ft/min}$$

$$n = 3.32\lg\left(\frac{\theta_{600}}{\theta_{300}}\right) = 3.32\lg\left(\frac{25}{15}\right) = 0.47$$

$$K = \frac{\theta_{300}}{511^n} = \frac{25}{15} = 0.15$$

$$
\begin{aligned}
p_{\text{fla}} &= \left[\left(\frac{2.4\bar{v}}{D_h - D_p}\right)\left(\frac{2n+1}{3n}\right)\right]^n \frac{KL}{300(D_h - D_p)} \\
&= \left[\left(\frac{2.4 \times 74}{7.875 - 4.5}\right)\left(\frac{2 \times 0.74 + 1}{3 \times 0.74}\right)\right]^{0.74} \times \frac{0.15 \times 10000}{300 \times (7.875 - 4.5)} \\
&= 30\text{psi}
\end{aligned}
$$

在这个例子中,环空的压力损失仅仅 30psi。然而,在常规压力控制程序中环空的压力损失通常被忽略,明白这点是重要的。因此,在置换侵入流体期间实际井底压力会大于由套压损失计算值。在此情况下,在应用司钻法和等待加重法期间井底压力会保持 5230psi 不变。最终分析得出对于深井中的小环空的压力损失是真正的"安全因素"。

对于深井中的小环空区域,环空的压力损失是很重要的,应加以确定。理论上,如果套管鞋处的地层破裂压力是个问题,压井时的循环压力可能会因环空的压力损失而减小。例如,在本例中采用司钻法时,压井循环压力可能会从泵冲 30 冲/min 时的 700psi 减小到泵冲 30 冲/min 时的 670psi,而井底压力会维持 5200psi 不变,同时在置换侵入流体期间不会发生另外的流体侵入。

4.9 应用常规压力控制程序时的套压变化

在采用常规压力控制程序时分析套压变化情况和套管鞋处的压力可为任何井控作业提供基本指导。而且,确定地面气体体积和事件发生时的时间顺序对于理解和执行常规压力控制程序是必要的。必须告知负责压井的作业人员所期望的是什么及恰当的作业步骤。

下面就要举一个在置换侵入流体时套压增加将近 3 倍、干气排放了将近 20min 的实例。缺少经验的作业人员可能并不期望排放 20min 干气或对其没有做好思想上的充分准备。而且,溢流又增加 50bbl 时可能会动摇作业人员的信心。在任何井控程序中,计划制定的越完全和彻底,迅速而成功地完成井控的概率就越大。

井控作业中一个主要任务是在关井后没发生井漏和地下井喷的情况下把侵入流体循环出地面。在开始置换侵入流体之前分析环空压力特性可对各种可行方法进行仔细考虑和评价,从而可能避免灾难。在采用常规压力控制程序时侵入气体的套压变化情况能按司钻法和等待加重法计算。考虑图 4.14 中采用司钻法情况,在环空中离地面 $x$ft 处的侵入流体顶部压力 p_x 可按方程 4.19 计算:

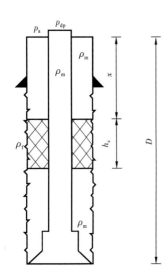

图 4.14 采用司钻法时
井眼示意图

$$p_x = p_a + \rho_m x \tag{4.19}$$

侵入流体在离地面 $x$ft 处时,套压按方程(4.20)计算:

$$p_a = p_b - \rho_m (D - h_x) - p_f \tag{4.20}$$

式中　p_x——深度 $x$ft 处压力,psi;

　　　p_a——套压,psi;

　　　p_b——井底压力,psi;

　　　ρ_m——钻井液压力梯度,psi/ft;

　　　D——井深,ft;

　　　h_x——深度 $x$ft 处侵入流体高度,ft;

　　　p_f——深度 $x$ft 处侵入流体所施加的压力,psi。

根据理想气体状态方程:

$$h_x = \frac{p_b z_x T_x A_b}{p_x z_b T_b A_x} h_b \tag{4.21}$$

式中　b——表示井底条件;

　　　x——表示深度 $x$ft 处条件。

$$\rho_f = \frac{S_g p_b}{53.3 z_b T_b}$$

代入并解方程得式(4.22),式(4.22)是一个采用司钻法时离地面深度 $x$ft 处的侵入流体顶部压力计算表达式:

$$p_{xdm} = \frac{B}{2} + \left(\frac{B^2}{4} + \frac{p_b \rho_m z_x T_x h_b A_b}{z_b T_b A_x} \right)^{\frac{1}{2}} \tag{4.22}$$

$$B = p_b - \rho_m (D - x) - p_f \frac{A_b}{A_x} \tag{4.23}$$

式中　b——表示井底条件;

　　　x——表示深度 $x$ft 处条件;

　　　D——井深,ft;

　　　p_a——套压,psi;

　　　p_b——井底压力,psi;

　　　ρ_m——钻井液压力梯度,psi/ft;

　　　x——溢流顶部到地面的距离,ft;

　　　p_f——侵入流体静液柱压力,psi;

　　　z——压缩系数;

　　　T——温度,°R;

　　　A——环空面积,in^2;

　　　S_g——气体相对密度。

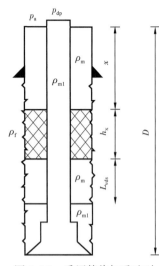

图 4.15 采用等待加重法时
井眼示意图

根据图 4.15 的分析,在采用等待加重法时,环空中离地面 $x$ft 处的侵入流体顶部压力也按方程(4.19)计算,但套压变为方程(4.24):

$$p_a = p_b - \rho_{m1}(D - x - h_x - L_{vds}) - \rho_m(L_{vds} + x) - p_f \frac{A_b}{A_x}$$

(4.24)

式中 ρ_{m1}——压井液压力梯度,psi/ft;

L_{vds}——钻柱在环空中的长度,ft。

联解式(3.5)、式(4.19)、式(4.21)和(4.24)得式(4.25),式(4.25)是一个采用等待加重法时离地面 $x$ft 处的侵入流体顶部压力计算表达式:

$$p_{xww} = \frac{B_1}{2} + \left(\frac{B_1^2}{4} + \frac{p_b \rho_{m1} z_x T_x h_b A_b}{z_b T_b A_x}\right)^{\frac{1}{2}}$$

(4.25)

$$B_1 = p_b - \rho_{m1}(D - x) - p_f \frac{A_b}{A_x} + L_{vds}(\rho_{m1} - \rho_m)$$

(4.26)

假定钻井液密度没有变化(司钻法),式(4.22)用来计算环空中离地面 $x$ft 处的气泡顶部压力。同样,假定用 ρ_{m1} 的加重钻井液置换侵入气体时(等待加重法),式(4.25)用来计算环空中离地面 $x$ft 处的气泡顶部压力。

环空中的最大压力点取决于钻柱几何尺寸,通常发生在侵入气体到达该处时。但有一个例外发生,在当钻铤尺寸比钻杆尺寸足够大,侵入气体由钻铤环空运移到钻杆环空而大大地缩短其高度时,在那瞬间,套压会低于初始关井压力直到侵入气体高度膨胀到与在钻铤环空初始高度相同为止,侵入气体高度膨胀到与在钻铤环空初始高度相同以后,环空中的侵入气体顶部压力会大于初始关井时压力。

例 4.8 说明了式(4.22)和式(4.25)的应用情况和计算的重要性。

例 4.8
给定条件:
井身结构示意图(图 4.7);
井深,$D = 10000$ft;
井眼尺寸,$D_h = 7\frac{7}{8}$in;
钻杆尺寸,$D_p = 4\frac{1}{2}$in;
$8\frac{5}{8}$in 表层套管 $= 2000$ft;
套管内径,$D_{ci} = 8.017$in;
破裂压力梯度,$F_g = 0.76$psi/ft;
破裂压力 $= 1520$psi;

钻井液密度,$\rho = 9.6$ lb/gal;

钻井液压力梯度,$\rho_m = 0.50$ psi/ft;

钻柱在井底时发生井涌,且

关井立压,$p_{dp} = 200$ psi;

关井套压,$p_a = 300$ psi;

溢流量 $= 10$ bbl;

压井液密度,$\rho_1 = 10$ lb/gal;

压井液压力梯度,$\rho_{ml} = 0.50$ psi/ft;

在 60 冲/min 时正常循环流量 $= 6$ bbl/min;

在 30 冲/min 时压井循环流量 $= 3$ bbl/min;

压井时循环压力,$p_{ks} = 500$ psi;

泵容积,$C_p = 0.1$ bbl/冲;

钻杆套管环空容积,$C_{dpca} = 0.0428$ bbl/ft;

钻杆井眼环空容积,$C_{dpha} = 0.0406$ bbl/ft;

在 30 冲/min 时初始置换压力,$p_c = 700$ psi;

关井井底压力,$p_b = 5200$ psi;

最大许可井口压力 $= 520$ psi;

环境温度 $= 60\,^\circ\text{F}$;

地温梯度 $= 1.0^\circ/100$ ft;

$$\rho_f h = p_r = 23\text{psi};$$

$$h_b = 246\text{ft};$$

环空面积,$A_b = 32.80$ in^2

求出:

(1)假定采用司钻法:

① 初始关井时套管鞋处压力?

② 当侵入气体到达该点时套管鞋处压力?

③ 当侵入气体到达地面时套压?

④ 到达地面时侵入气体柱高度?

⑤ 当侵入气体到达地面时套管鞋处压力?

⑥ 当侵入气体到达地面时钻井液池中钻井液体积总的增加值?

⑦ 采用司钻法期间套压变化情况?

(2)假定采用等待加重法:

① 初始关井时套管鞋处压力?

② 当侵入气体到达该点时套管鞋处压力?

③ 当侵入气体到达地面时套压?

④ 到达地面时侵入气体柱高度?

⑤ 当侵入气体到达地面时套管鞋处压力?

⑥ 当侵入气体到达地面时钻井液池中钻井液体积总的增加值?

⑦ 采用等待加重法期间套压变化情况?

⑧ 所需重晶石混配速度及其重晶石最小需求量?

比较这两种方法。

接 600ft 长 6in 钻铤对于套压变化的影响?

解答:

(1)假定采用司钻法:

① 初始关井时在 2000ft 套管鞋处的压力按式(4.19)计算:

$$p_x = p_a + \rho_m x$$

$$p_{2000} = 300 + 0.5 \times 2000 = 1300\text{psi}$$

② 采用司钻法置换时,当侵入气体顶部到达 2000ft 处时套管鞋处的压力按式(4.22)计算:

$$p_{xdm} = \frac{B}{2} + \left(\frac{B^2}{4} + \frac{p_b \rho_m z_x T_x h_b A_b}{z_b T_b A_x} \right)^{\frac{1}{2}}$$

$$B = p_b - \rho_m(D - x) - p_f \frac{A_b}{A_x} = 5200 - 0.5 \times (10000 - 2000) - 23 \times \frac{32.8}{32.8} = 1177$$

$$p_{2000dm} = \frac{1177}{2} + \left(\frac{1177^2}{4} + \frac{5200 \times 0.5 \times 0.811 \times 540 \times 246 \times 32.8}{620 \times 1.007 \times 32.8} \right)^{\frac{1}{2}} = 1480\text{psi}$$

③ 采用司钻法置换时,当侵入气体到达地面时套压可按式(4.22)计算如下:

$$p_{xdm} = \frac{B}{2} + \left(\frac{B^2}{4} + \frac{p_b \rho_m z_x T_x h_b A_b}{z_b T_b A_x} \right)^{\frac{1}{2}}$$

$$B = p_b - \rho_m(D - x) - p_f \frac{A_b}{A_x} = 5200 - 0.5 \times (10000 - 0) - 23 = 177$$

$$A_0 = \left(\frac{\pi}{4} \right) \times (8.017^2 - 4.5^2) = 34.58\text{in}^2$$

$$p_{0dm} = \frac{177}{2} + \left(\frac{177^2}{4} + \frac{5200 \times 0.5 \times 0.875 \times 520 \times 246 \times 32.8}{620 \times 1.007 \times 34.58} \right)^{\frac{1}{2}} = 759\text{psi}$$

④ 到达地面时侵入气体柱高度可由式(4.21)确定:

$$h_x = \frac{p_b z_x T_x A_b}{p_x z_b T_b A_x} h_b$$

$$h_0 = \frac{5200 \times 0.883 \times 520 \times 32.8}{706 \times 1.007 \times 520 \times 34.58} \times 246 = 1165\text{ft}$$

⑤ 当侵入气体到达地面时套管鞋处压力可通过把套压加到钻井液和侵入气体静液柱压力中计算如下:

$$p_{2000} = p_{0dm} + p_f \frac{A_b}{A_0} + \rho_m(2000 - h_0) = 759 + 23 \times \left(\frac{32.8}{34.58}\right) + 0.5 \times (2000 - 1165) = 1198\text{psi}$$

⑥ 当侵入气体到达地面时钻井液池中钻井液体积总的增加值,从第4步计算得知,到达地面时侵入气体柱高度为1165ft。

$$\text{池中钻井液体积总的增加值} = h_0 C_{dpca} = 1165 \times 0.0428 = 50\text{bbl}$$

⑦ 采用司钻法期间套压变化情况。

从第2步计算得知,当侵入气体顶部到达2000ft处时套管鞋处的压力为:

$$p_{2000dm} = 1480\text{psi}$$

当侵入气体顶部到达2000ft处时套压为:

$$p_a = p_x - \rho_m X$$

$$p_0 = 1480 - 0.5 \times 2000 = 480\text{psi}$$

套压变化情况数据见表4.3、如图4.16所示。

表4.3 套压——司钻法

气泡顶深度,ft	泵入体积,bbl	套压,psi
9754	0	300
9500	10	301
9000	30	303
8500	50	306
8000	69	310
7500	89	313
7000	109	318
6500	128	323
6000	148	329
5500	167	336
5000	186	346
4500	205	357
4000	224	371

续表

气泡顶深度,ft	泵入体积,bbl	套压,psi
3500	242	389
3000	260	412
2500	277	442
2000	294	480
1500	311	517
1000	326	579
500	340	659
0	353	759

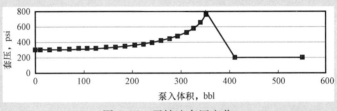

图 4.16 司钻法套压变化

(2)假如采用等待加重法:

① 初始关井时在 2000ft 套管鞋处的压力在采用司钻法和等待加重法时是一样的:

$$p_{2000} = 1300\text{psi}$$

② 采用等待加重法置换时,当侵入气体顶部到达 2000ft 处时套管鞋处的压力按式 (4.25)计算:

$$p_{xww} = \frac{B^1}{2} + \left(\frac{B_1^2}{4} + \frac{p_b \rho_{m1} z_x T_x h_b A_b}{z_b T_b A_x} \right)^{\frac{1}{2}}$$

$$B_1 = p_b - \rho_{m1}(D - x) - p_f \frac{A_b}{A_x} + L_{vds}(\rho_{m1} - \rho_m)$$

$$= 5200 - 0.5 \times (10000 - 2000) - 23 \times \frac{32.8}{32.8} + \frac{142}{0.0406} \times (0.52 - 0.5) = 1087$$

$$p_{200ww} = \frac{1087}{2} + \left(\frac{1087^2}{4} + \frac{5200 \times 0.52 \times 0.816 \times 540 \times 246 \times 32.8}{620 \times 1.007 \times 32.8} \right)^{\frac{1}{2}} = 1418\text{psi}$$

③ 采用等待加重法置换时,当侵入气体到达地面时套压可按式(4.25)计算如下:

$$p_{xww} = \frac{B_1^{\ 2}}{2} + \left(\frac{B_1^2}{4} + \frac{p_b \rho_{m1} z_x T_x h_b A_b}{z_b T_b A_x} \right)^{\frac{1}{2}}$$

$$B_1 = p_b - \rho_{m1}(D - x) - p_f \frac{A_b}{A_x} + L_{vds}(\rho_{m1} - \rho_m)$$

$$= 5200 - 0.52 \times (10000 - 0) - 23 \times \frac{32.8}{32.8} + \frac{142}{0.0406} \times (0.52 - 0.5) = 48$$

$$p_{0ww} = \frac{48}{2} + \left(\frac{48^2}{4} + \frac{5200 \times 0.52 \times 0.883 \times 520 \times 246 \times 32.8}{620 \times 1.007 \times 34.58} \right)^{\frac{1}{2}} = 706 \text{psi}$$

④ 到达地面时侵入气体柱高度可由式（4.21）确定：

$$h_x = \frac{p_b z_x T_x A_b}{p_x z_b T_b A_x} h_b$$

$$h_0 = \frac{5200 \times 0.883 \times 520 \times 32.8}{706 \times 1.007 \times 620 \times 34.58} \times 246 = 1264 \text{ft}$$

⑤ 当侵入气体到达地面时套管鞋处压力。

可通过把套压加到钻井液和侵入气体静液柱压力中计算如下：

$$p_{2000} = p_{0ww} + p_f \frac{A_b}{A_0} + \rho_m(2000 - h_0)$$

$$= 706 + 23 \times \left(\frac{32.8}{34.58} \right) + 0.5 \times (2000 - 1264) = 1096 \text{psi}$$

⑥ 当侵入气体到达地面时钻井液池中钻井液体积总的增加值。

从第4步计算得知，到达地面时侵入气体柱高度为1264ft。

$$池中钻井液体积总的增加值 = h_0 C_{dpca} = 1264 \times 0.0428 = 54 \text{bbl}$$

⑦ 采用等待加重法时套压变化情况。

从第2步计算得知，当侵入气体顶部到达2000ft处时套管鞋处的压力计算值为：

$$p_{2000ww} = 1418 \text{psi}$$

当侵入气体顶部到达2000ft处时套压由式（4.19）给定：

$$p_a = p_x + \rho_m x = 1418 - 0.5 \times 2000 = 418 \text{psi}$$

套压变化情况摘录在表4.4中、说明在图4.17中。

表4.4 套压—等待加重法

气泡顶深度,ft	泵入体积,bbl	套压,psi
9754	0	300
9500	10	301
9000	30	303

续表

气泡顶深度,ft	泵入体积,bbl	套压,psi
8500	50	306
8000	69	310
7500	89	313
7000	109	318
6500	128	323
6000	148	326
5500	167	323
5000	186	323
4500	205	325
4000	223	31
3500	241	341
3000	259	358
2500	276	382
2000	293	416
1500	309	450
1000	324	513
500	337	596

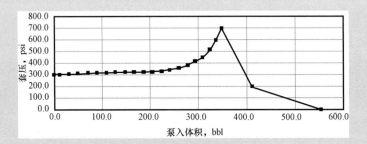

图 4.17　等待加重法套压变化

⑧ 所需重晶石混配速度及其重晶石最小需求量为:

$$X' = 350 \times S_m \left[\frac{W_2 - W_1}{(S_m \times 8.33) - W_2} \right] \tag{4.27}$$

式中　X'——重晶石量,1bs 重晶石/bbl 钻井液;

　　　W_2——压井用钻井液密度,lb/gal;

　　　W_1——初始钻井液密度,lb/gal;

　　　S_m——加重材料相对密度,水的相对密度 =1。

注:重晶石的相对密度 $S_m = 4.2$。

$$X' = 350 \times 4.2 \times \left[\frac{(10 - 9.6)}{(8.33 \times 4.2) - 10} \right]$$

$X' = 23.5$ lb 重晶石/bbl 钻井液;

在钻杆和环空中钻井液最小体积 $= 548$bbl;

所需重晶石 $= 23.5 \times 548 = 12878$ lb

所需重晶石混配速度:

速度 $= 23.5 \times 3 = 70.5$ lb/min;

(3)比较这两种方法。

在表 4.5 和图 4.18 中比较了这两种方法。

表 4.5　司钻法和等待加重法的比较

	司钻法	等待加重法
第一次关井时套管鞋处压力,psi	1300	1300
当侵入流体到达套管鞋处时套管鞋处压力,psi	1480	1418
套管鞋处破裂压力,psi	1520	1520
气体到达地面时套压,psi	759	706
到地面时气泡高度,ft	1165	1264
钻井液池体积总的增加值,bbl	50	54

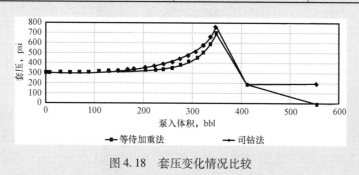

图 4.18　套压变化情况比较

(4)接 600ft 6in 钻铤对于套压变化的影响。

每种情况接上 600ft 钻铤后的影响在于因侵入气体柱更高而使初始关井压力变得更大,由于加入钻铤后新的环空容积 C_{dcha} 变为 0.0253bbl/ft,按式(3.7)得出新的侵入气体柱高度为:

$$h_b = \frac{侵入流体体积}{C_{dcha}} = \frac{10}{0.0253} = 395\text{ft}$$

套压按式(4.20)计算:

$$p_a = p_b - \rho_m(D - h_x) - p_f = 5200 - 0.5 \times (10000 - 395) - 0.094 \times 395 = 360\text{psi}$$

正如图 4.16、图 4.17、图 4.18 和表 4.5 所说明的那样,对于司钻法和等待加重法来说在加重钻井液到达钻头之前套压变化情况恰好是一样的。加重钻井液通过钻头之后,使用等待加重法时的套压比采用司钻法时受到的套压低。

在本例中,采用司钻法可能会引起地下井喷,因为套管鞋处的最大压力 1480psi 非常接近套管鞋处地层破裂压力 1520psi。应用等待加重法时井控会更加安全,因为套管鞋处的最大压力 1418psi 低于套管鞋处地层破裂压力将近 100psi。很显然,当循环立压附加 200psi 的"安全量"时,司钻法和等待加重法两种置换方法都将失败。这就是之所以优选等待加重法的另一原因。

事实上,采用司钻法和等待加重法时套压变化情况间的差别可能并不那么显著,因为侵入流体置换期间在运移。在最后分析中可看出,采用等待加重法时的真实套压变化情况可能介于司钻法和等待加重法套压变化情况之间的某处。

在井眼中接有 600ft 钻铤后,环空面积变得更小。因而,侵入气体柱高度将由 246ft 增加到 395ft,结果导致初始关井套压由 300psi 增加到 360psi。不管是采用司钻法还是等待加重法,在泵入 5bbl 钻井液后,侵入气体柱高度会因进入钻杆外更大的体积空间而缩短。在泵入 15bbl 钻井液后,侵入气体都在钻杆环空外。对于司钻法和等待加重法这两种方法来说,从此点以后套压曲线不会改变(图 4.19)。

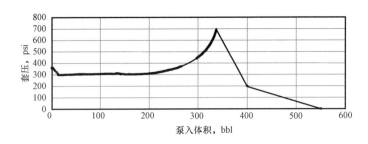

图 4.19 等待加重法套压变化

例 4.8 中的计算是很重要的,因为可把将要发生的情况告知井队人员,从而在思想上做好准备,预先警告以避免重大失误。例如,如果采用司钻法,井队人员所期望的是:在气体到达地面时最大套压为 759psi;钻井液池总的溢流增加量为 50bbl,这个溢流量会引起钻井液池容量不够而跑浆;气体需 2h 或稍少于 2h 的时间到达地面,这取决于侵入流体的运移;干气可能在地面以相当于每天 $12 \times 10^6 ft^3$ 的流量排放 20min。当然,这些事件会足以对毫无预知的井队人员的信心构成挑战而造成较大的灾难。做好准备! 准备对付所有卷入其中的未来事件。

4.10 井涌极限

既然在侵入流体正常循环到地面时,用于确定环空压力的观念就可以理解了,井涌极限也可以得到确定。必须要记住,只有当欠平衡状态与安全钻井循环时的溢流量相结合才能确定井涌极限。如图 4.18 所示,当使用将溢流流体循环到地面的钻井方法时,通常套管压力会更高。司钻法代表了一种更坏的情况,根据司钻法的观念,就可以形成井涌极限。

在裸眼井中,只有达到了相应的关键压力,才能在该过程中确定相应的条件。裸眼井中的该关键压力会导致井壁破裂和漏失。因此,在建立井涌极限的时候,需要在循环的过程中确定最弱点处的最大压力值。一般来说,最弱点处的最大压力值要么发生在第一次关井的时候,要么发生在侵入流体达到井内弱点处的顶部位置。最常见的是,裸眼井内的弱点位于最后的套管鞋处。因此,在缺乏相应的对比信息的情况下,相对于钻柱关井压力——会导致在最后的套管鞋处超过破裂压力,溢流范围可以确定侵入流体的量。

溢流范围的其中一个边界就是等于钻柱关井压力与最后套管鞋处的钻井液静液压力之和,此时的静液压力等于最后套管鞋处的破裂压力。如例 2.1 和例 4.8 所示,最大允许关井表压是 520psi。因此,对于 520psi 的钻柱关井压力,最大的流体侵入量为 0bbl。并且,实现欠平衡的条件是:

$$\text{欠平衡}(\text{lb}/\text{gal}) = \frac{p_{\text{dp}}}{0.052D} \tag{4.28}$$

$$\text{欠平衡}(\text{lb}/\text{gal}) = \frac{520}{0.052 \times 10000} = 1 \text{ lb}/\text{gal}$$

在侵入量为 0bbl,钻杆关井压力为 520psi 时的值代表了井涌极限的其中一个极限。

当出现抽吸作用时,如果孔隙压力等于钻井液静液压力,此时流体侵入量若超过破裂压力,则溢流范围的另一个极限就可以确定了。

方程(4.20)可以用来确定套管鞋处的侵入流体的高度,其等于套管鞋处的破裂压力:

$$h_x = (p_{\text{a}} + \rho_{\text{m}}D - p_{\text{b}})/(\rho_{\text{m}} - \rho_{\text{f}}) \tag{4.29}$$

方程(3.5)可以求出套管鞋处的侵入流体的密度:

$$\rho_{\text{f}} = \frac{S_{\text{g}}p_x}{53.3z_xT_x}$$

$$\rho_{\text{f}} = \frac{0.6 \times 1518}{53.3 \times 0.811 \times 540} = 0.039 \frac{\text{psi}}{\text{ft}}$$

将其代入到方程(4.29),可以得到套管鞋处侵入流体的高度,其等于套管鞋处的破裂压力:

$$h_x = (520 + 0.052 \times 9.6 \times 10000 - 0.052 \times 9.6 \times 10000)/(0.052 \times 9.6 - 0.038)$$

$$h_x = 1130\text{ft}$$

因为在套管鞋处的横截面积等于井底处的横截面积,故侵入流体的高度可以由理想气体定量求出:

$$h_{\text{b}} = \frac{p_xh_xz_{\text{b}}T_{\text{b}}}{p_{\text{b}}z_xT_x}$$

$$h_{\text{b}} = \frac{1518 \times 1130 \times 1.007 \times 640}{4992 \times 0.811 \times 540} = 506\text{ft}$$

关键侵入量等于高度乘以相应的系数:

$$关键入侵量 = h_x C_{dpha}$$

$$关键入侵量 = 506 \times 0.0406 = 20.5 bbl$$

井涌极限就可以合理地通过两个极限点的所绘制的直线来确定了。

4.11 恒套压、恒立压和等待加重法的修正

井眼发生溢流后,不管采用什么程序,基本控制思路是一样的。控制地层溢流的总压力要维持在足以防止地层流体再次进入井眼的某个值,而且低于使裸露地层发生破裂的压力。通常强调的是要简化处理,因为一旦井眼发生溢流必须快速做出决定,而且井控作业程序涉及许多人。

对于现行的井控程序,最初强调最多的是司钻法,因为要尽快把地层的侵入流体置换出来。司钻法虽然简单,但近年来司钻法可导致地下井喷的情况已变得明显。因此,许多作业者已采用等待加重法且接受了在置换地层侵入流体前或置换过程中必须增加钻井液密度的事实。在泵入加重钻井液置换地层侵入流体过程中,钻井液密度的增加要求对立压做出相应的调整,这点已在本章中做了说明。需要进行计算来确定开泵程序以维持井底压力恒定。

为使计算工作量最小,对等待加重法进行修正已变得很普遍。这个修正的程序称为恒套压、恒立压等待加重法。该方法非常简单,唯一的改变就是保持套压等于初始关井套压不变直到加重钻井液到达钻头为止。记录加重钻井液到达钻头时立压,然后保持该立压不变直到侵入流体全部替出。

表4.4、图4.17和图4.19的分析说明了该方法的重要性。正如所说明的那样,如果钻柱尺寸没有变化,当钻柱上接有加重钻杆而只有一两根钻铤的情况下,在顶替初始的142bbl压井液时套压会保持300psi不变。在那一点,套压应该是352psi。很显然,当量静液柱压力小于地层压力,而且在整个置换侵入流体过程中当量静液柱压力会继续小于地层压力。这样一来额外的地层流体会侵入井眼而将使井眼状况恶化而导致地下井喷。

根据图4.19,假如钻柱上接有600ft钻铤且当钻杆中替入142bbl压井液时,套压保持360psi不变,将可能安全地控制住井眼。因为此时套压将近325psi或比随意维持的360psi只小35psi。在加重钻井液到达钻头以后,置换侵入流体时,要保持立压比维持井底压力5200psi所需的压力高35psi。在这种情况下,附加的35psi将不会有不利的影响。然而,每种情况都是不同的,应分别加以考虑,例如,假如采用更大尺寸的钻铤时,富余量会更大。

明显的结论是恒套压、恒立压等待加重法导致随意的压力变化情况,这容易引起井眼状况恶化或井漏。所以,若不对后果进行仔细考虑不推荐采用这种工艺,因为这种工艺可能会使情况更加复杂。

4.12 低节流压力法

低节流压力法主要规定不能超过预先确定的最大许可井口压力。假若达到了最大许可井口压力,就要通过开启节流阀保持套压不变。很显然,这会使另外的地层流体侵入井筒。一旦不得不关小节流阀以维持最大许可套压时,就要记录当时的立压并在后续置换侵入流体期间保持那个立压恒定不变。

在常规压力控制程序中,当套压超过最大许可套压时,许多人认为低节流压力法是个可行的替代方法。然而详细的研究表明只有当地层产能很低时,该方法才适用。

假定第二次井涌比第一次井涌小,另外的流体侵入是可理解和接受的。如果第二次井涌比第一次井涌小的假设成立且事实上也如此,那么最终可以控制住井眼。但如果第二次井涌比第一次井涌大,那么井眼可能会失控。

在例4.8中,最大许可套压是520psi,这个压力会引起2000ft套管鞋处地层破裂。如果这时低节流压力法和司钻法结合在一起使用,井下情况会恶化导致发生地下井喷。考虑表4.3和图4.17情况,假定应用司钻法置换侵入流体,立压将保持700psi不变直到以30冲/min的泵速泵入311bbl置换液套压达到520psi为止。

在泵入311bbl置换液后,要开启节流阀以保持套压在520psi不变,立压会降到700psi以下,另外的地层流体将侵入井筒。井眼会保持欠平衡状态直到将近406bbl的侵入流体被循环到地面。在泵排量为3bbl/min时,井眼将保持欠压186psi的欠平衡状态约32min。

考虑初次发生侵入流体情况,保持欠压200psi的欠平衡状态小于32min,第二次流体侵入明显过量了。很显然,只有奇迹才会阻止比最初10bbl侵入流体更大的地层流体侵入,那意味着井眼最终因每个连续气泡变大而失去控制。

低节流压力法起源于得克萨斯州西部,那地方是常规的高压、低渗透地层。在那种环境下,通过节流阀循环直到地层衰竭为止。无论如何,产量很少持续超过$1 \times 10^6 \text{ft}^3/\text{d}$;但偶尔产量高,会引起严重的井控问题。所以,低节流压力法通常只有在已知的低产区才是一个可接受的程序。即使在此已知的低产区也可能会导致很严重的井控问题和最终造成油井报废。当不注意用在了高产区,很可能会引发灾难,通常不推荐使用低节流压力法。

4.13 反循环法

通过钻杆把侵入流体反循环出来变得日益普遍。当气泡被反循环出时,钻杆和环空的压力变化情况是相反的。采用等待加重法时引起套压减少,而当采用司钻法时套压恒定。反循环法的主要缺点是存在桥塞环空、堵塞钻头和钻杆的潜在危险。但这种方法的应用是成功的,而且还未遇到过钻柱堵塞、钻头堵塞或环空发生桥塞的情况。

如预期要采用反循环,必须先制定计划,因为必须方便地把钻杆接入节流管汇系统。另外,如果时间允许,推荐把钻头喷嘴去掉。钻柱上的回压阀也不是问题,可与钻头喷嘴一道去掉。另一个可选方法是顶入一根金属棒,使回压阀在反循环操作期间保持开启。到目前为止,把侵入流体通过钻杆反循环到地面,还未成为一个常规工艺,但是,取得的有限的行业经验是好的,技术上是有前途的。

反循环操作起来很难,由于启动时存在的问题。像图4.20中说明的那样,最初,侵入流体在环空,泵几冲后运移到钻杆内。泵最初几冲时钻杆和环空压力变化迅速,立压将增加到比初始关井套压更大的某个值,而套压将减到初始关井立压。泵最初几冲时不可应用U形管模型,因此,简单易行的程序用来计算侵入流体进入钻杆的情况。

另一个值得考虑的问题是在常规压力控制程序中,大部分压力损失发生在钻杆内部,所以,套管鞋处的循环压力不受压力损失的影响。而对于反循环来说,系统中的任何压力损失都会施加到套管鞋处,设计程序必须把套管鞋处破裂压力作为重点,考虑例4.9的情况。

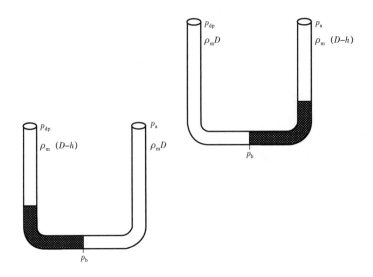

图 4.20 反循环对 U 形管模型的影响

例 4.9

给定条件:

井身结构示意图(图 4.7);

井深,$D = 10000\text{ft}$;

井眼尺寸,$D_h = 7\frac{7}{8}\text{in}$;

钻杆尺寸,$D_p = 4\frac{1}{2}\text{in}$;

$8\frac{5}{8}\text{in}$ 表层套管 $= 2000\text{ft}$;

套管内径,$D_{ci} = 8.017\text{in}$;

破裂压力梯度,$F_g = 0.76\text{psi/ft}$;

破裂压力 $= 1520\text{psi}$;

钻井液密度,$\rho = 9.6\text{ lb/gal}$;

钻井液压力梯度,$\rho_m = 0.50\text{psi/ft}$;

钻柱在井底时发生井涌,且:

关井立压,$p_{dp} = 200\text{psi}$

关井套压,$p_a = 300\text{psi}$;

溢流量 $= 10\text{bbl}$;

压井液密度,$\rho_l = 10\text{ lb/gal}$;

压井液压力梯度,$\rho_{ml} = 0.50\text{psi/ft}$;

在 60 冲/min 时正常循环流量 $= 6\text{bbl/min}$;

在 30 冲/min 时压井循环流量 $= 3\text{bbl/min}$;

压井时循环压力,$p_{ks} = 500\text{psi}$;

泵容积,$C_p = 0.1$,bbl/冲;

钻杆套管环空容积,$C_{dpca} = 0.0428$bbl/ft;

钻杆井眼环空容积,$C_{dpha} = 0.0406$bbl/ft;

在30冲/min时初始置换压力,$p_c = 700$psi;

关井井底压力,$p_b = 5200$psi;

最大许可井口压力$= 520$psi;

环境温度$= 60 \, ℉$;

地温梯度$= 1.0°/100$ft;

$\rho_f h = p_r = 23$psi;

$h_b = 246$ft。

求出:

准备一份用反循环把侵入流体循环到地面的计划程序表。

解答:

(1)第一个问题是把侵入流体循环进钻杆内。给定的最大套压是520psi,因此,循环套压不得超过520psi。

(2)确定体积流量 Q。压力损失比最大许可套压和关井套压的差值还小。

最大许可套压损失为:

$$520 - 300 = 220\text{psi}$$

由方程(4.14)给定的关系得出:

$$p \propto Q^{1.8}$$

假如在 $Q = 30$ 冲/min 时 $p = 500$psi,当 $p = 220$psi 时,Q 由下式确定:

$$\left(\frac{Q}{30}\right)^{1.8} = \frac{220}{500}$$

$$Q = 19 \text{ 冲/min}$$

所以,侵入流体必须以小于19冲/min,(1.9bbl/min)的泵速反循环出,以防止压裂套管鞋处地层。

选取1bbl/min = 10冲/min。

(3)按照惯例,采用司钻法时泵入100冲(一个随意量)使侵入流体沿环空向上,保持立压不变。

(4)关井。

(5)开始反循环,保持立压200psi不变,把泵速提到近10冲/min,套压不超过500psi,这步泵入的总体积不得超过第3步泵入的体积(本例中是100冲程的量)。

(6)一旦循环流量达到,读取套压值,保持套压不变一直到侵入流体全部置换出。

(7)一旦循环出侵入流体,关井,读取立压值,立压应等于套压,均为200psi。

(8)按惯例循环(长时间),保持套压等于200psi 将加重钻井液循环到钻头。

在这期间,不应改变节流阀。钻井液池液面的唯一改变应是由于添加重晶石引起的。如果不是这样,应关井。

(9)当压井液循环到钻头,读取立压值,保持这个立压不变将压井液循环到地面。

(10)循环并加重直到提供所期望的起钻余量。

一旦侵入流体进入钻杆内,程序与司钻法一样,可利用像例4.8中一样的计算。侵入流体在钻杆内后,立压将是487psi,最大立压是1308psi,最大立压发生在侵入流体到达地面时,侵入流体到达地面时其高度是2347ft,总的溢流量将是33bbl。把侵入气体循环到地面所需时间是109min,侵入气体顶部到达地面后全部置换出要花33min。明显的益处就是保护套管鞋处不受超压、避免地下井喷。

一旦侵入流体确实在钻杆内后,套压可能会因初始关井立压和初始关井套压的差异而减小。本例中,初始关井立压和初始关井套压的差值是100psi。保持井底压力等于初始关井时的井底压力不变所需的套压相当于初始关井立压加上循环系统中的压力损失。

4.14 超密度等待加重法

超密度等待加重法就是采用比压井液的计算密度更大的钻井液密度压井时的等待加重法。例4.8中的分析指出,采用压井液置换侵入气泡时减小了套压。如果钻井液密度从9.6 lb/gal 增大到10 lb/gal,套管鞋处压力(表4.5)减小62psi,钻井液密度再增加会进一步减小套管鞋处压力。最大实用密度是将引起钻杆真空时的密度。采用这样一种方法时对套管鞋处压力的影响是可计算的。

例4.10就描述了在这些条件下应用这种方法的情况。

例 4.10

给定条件:

同例4.6。

求出:

(1)钻井液密度增加到11 lb/gal 时对套管鞋处压力的影响。

(2)用11 lb/gal 的钻井液置换侵入流体时合适的开泵顶替计划程序。

解答:

(1)对于等待加重法,当侵入流体到达2000ft 套管鞋处时,套管鞋处压力按方程(4.25)计算:

$$p_{xww} = \frac{B_1}{2} + \left(\frac{B_1^2}{4} + \frac{p_b \rho_{ml} z_x T_x h_b A_b}{z_b T_b A_x} \right)^{\frac{1}{2}}$$

$$B_1 = p_b - \rho_{m1}(D - X) - p_f \frac{A_b}{A_x} + L_{vds}(\rho_{m1} - \rho_m)$$

$$= 5200 - 0.572 \times (10000 - 2000) - 23 \times \frac{32.8}{32.8} + \frac{142}{0.0406} \times (0.572 - 0.5)$$

$$= 852$$

$$p_{2000ww} = \frac{852}{2} + \left(\frac{852^2}{4} + \frac{5200 \times 0.572 \times 0.828 \times 540 \times 246 \times 32.8}{620 \times 1.007 \times 32.8}\right)^{\frac{1}{2}} = 1267\text{psi}$$

(2)合适的开泵替液计划可由方程(2.11)和方程(2.14)确定,如图4.21所示:

$$p_{cn} = p_{dp} - 0.052(\rho_1 - \rho)D + \left(\frac{\rho_1}{\rho}\right)p_{ks}$$

$$= 200 - 0.052 \times (11.0 - 9.6) \times 10000 + \left(\frac{11.0}{9.6}\right) \times 500$$

$$= 45\text{psi}$$

由方程(2.14):

$$\frac{\text{STKS}}{25} = \frac{25(\text{STB})}{p_c - p_{cn}}$$

$$\frac{\text{STKS}}{25} = \frac{25 \times 1420}{700 - 45}$$

$$\frac{\text{STKS}}{25} = 55$$

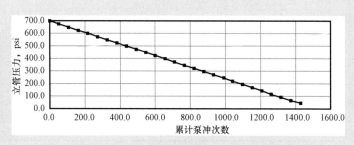

图4.21　用11.0 lb/gal 钻井液时立管压力计划

立管压力计划表见表4.6。

显然,当置换钻杆中侵入流体时因其中含未加重的密度为 ρ 的钻井液导致采用司钻法和等待加重法时套压变化情况是一样的。在这个例子中,钻杆容积是142bbl,这就意味在此期间不管采用等待加重法时的压井液密度怎样,两种方法对套压的影响是同样的。

在表4.4中说明了,泵入142bbl 后,套压约为325psi。因此,泵入142bbl 后,2000ft 套管鞋处压力接近1325psi。根据例4.10,当侵入流体到达2000ft 套管鞋处时,套管鞋处压力为

1267psi。所以,当加重钻井液到达钻头时,套管鞋处产生最大压力。在这个例子中,用的是 11 lb/gal的压井液,套管鞋处产生最大压力比该处 1520psi 的破裂压力少近 200psi。套压变化情况说明于图 4.22 中。

表4.6　立管压力计划表

累计泵冲次数	立管压力,psi
0	700
55	675
110	649
165	624
220	599
275	573
330	548
385	523
440	497
495	472
550	446
605	421
660	396
715	370
770	345
825	320
880	294
935	269
990	244
1045	218
1100	193
1155	168
1210	142
1265	117
1320	91
1375	66
1430	45

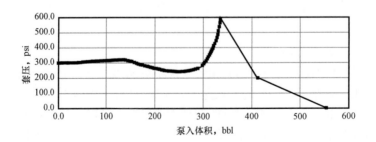

图 4.22　用 11.0 lb/gal 压井液时套压的变化

为了维持井底压力在5200psi不变,立压必须系统地减到45psi,且在余下的置换过程中保持不变。忽略因密度增加引起的立压的适当减少是采用超密度等待加重法失败最普遍的原因。当套管鞋处压力接近破裂压力且受到地下井喷的威胁时,按例4.10中所说明的那样恰当地利用超密度等待加重法可能是个可行的井控置换程序。

4.15　小井眼钻井—连续取心要考虑的问题

应用常规硬地层探矿设备进行小井眼钻井连续取心提出了特殊的井控问题。如图4.23所示,是一个常规的小井眼井身结构示意图,像以前讨论的一样,常规压力控制置换程序假定只有钻柱内的压力损失是重要的,而环空中的压力损失可以忽略。

从图4.23中的分析可以看出,在小井眼钻井中条件是相反的,也就是说,钻柱内的压力损失可以忽略,而环空中的压力损失是相当大的。此外,在小井眼钻井中侵入流体的体积变得更关键,因为环空面积很小。在常规情况下,1bbl侵入流体并不会引起较大的套压,而在小井眼钻井中,lbbl侵入流体就可以导致过高的套压。

阿莫科生产公司已在该领域做了最广泛的有效工作[1]。已研发出敏感型流量计。这种流量计能探测到极小的侵入流体。假如恰当地选择了套管鞋位置,限制了侵入流体体积,就可以应用常规压力控制程序。但必须考虑环空中的压力损失。

第一步是像第2章中讨论的那样确定井口压力和循环流量间的函数关系。为了能够精确确定环空中的压力损失,必须建立模型使之与压力损失实测值匹配。图4.24说明了图4.23中所示井眼典型压力的确定。例如,假如侵入流体以40gal/min循环出,置换期间的立压将不得不按环空中的压力损失而减小。在图4.24中此时立压接近1000psi,压井循环压力按方程(4.30)计算:

$$p_{kssl} = p_c + p_{dp} - p_{fa} \qquad (4.30)$$

式中　p_{kssl}——压井循环压力,psi;

　　　p_c——初始循环压力损失,psi;

　　　p_{dp}——关井立压,psi;

　　　p_{fa}——环空中的压力损失,psi。

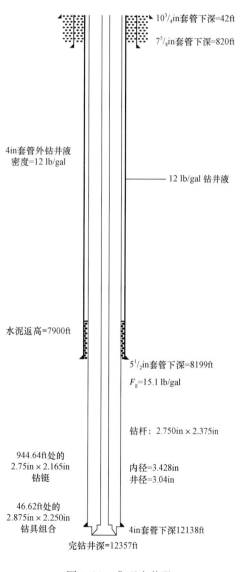

$10\frac{3}{4}$in套管下深=42ft
$7\frac{5}{8}$in套管下深=820ft

4in套管外钻井液密度=12 lb/gal

12 lb/gal 钻井液

水泥返高=7900ft

$5\frac{1}{2}$in套管下深=8199ft
F_g=15.1 lb/gal

钻杆: 2.750in × 2.375in

944.64ft处的2.75in × 2.165in钻铤

内径=3.428in
井径=3.04in

46.62ft处的2.875in × 2.250in钻具组合

4in套管下深12138ft

完钻井深=12357ft

图4.23　典型小井眼

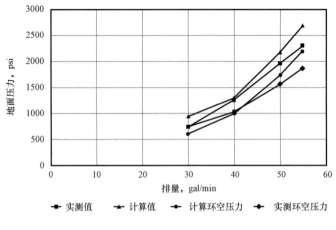

图 4.24 泵测试

既然加重钻井液到达钻头之前,侵入流体被从环空置换。适合大多数小井眼作业的唯一典型置换程序是司钻法。因而,根据图 4.24 和方程(4.30),假如关井立压是 1500psi,关井套压是 1700psi,压井排量是 40gal/min,那么压井时置换压力按方程(4.30)计算如下:

$$P_{kssl} = p_c + p_{dp} - p_{fa} = 1300 + 1500 - 1000 = 1800psi$$

把泵速提到置换侵入流体时的速度不像在常规钻井作业中的那么简单。也就是说,保持套压不变会导致在套管鞋处超压。因此,泵速必须提到某个速度值,在此泵速下允许套压通过套压损失来降低。例如,如果关井套压是 1700psi,流量泵速 40gal/min,允许套压下降 1000psi 到 700psi,与此同时,立压会增加到 1800psi。一旦获得合适的立压,就可在把侵入流体循环到地面时保持其值不变。

因套压损失大且会引起比钻井液密度大几个 gal/min 的当量循环密度,预计停泵接单根时会发生流体侵入。如果那样,侵入流体可能会动态地与钻进作业期间一样的循环速度和立压循环到地面。

小井眼钻井为连续取心提供了有利条件,然而,连续取心要求每隔 20ft 到 40ft 用绳索回收岩心筒。在回收岩心过程中由于岩心筒的潜在抽吸作用,特别容易引起井涌。在所有回收岩心作业期间,标准操作是慢慢往下泵入,以确保维持静压力。

在小井眼钻井作业中所需设备必须与常规钻井作业中的设备一样坚固耐用。失控井中环空的节流效应不像所期望的那样显著。因此,需要完整的井控设备。因井中侵入流体很可能会流到地面,必须对节流管汇和点火管线给予特别注意。

在第 1 章概述的设备系统除两个例外,都适用于小井眼钻井。因采用了顶部驱动,而且钻杆外径恒定,就不需环形防喷器了。另外,由于钻杆没有常规的加厚接头,防喷器组中应包含有卡瓦式闸板以防钻杆落井。

4.16 侵入流体运移时强行下钻

合适的强行下钻程序已在第 3 章中讨论过。然而,第 3 章中所提出的程序没有考虑侵入流体运移情况。要在侵入流体运移时进行精确的强行下钻作业,第 3 章中的常规压力控制程序必须与本章描述的体积法程序一起使用。联合程序并不难,强行下钻作业按第 3 章中所述正常进行。

随着侵入流体的运移,井口压力会慢慢增加。当井口压力变得难以接受或达到预定的最大值时,暂停强行下钻作业,侵入流体膨胀按本章中提出的体积法程序。一旦侵入流体膨胀后,继续进行强行下钻作业。

对于侵入流体运移时的强行下钻作业,壳牌石油公司开发和报道了一个相当简单而技术可行的程序。所需设备在井队通常没有,因此,需要制定预先计划,所需设备包括带刻度的钻井液补给罐和带刻度的强行下钻调节罐,如图 4.25 所示。

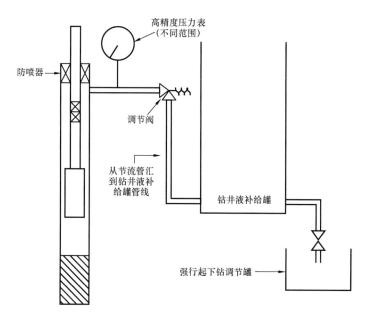

图 4.25　壳牌法强行下入设备

当强行下入立柱时,井口压力基本保持不变。置换出的钻井液进入带刻度的钻井液补给罐,然后立柱的理论置换量排进带刻度的强行下钻罐。记录钻井液补给罐中钻井液体积的增加值,把与增加的钻井液体积相当的静压当量值加到节流回压上。为安全起见,最小环空面积用来确定从井中置换出的钻井液静压当量。程序步骤如下:

第 1 步:

关井后,确定侵入流体体积,记录井口压力。

第 2 步:

确定 1psi 的钻井液静压力在裸眼、钻铤环空相当的钻井液体积。

第 3 步:

采用常规的工作压力增量 p_{wpi}。工作压力增量是随意定的,但应考虑破裂梯度。

第 4 步:

确定钻井液补给罐体积增加值,该值代表相当于工作压力增量的静压力值。

第 5 步:

当侵入流体在最小环空时,需要确定附加回压 p_{hydi},最小环空通常在钻铤环空。

第6步：

当强行下入第一立柱时，允许井口压力增到 p_{choke}：

$$p_{choke} = p_a + p_{hydl} + p_{wpi} \qquad (4.31)$$

第7步：

保持 p_{choke} 不变，强行下入钻杆。

第8步：

强行下入每个立柱后，把立柱的理论置换量排进带刻度的强行下钻罐。记录钻井液补罐中钻井液体积的任何变化。

第9步：

当钻井液补给罐中钻井液体积增加值等于第4步确定的体积时，把 p_{choke} 增加 p_{wpi}，并继续下一步。

第10步：

重复第7步到第9步，直到把钻柱下到底。

见示例4.11。

例 4.11

给定条件：

井身结构示意图(图3.2)；

井深，$D = 10000\text{ft}$；

起出的立根数 = 10 立柱；

每立柱长度，$L_{std} = 93\text{ft}/$立柱；

10 立柱钻具强行下入井筒；

强行下入井筒的钻具 = $4\frac{1}{2}\text{in}$；

钻具顶替量，$DSP_{ds} = 2\text{bbl}/$立柱；

钻井液密度，$\rho = 9.6\ \text{lb/gal}$；

侵入井筒流体 = 10bbl 气体；

环空容积，$C_{dpha} = 0.0406\text{bbl/ft}$；

井眼直径，$D_h = 7\frac{7}{8}\text{in}$；

单位井筒容积，$C_h = 0.0603\text{bbl/ft}$；

井底压力，$p_b = 5000\text{psi}$；

井底温度，$T_b = 620°\text{R}$；

气体相对密度，$S_g = 0.6$；

关井套压，$p_a = 75\text{psi}$；

$p_{wpi} = 50\text{psi}$；

钻井液补给罐体积 = 2in/bbl。

求出：

用壳牌法描述强行下入 10 立柱到井底的程序。

解答：

在环空中 1bbl 钻井液当量静压值按方程(4.10)计算：

$$p_{hem} = \frac{0.052\rho}{C_{dpha}} = \frac{0.052 \times 9.6}{0.0406} = 12.3\,\text{psi/bbl}$$

所以，对于 10bbl 侵入流体：

$$p_{hydl} = 10 \times 12.3 = 123\,\text{psi}$$

由方程(4.31)得：

$$p_{choke} = 75 + 123 + 50 = 248\,\text{psi}$$

所以，强行下入第 1 根立柱，允许节流回压增到 250psi。在达到 250psi 后，与强行下入的钻杆数量成比例地泄放钻井液。

保持井口压力 250psi 不变，继续强行下入钻杆。

每强行下入 1 立柱后，泄放 2bbl 钻井液到带刻度的强行下钻罐，记录钻井液补给罐中钻井液体积。

当钻井液补给罐中钻井液体积刻度增 8in，增大井口压力到 300psi 并继续。8in 表示与 50psi 工作压力增量相当的静压力的钻井液体积(50psi 除以 3psi/bbl 乘以 2in/bbl)。

4.17　井控作业中的油基钻井液

在深井钻井作业中，广泛使用油基钻井液是相对新出现的。然而，从一开始，就观察到了在不寻常的环境条件下与使用油基钻井液相关的井控问题。油田现场人员在使用油基钻井液时的有代表性井控问题如下。

"对于油基钻井液没有什么合乎情理。"

"所有事情立即发生！在 2min 内，我们就发现 200bbl 溢流！我们什么也不能做，在我们能应付之前灾难已降临在我们头上！"

"我们什么也没发现，没有溢流显示，没有……我们尽快关井，但压力太高！我们失去了这口井！"

"我们开始起钻，只是起钻不顺畅，灌钻井液没问题，但似乎哪不对劲，我们关井，井没有发现什么，没有压力显示，没有！我们还不满意，故整夜循环，我们还是什么也没有发现，没有溢流显示，没有钻井液气侵显示。我们循环了几周并专心观察，井眼看起来没问题，我们起了 10 根立柱，井眼就开始溢流，在我们关好井之前已溢出100bbl！管线被冲掉之前我看到管汇压力超过了 6000psi 那时一切都完了！我们失去了钻机！"

"我们刚从 16000ft 以下起完钻，一切顺利。井眼按要求灌满钻井液。钻柱顺利下到井底。我们又重新开始钻进,我们已经钻过了砂层。除了泥页岩以外,我们还未钻任何新地层井底钻井液还未循环出来,一切运转正常。就在那时,我在周围看了看,发现到处都是钻井液,我回过头看钻台时,钻井液已溢出转盘面。在我关上环形防喷器前,钻井液正冲向甲板! 我关好了防喷器,但不知何故,油基钻井液在井架上和水笼带上着火了! 火把水笼带烧掉了,沿着钻杆发生了井喷! 大约30min就把井架烧掉了! 现场变得可怕而又混乱! 我们要给予注意! 在我们能处理之前就要有所发现。"

4.17.1 着火

最明显的问题是油基钻井液会燃烧。液态碳氢化合物的闪点是其被加热到发出足够的可燃蒸气而与火源接触时发生闪燃的温度。碳氢化合物液体的燃点比油的闪点温度更高。通常,露天闪点比燃点小50°F到70°F。

大多数油基钻井液由2#柴油配制。可接受的柴油的闪点通常是大约140°F。以此为基础,燃点大约是200°F。把油藏中的碳氢化合物与油基钻井液混合,只会增加其可燃趋势。天然气与适当浓度的空气混合遇到明火或遇到能把混合气温度提高到1200°F的场合就会起火燃烧。

4.17.2 天然气在油基钻井液中的溶解度

众所周知,在油藏工程中像甲烷、硫化氢和二氧化碳这些碳氢化合物极易溶于油。随着近几年的常规钻井作业中油基钻井液应用的普及化,对碳氢化合物在油基钻井液中的溶解度进行了大量的研究[2,3]。如图4.26所示,在250°F时甲烷的溶解度成线性增加到6000psi。在7000psi时甲烷的溶解度变得渐近,即意味着在温度250°F以上(含250°F)和压力7000psi以上(含7000psi)时甲烷的溶解度是无限的。溶解度变得无限的压力称为混相压力。

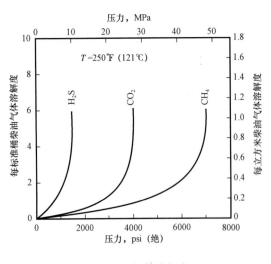

图4.26 气体溶解度

注意在图4.26中,二氧化碳和硫化氢的溶解度比甲烷的溶解度高。甲烷的混相压力随温度的升高而减少。如图4.27所示,二氧化碳和硫化氢的混相压力随温度的升高而增大。在图4.28中对此做了进一步说明,甲烷的混相压力从100°F时的大约8000psi降到了600°F时的将近3000psi。

这项研究对于油田作业的意义在于:在高压深气井钻井中油藏碳氢化合物侵入流体可能部分地溶解在油基钻井液中。需要讨论的另一个变量是产生侵入流体的方式。不过,简而言之就是,当用油基钻井液钻井发生溢流且侵入流体主要是甲烷时,侵入流体会溶解进钻井液体系而有效地掩盖侵入流体的存在。这并不是说1bbl油基钻井液加上1bbl油藏碳氢化合物会产生1bbl二者的混合物。

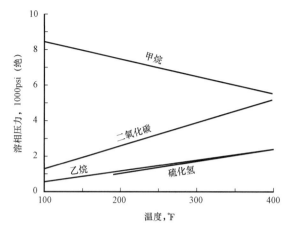

图4.27 气体混相压力随温度变化情况

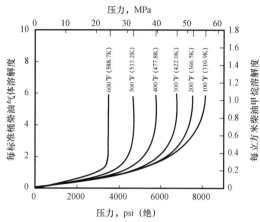

图4.28 气体混相压力的变化

然而可以确信的是,在前述条件下,lbbl油基钻井液加上lbbl气相油藏碳氢化合物会产中生不足2bbl的混相物。所以,在油田现场人们通常观察到的危险信号变得更加微妙。使用油基钻井液时钻井液池溢流液面上升速度会比采用水基钻井液时钻井液池溢流液面的上升速度更慢。

这种特殊混合体系的确切特征是不可预测的。碳氢化合物相的特征是非常复杂的,个别特性取决于体系的精确组分,而且,相特性随相组分的变化而变化。也就是说,当气从溶解液中析出时,液相中剩余物的相特性会发生改变和变化。因此,只能进行总体性的观察。

再假定一种钻进时在井底发生井涌的最简单情况。侵入流体的一部分溶进了钻井液体系中的油相。常规的相图如图4.29所示,在此条件下,钻井液由点A代表,点A代表在泡点之上所有气体均溶于其中的碳氢化合物体系。当侵入流体沿井眼往上循环时,在达到泡点之前气体保持溶解态。

碳氢化合物体系然后进入两相区,当碳氢化合物继续沿井眼上移时,析出越来越多的气体,随着气体的析出,静液柱压力由静气柱压力代替,作用于井底的有效静压力将减小,而导致附加侵入流体按指数规律增长,这可说明油田现场所观察到的高速流体并迅速演变的事件。

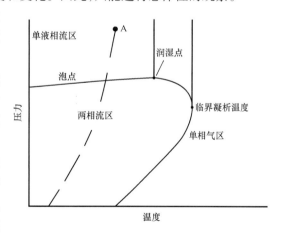

图4.29 典型碳氢化合物相图

油基钻井液中溢流的压力特征可能令人混淆,前面已说过,在地面观察到10bbl溢流量而关井后,实际上可能已发生更大的溢流量,然而,由于体系的可压缩性,套压可能比用水基钻井液时发生10bbl溢流量而观察到的套压更小。

随着气体开始从溶液中析出和被循环到地面,溢流特征会开始像水基钻井液中发生的溢流一样,而且,套压会发生一致的响应。如图4.28所示,在低压和几乎任何合理温度条件下甲烷在柴油中的溶解度是很低的,因而,当气体到达地面时,套压会比预期的更高。而水基钻井液中发生同样的溢流时,套压与预测值差不多,这种情况如图4.30所示。

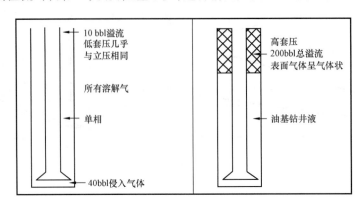

图4.30 油基钻井液的复杂性

研究表明当侵入流体广泛分布时,其在钻井液体系中的溶解度是个更重要的问题。在钻进时井底发生的井涌就是一个例子:处于泡状而未混合的侵入流体其特征更像是发生在水基钻井液中的侵入流体,停泵起钻或接单根时的井涌就是一个例证。

油基钻井液的密度受温度和压力的影响而使问题进一步复杂化。结果导致,在地面是17lb/gal的油基钻井液在井底可能就有不同的密度。这些概念很难量化、可视化和用词表达。然而,它们是值得仔细考虑的,行业经验和技术分析指明当用油基钻井液钻井时必须给予更多的注意。例如,采用水基钻井液钻井时发生的溢流观察了15min,那么当采用油基钻井液钻井时就应观察更长的时间。遗憾的是,由于碳氢化合物相特性的复杂性,不能进行精确的现场计算,采用油基钻井液时的井控问题是相当复杂的,其后续结果也更加严峻。

4.18 浮式钻井船钻井和水下作业要考虑的问题

4.18.1 水下井控设备

近来,在一些勘探作业中,作业者已经应用了高压隔水导管和地面防喷器。然而,在大多数浮式钻井船钻井作业中,防喷器组装在海底,需要使用备用设备。图4.31说明了最少水下设备组要求。有些作业者采用双环形防喷器结构,在环形防喷器间有一连接器,连接器允许起出上部分而对上部环形防喷器进行修理,当上部环形防喷器失效时下面的环形防喷器用作备用。

如果情况危急必须剪断钻柱和移开钻井船,那么与全封闸板相对的剪切闸板是必需的。

可替代的设备组很多。列出每种的优缺点将没有意义。在大多数情况下,作业者不得不选用和钻机一块运来的设备。当有选择的余地时,作业者应对作业区的潜在问题加以回顾以确定最能适合其需要的设备安排。应备足所有关键部件以满足基本要求。

为了改进响应时间,或发生紧急情况运移船时激活防喷器,有时把储能器装在水下。在这些情况下,预充压力要调到与控制管线压力一样。

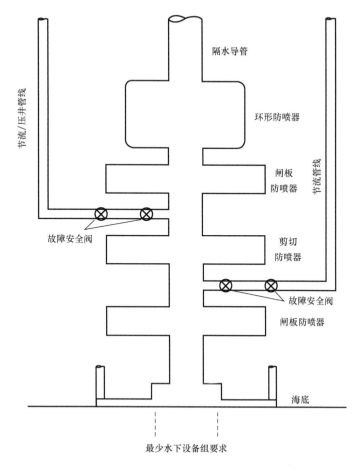

图 4.31　最少水下防喷器组

$$p_{\text{pc}} = p_{\text{inipc}} + 14.7 + 0.433 L_{\text{contline}} S_{\text{g}} \tag{4.32}$$

式中　p_{pc}——预充压力,psi;

　　　　p_{inipc}——初始预充压力,psi;

　　　　L_{contline}——控制管线长度,ft;

　　　　S_{g}——相对密度。

采用更高的压力也会导致储能器瓶中可用体积减小。因而,会比平时要求的气瓶数更多。根据理想气体状态方程,使在预充、最小和最大操作压力下的体积相同:

$$\frac{p_{\text{pc}} V_{\text{pc}}}{z_{\text{pc}} T_{\text{sc}}} = \frac{p_{\text{min}} V_{\text{min}}}{z_{\text{min}} T_{\text{ss}}} = \frac{p_{\text{max}} V_{\text{max}}}{z_{\text{min}} T_{\text{ss}}}$$

式中　下标 ss——水下;

　　　　下标 pc——预充;

　　　　下标 min——最小值;

　　　　下标 max——最大值;

下标 sc——标准条件;

p——压力,psi;

V——体积,bbl;

z——可压缩系数;

T——绝对温度,K。

那么每瓶的可用体积是 $V_{min} - V_{max}$。

4.18.2 间距

由于系统中压力激动、半潜式钻井船起伏对防喷器的磨损和钻井船的问题,当起伏幅度很大时,通常把钻柱悬挂在上部的闸板防喷器上。到闸板的距离应在下入隔水导管后确保闸板不会关在接头上。为此,下钻,把工具接头放在距上部的闸板防喷器15ft处。关上闸板防喷器,慢慢下放钻柱直到上部的闸板防喷器完全承受钻柱重力。记录下潮汐高度和转盘面以下到工具接头的距离作为以后的参考。

4.18.3 关井程序

因对装有水下防喷器组的浮式钻井作业的特别考虑,典型关井程序有所改变,一些改进如下。

(1)钻进时。

① 一发现溢流显示就要停钻井泵,关防喷器。如果条件许可,按前节所述悬挂钻柱。

② 通知司钻和公司代表。

③ 读取和记录溢流量、关井立压、关井套压。

(2)起钻时。

① 一发现溢流显示就要坐卡瓦,安装并关闭旋塞。

② 抢接方钻杆,关防喷器组。如果条件许可,按前节所述悬挂钻柱。

③ 通知司钻和公司代表。

④ 打开旋塞,读取和记录溢流量、关井立压、关井套压。

4.18.4 浮式钻井船钻井井控问题

浮式钻井操作存在特有的四个井控问题,它们是:

(1)由于船的运动而引起的流量和钻井液池体积的波动;

(2)节流管线中压力损失;

(3)破裂压力梯度减小;

(4)循环出侵入流体后圈闭在防喷器组中的气体。

4.18.4.1 钻井液流量和钻井液池液面的波动

由于船的起伏和船上隔水导管体积的相关变化,流量和钻井液池体积发生波动。这使得这些主要溢流显示信号难以解释。因船的倾斜和横摇,监测溢流时的钻井液池体积变化更加复杂。船的运动引起钻井液池中液体“晃动”,即使井内没有液体流进或流出钻井液池。

已提出许多技术来减少船晃动的影响。与机械式浮子相对的钻井液池体积累加器是沿正确方向迈出的一步,但它要求无数传感器来对船的整个运动进行全面补偿。已发明电子式海底流量计减轻船的运动问题。想法是合理的,但这种设备的使用经验有限。当前,钻井界还在继续监测表面设备的变化趋势。自然,这会引起反应时间的延迟而导致更多的流体侵入。明白这点后,井队人员必须对其他溢流显示要特别警惕。

4.18.4.2 节流管线中压力损失

对于陆上钻机,小内径节流管线中的压力损失是可忽略的。但对深水水下设备压力损失可能很大,影响程度与节流管线的长度和内径成正比。对于陆上钻机的 U 形管动态模型,井底压力 p_b 等于环空液体 ρ_m 的静液柱压力加上节流回压 p_{ch1}。

$$p_b = \rho_m D + p_{ch1}$$

通常,由环空压力损失引起的当量循环密度 ECO 不予考虑,因其难以计算、起正作用、数值极小。然而,在节流管线很长的情况下,影响是剧烈的,特别是在开启和关闭操作时。

对于既长又细的节流管线,动态方程变成井底压力等于环空液体的静液压力加上节流回压 p_{ch2},加上节流管线中的压力损失 p_{fcl}。

$$p_b = \rho_m D + p_{ch2} + p_{fcl}$$

同时解上述方程得:

$$p_{ch1} = p_{ch2} + p_{fcl}$$

或:

$$p_{ch2} = p_{ch1} - p_{fcl}$$

简而言之,地面节流压力因节流管线上的压力损失而减小。理解此概念是极其重要的,因为假如节流阀操作者开启时的控制回压等于关井套压,那么不需要的额外压力会强加到了裸眼地层,此压力与节流管线上的压力损失 p_{fcl} 相等。这通常会导致灾难性后果。

另外,假如操作者在关井操作过程中保持节流阀压力不变,节流管线上的压力损失减到 0,节流管线上的压力损失 p_{fcl} 减小了井底压力,而使另外的流体侵入。

有个很简单的解决办法,这办法已在行业中获得应用。在任何操作期间,当泵排量改变时,包括开井和关井操作,监测第二条节流管线压力,然后操作节流阀保持这个压力不变。因节流管线压力损失在防喷器组之上,所以:

$$p_b = \rho_m D + p_{ch2}$$

所以,用监测陆上钻机第一条节流回压(也叫套压或环空压力)相同的方法监测第二条节流管线压力。还要监测节流阀压力表看有无堵塞的迹象。

4.18.4.3 破裂压力梯度减小

确定破裂压力梯度的典型工作已在陆上作业中得到发展,但不能直接用于海上作业。在相同深度情况下,海上的破裂压力梯度通常比陆上的破裂压力梯度小,这是由于空隙和海水梯度而使总的上覆地层应力减小。

为了海上的应用,对于特定的区域已开发了各种图表和程序用于修正传统方法(Eaton,Kelly,Matthews 等)。基本方法就是根据在感兴趣地方海水梯度和上覆地层应力梯度比值把水深减到当量地层深度。当利用这些图表时,有些图表是以海水深度和补心高(RKB)的比值作为参考,了解这点是重要的。考虑例4.12情况。

例 **4.12**

给定条件:

套管鞋深度 =2600ft(以转盘面为基准)。

水深 =500ft;

空气间隔 =100ft;

求出:

套管鞋处破裂压力梯度。

解答:

沉积岩厚度 = 2600 – 500 – 100 = 2000ft

从图 4.32 得破裂压力 =1500psi

$$F_g = \frac{1500}{2600 \times 0.052} = 1.11 \ \text{lb/gal}$$

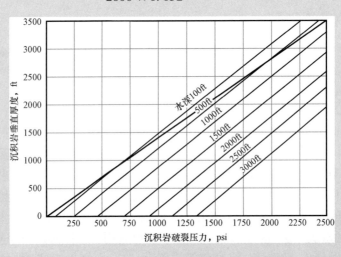

图 4.32　估计破裂压力

4.18.4.4　溢流循环出后的圈闭气

在溢流循环出井筒后,大多数防喷器组并不能把剩在环形防喷器和节流管线间的气泡移出。这在地面操作时不会出问题,因为气压非常小。然而,在水下防喷器组中,气泡压力等于节流管线中的压井液所产生的静水压力。如果处理不当,在打开防喷器后气泡会膨胀,可能导致极其危险的情况。用分流器把加重钻井液经由压井管线替进隔水管,关掉最下面的闸板防喷器来隔离井眼。这种办法在较浅的情况下是可接受的。对于更深的情况,推荐采用以下较保守的方法(在所有侵入流体都循环出后)。

(1)关闭下部闸板防喷器,计算节流管线中压井液静水压力与水柱压力的压差。

(2)保持第 1 步中计算的回压不变,沿压井管线泵入清水,置换出防喷器组和节流管线的加重压井液。

(3)关压井管线阀门,通过气体分离器泄压。

(4)关分流器,打开环形防喷器,使滞留气沿 U 形管流到节流管线,再到液气分离器。

(5)经由压井管线,用加重压井液把隔水管中的钻井液置换出来。

(6)打开下闸板防喷器。

4.18.5 深水浮式钻井船钻井

深水钻井船钻井作业时,井控原理并无差别。一口井钻得很深且是枯井,如井口和产层间有水,人们并不知道在井口和产层间具体有多少水。然而,随着深水钻井作业的增加,已逐渐揭开了其神秘的面纱。

深水钻井时,井控操作的某些方面相对于常规井控程序是个障碍或妥协,但没有什么神秘的东西,物理和化学原理照样适用。在大多数操作者看来,通常的思路似乎就是解决好套管鞋以下的问题。

随着水深的增加,破裂压力和孔隙压力间的安全余量通常会减小。所以,需要更多的尾管来维持合理的井涌容量。

随着水深的增加,节流管线长度和在节流管线中的压力损失成比例增加,所有这些情况使得在不发生井漏情况下把侵入流体循环出来成了一个漫长、困难而又棘手(和常常不可能)的过程。

节流管线长度除了增加压力损失外,还会带来其他复杂问题。因为压力损失是流体特性的函数,在节流管线中有气体或气侵钻井液时,压力损失可能会与节流管线中只有钻井液时的情况显著不同。此外,大家已知道套压会因节流管线中的气侵钻井液而无规律地波动,使得很难保持立压不变。

当增加节流管线长度时,气柱长度也增加了,引起更高的井口压力。因此,能把气体带进节流管线和返到地面,考虑以下例子。

例 4.13

当气泡首次到达地面时产生的最大套压由下式给定:

$$p_{smax} = \frac{B_s + (B_s^2 + 4A_sX_s)^{\frac{1}{2}}}{2A_s} \tag{4.33}$$

其中

$$A_s = 1 + \rho_m L_{cl}\left(1 - \frac{C_{cl}}{C_h}\right)\left(\frac{S}{53.3 Z_s T_s}\right)$$

$$B_s = p_b - \rho_m D + \rho_m L_{cl}\left(1 - \frac{C_{cl}}{C_h}\right) + \frac{S\rho_m p_b h_b}{53.3 Z_b T_b}$$

$$X_s = \frac{\rho_m p_b Z_s h_b}{Z_b T_b}$$

式中　下标 s——在地面；

　　　下标 b——在井底；

　　　ρ_m——钻井液压力梯度，psi/ft；

　　　L_{cl}——节流管线长度，ft；

　　　C_{cl}——节流管线容积，bbl/ft；

　　　C_h——防喷器以下环空容积，bbl/ft；

　　　S——气体相对密度；

　　　p——压力，psi；

　　　z——压缩系数；

　　　T——温度，°R；

　　　H_b——防喷器以下几何空间中初始侵入流体的高度，ft。

假定：

　　这个方程是假定采用司钻法来置换侵入流体。因此，这属于一种"最坏"的情况。为了减小因井底和防喷器之间几何空间不同所造成的复杂性，侵入流体的高度 h_b，可采用防喷器下面的环空几何尺寸确定。

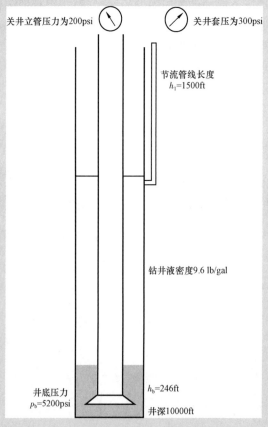

图 4.33　井涌之后海上油气井井底防喷器组

考虑图 4.30 和以下情况:

气体相对密度 =0.6;

侵入流体的高度 =246ft;

井底温度 =640°R;

地面温度 =535°R;

在井底和地面条件下可压缩系数 =1.0;

井底压力 =5200psi;

钻井液密度 =9.6 lb/gal;

节流管线长度 =1500ft;

节流管线容积 =0.0087bbl/ft;

环空容积 =0.0406bbl/ft;

井深 =10000ft。

将这些值代入方程(4.33),当气体到达地面时的压力确定为:

$$p_{smax} = 1233psi$$

在例 4.8 中用司钻法求解了同样的问题。例 4.8 中考虑的是环空面积从井底到地面为一定值的情况。最大井口压力确定为 759psi,因此,1500ft 长的小直径节流管线将给井口压力增加 474psi(图 4.34)。

随着深水浮式钻井作业变得更加普及,井控操作也更容易。防喷器设备总体上是非常可靠的,总的程序应包含一个"门限压力",当达到那个门限压力时,侵入流体被整体压到套管鞋或尾管鞋处。

如文中所写,大多数侵入流体都是夹在中间。同时通过钻杆和环空置换井眼中侵入流体。因此,把夹心式的侵入流体挤入套管鞋处的漏失层,虽然这种程序有点武断随意,但已取得相当数量的成功案例。

此外,深水中的沉积岩通常沉积很晚,因此,很有可能会在井底钻具组合周围发生桥塞而堵死。

万一发生灾难性失败时,深水可能变成有用的东西。想一想失败后果所引起的海底泄流情况。在浅水中,沸腾的流体将立即接近船体,进一步操作的可行方法是加以排除。在深

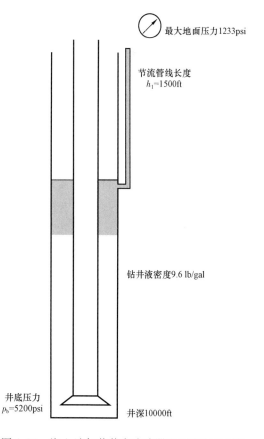

最大地面压力1233psi

节流管线长度
h_1=1500ft

钻井液密度9.6 lb/gal

井底压力
p_b=5200psi

井深10000ft

图 4.34　海上油气井井底防喷器组和表面的气体

水中,类似的情况将不会有如此令人担忧的后果。假如水足够深,洋流将使沸腾的流体运离船体,而且可选方法将很多。

4.18.6 浅层气溢出

浅层气井喷可能是灾难性的。还没有比较完善的技术处理浅层气井喷,处理浅层气井涌主要有两个普遍使用的方法。其区别集中在浅层气是在海底分流,还是在海面上分流。

在海底分流浅层气,特别是当在深水中操作和经由节流管线控制时,其好处在于施加给套管鞋的附加回压由节流管线系统中的摩擦压降产生。

在海面分流浅层气,特别是当在深水中操作时,其缺点在于浅层气在隔水管中迅速膨胀时有可能将其挤毁。此外,气体带到了钻台,表层砂岩通常未固结,还存在严重的侵蚀,在某些区域有可能发生堵塞和桥塞,甚至会导致套管外漏气和喷发。分流器和分流系统设计的进步已经从本质上改进了地面分流作业。

4.19 负压测试

负压测试在钻井操作中非常常见。在陆地钻井中,它们用来保证衬管顶部的完整性,而在海洋钻井中是在移除隔水管之前的操作。负压测试的不确定性没有太多的原因,基本规则如下。

假设隔离的衬管顶部被评估。就会执行一些简单的程序,并且在衬管的顶部附近会安装封隔器。旁通会被打开,那么油管或者钻杆就会被液体所替代,而钻柱内或者油管内的液体的密度会与地层的压力间形成负压差。之后位于封隔器内部的旁通就会被关闭。在油管或者是钻杆之间的环空将会加压,从而确保油管或者钻杆内部是隔离的。

当然,由于在油管或者钻柱与环空之间的液压力不平衡,所以当旁通关闭的时候,油管或者钻杆上会产生压力。因为当油管或者钻杆打开,并且起出到地表的时候,预先的一部分流体会恢复,所以油管或者钻杆内部的液体的可压缩性是先前就决定了的。

当所有这些都完成后,开启油管或者钻杆通向钻井液池就很简单了,然后就可以测量返回的液体了。一旦计算的流体量恢复,那么地面流体就应停止。在该点位置,井应该是静止的。通常情况下,井应该保证 5~30min 的静止时间。当计划的时间一到,就可以关闭井眼,观察压力降的相应指标,时间持续 5~30min。

如果一直有流体超过先前的流量或者关井之后仍然有压力降,那么该井的负压测试就失效了。此时操作应该停止,直到该情况恢复为止。在浮动钻井操作中,如之前描述的,在钻杆上使用封隔器是十分安全的,同时也是推荐的方案。然而,操作人员和钻井承包商应该选择海底防喷器组封隔钻杆。在该程序中,就如上述情况所描述的,钻杆被替换,环空防喷器替换封隔器。必须要记住的是所有的环空防喷器都是从底部保证压力的完整性而不是上部。因此,如果出现环空泄漏的情况,当钻杆开启,地表将会有流体流动。当钻柱上的阀关闭的时候,表压就反映了液压力的不平衡。

在某些情况下,工作人员更喜欢用截流或者压井管线去执行负压测试。节流或者压井管线不能这样用是因为液压力不平衡的情况有太多种,这会引起结果的模棱两可。

参 考 文 献

［1］ Prince PK, Cowell EE. Slimhole well kill: a modified conventional approach. Society of Petroleum Engineers; 1993, January 1. http://dx. doi. org/10. 2118/25707 – MS.

［2］ O'Bryan PL, Bourgoyne AT. Methods for handling drilled gas in oil muds. SPE/IADC #16159, In: SPE/IADC drilling conference held in New Orleans, LA, March, 15 – 18;1987.

［3］ O'Bryan L, Bourgoyne AT. Swelling of oil – based drilling fluids due to dissolved gas. In: SPE 16676, presented at the 62nd annual technical conference and exhibition of the society of petroleum engineers held in Dallas, TX, September 27 – 30, 1987; 1987.

［4］ O'Bryan, P. L. ,et al. , An Experimental Study of Gas Solubility in Oil—base Drilling Fluids,SPE #15414 presented at the 61st Annual Technical Conference and Exhibition of the Society of Petroleum Engineers held in New Orleans ,LA ,October,5 – 8,1986.

［5］ Thomas, David ,C. ,et al. Gas Solubility in Oil – based Drilling Fluids Effects on Kick Detection ,Journal of Petroleum Technology ,June 1984 , 959.

［6］ Grace ,Robert ,D. ,Further Discussion of Application of Oil Muds ,SPE Drilling Engineering, September 1987, 286.

第5章　井控中的流体动力学

6月29日

00:51——到达套管下入的深度3200m处。循环5min,并且起出一个立根。进行溢流检测,没有发现流体。

1:30——循环并准备起钻。

2:00——起出三个立根并做流体检测。没有溢流。

2:30——起出16个立根。当起出16个立根中的一半时,流体的液面停止下降。在起出最后的一半立根时,钻井液回流。在随着井内流体回流的过程中起出第17根立根。司钻可以听到防喷器中钻井液的流动,并且速度很高。

2:33——在第18柱停止起钻,上提5ft,然后关井。工作人员此时意识到出现了溢流。

2:36——压力超过套管中最大允许关井压力。裸眼井。在15min内,发现从节流管汇往下进入应急管线的泄漏。

07:00——对于井中的流体,泵入压井流体已经不起作用。全天井内都有流体。

19:30——在节流管线中出现泄漏。第二次泵入压井液。

20:04——在井口处应急管线失效。

20:45——气体团沿着燃烧池漂浮,并且点燃了钻机周围所有的气体。

在井控作业中使用压井液并不是一项新的技术。但流体动力学的工程应用却是井控最新发展的技术之一。由于大多数参与井控作业的人员不懂工程学应用或不具备在现场应用这项技术的能力,流体动力学技术并没有得到充分地应用。最好的井控程序应是能够根据工艺技术和机械设备的观察判断给出可预知的结果。

事实上,任何井控作业都有流体动力学的应用。合理地应用流体动力学就是恰当地用流体来补偿不可靠的管柱或难以达到的地方。经常遇到的情况是,当井喷发生时,管柱的损坏超出了我们的想象。例如,在怀俄明,技术套管由于承受过高的压力,检测发现有9处损坏[1]。一处损坏是可以理解的,两处还可以想象,可在一根套管出现9处损坏确实出人意料。

在南得克萨斯州(South Texas)的一次井喷后,发现9⅝in套管分别在3200ft和1600ft处被拉断。综合分析认为是油井火灾巨热、下落井架或结构坍塌所造成的。对于一般工程师来说,很容易理解在井喷之后井口和管柱很少有完好的情况。合理地应用流体动力学可以找到在井喷中保持管柱完整的解决办法。

流体动力学可考虑应用在如下方面:

(1)顶入压井;

(2)润滑压井;

（3）动力压井；

（4）动量压井。

5.1 顶入压井

"顶入压井"是指不管阻力如何,将压井液直接泵入井内来平衡地层压力。压井液顶入压井是最常见的流体动力学被误用的情况之一。因为顶入压井对管柱和井口的完整性构成威胁,可能会导致井喷进一步恶化。很多时候,由于不合适的压井液顶入操作,引起井漏、延迟控制或错过选择其他措施的机会。

下面是一个正确使用顶入压井技术的例子。20 世纪 70 年代,在伊朗的阿瓦士(Ahwaz)油田开发过程中,常规的压力控制方法是无法应用。阿瓦士油田的储层非常好,以至于循环压力和漏失压力之间只差几个帕斯卡,常规的井身结构如图 5.1 所示。

通过谨慎地平衡静液柱压力和地层孔隙压力,使在储层中钻进得以实现。通常最轻微的欠平衡都会导致严重的井涌,地面最轻微的回压都会引起 9⅝in 套管鞋处的循环漏失,所以任何常规的井控尝试均都无效。通过在地面对 2 倍井眼容积的钻井液将其密度提高 1 ~ 2 lb/gal 来增加质量,然后将钻井液泵入环空替代侵入的流体,同时有数百桶钻井液进入产层,常规的井控才重新得以实现。一旦侵入的流体被替代,正常的钻井作业就可以开始了。

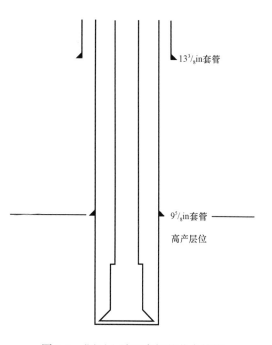

图5.1 阿瓦士油田常规的井身结构

在密西西比州的帕尼伍德(Piney Wood)谢尔考克斯(Shell Cox),井喷发生后,在深部斯马克沃(Smackover)层测试中采用了类似的方法。在这些作业中,由于高压和高浓度硫化氢的存在,把地层流体带到地面是非常危险的。为了对付这个难题,将套管下至斯马克沃层的顶部。当井涌发生时,通过向环空顶入加重的压井液将井侵的流体顶替回到斯马克沃层。

在这两个例子中,取得成功的共同因素就是压力、套管鞋位置和溢流体积。由于溢流体积总是很小,所以向地层注入所需的地面压力一般很低。另外,在处理过程中,造成地层破裂或地层损害都不重要,最重要的是套管鞋位置。在每个例子中,套管鞋都放置在生产层顶部,这样既确保压井液又保证侵入流体被压回到井涌发生的层位。当顶入压井时,压井液几乎总是从套管鞋处漏入地层,理解这点是非常重要的。

参考一个来自中东的一个误用例子。

例 5.1
给定条件:
如图 5.2 所示。

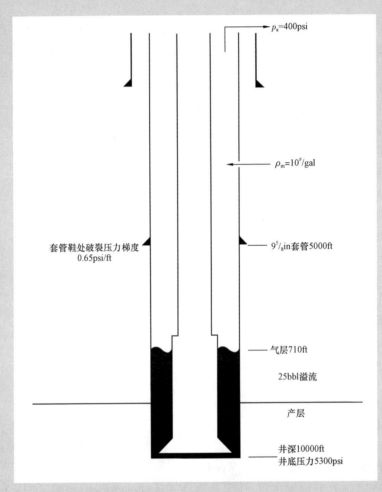

p_a=400psi

ρ_m=10#/gal

套管鞋处破裂压力梯度
0.65psi/ft

$9\frac{5}{8}$in套管5000ft

气层710ft

25bbl溢流

产层

井深10000ft
井底压力5300psi

图 5.2 阿瓦士油田常规的井身结构

井深, D = 10000ft;

钻井液密度, ρ = 10 lb/gal;

钻井液压力梯度, ρ_m = 0.052psi/ft

溢流量 = 25bbl;

井眼尺寸, D_h = 8½in;

技术套管($9\frac{5}{8}$in) = 5000ft;

破裂压力梯度, F_g = 0.65psi/ft;

破裂压力:

500ft 处, p_{frac5000} = 3250psi;

1000ft 处, $p_{frac10000} = 6500psi$;

关井套压, $p_a = 400psi$;

钻杆尺寸, $D_p = 4\frac{1}{2}in$;

内径 $D_i = 3.826in$;

钻铤 $= 6in \times 2.25in$;

钻铤 $= 800ft$;

气体相对密度, $S_g = 0.6$;

温度梯度 $= 1.2°/100ft$;

环境温度 $= 60℉$;

压缩因子, $z = 1.00$;

容积:

钻铤环空, $C_{dcha} = 0.0352bbl/ft$;

钻杆, $C_{dpha} = 0.0506bbl/ft$。

由于钻杆被堵塞,因此决定加重压井液从环空向下驱替。

从图5.2 和式(2.7)得到:

$$p_b = \rho_f h + \rho_m (D - h) + p_a$$

及从式(3.7):

$$h_b = \frac{侵入流体体积}{C_{dcha}} = \frac{25}{0.0352} = 710ft$$

及从式(3.5)得:

$$\rho_f = \frac{S_g p_b}{53.3 z_b T_b} = \frac{0.6 \times 5200}{53.3 \times 1.0 \times 640} = 0.091 psi/ft$$

因此

$$p_b = 400 + 0.52 \times (10000 - 710) + 0.091 \times 710$$

$$p_b = 5295psi$$

那么,压井液的密度将通过式(2.9)得出:

$$\rho_1 = \frac{p_b}{0.052D} = \frac{5295}{10000 \times 0.052} = 10.2 \ lb/gal$$

环空容积:

$$V = 9200 \times 0.0506 + 800 \times 0.0352 = 494bbl$$

作为这一系列计算的结果,在地面将500bbl 钻井液加重成密度为10.2 lb/gal 的加重压井液,并泵入环空。500bbl 密度为10.2 lb/gal 的压井液被泵入后,关井,观察到的井口压力是 500psi 或比最初的观察的 400psi 多 100psi。

求出：

（1）解释顶入作业失败的原因。

（2）解释地面压力增加的原因。

解答：

（1）5000ft 处的压力：

$$p_{5000} = 0.052 \times 10.0 \times 5000 + 400 = 300\text{psi}$$

在 5000ft 处的破裂压力为 3250psi，所以压力差为：

$$\Delta p_{5000} = 3250 - 3000 = 250\text{psi}$$

10000ft 处的压力为 5296psi，而 10000ft 处的破裂压力为 6500psi。所以压力差为：

$$\Delta p_{10000} = 6500 - 5296 = 1204\text{psi}$$

可见，顶入套管鞋处地层所需压力仅高于关井压力 250psi 而比泵入 10000ft 处地层所需要的压力少 954psi。所以当顶入作业开始时，套管鞋处的地层首先被压裂，压井液被挤入该地层。

（2）顶入作业后井口压力比顶入前的井口压力高 100psi（500psi 对 400psi），这主要是由于在顶入作业过程中 25bbl 的侵入流体的上升导致的（参考第 4 章，气泡运移产生的进一步讨论）。

顶入作业失败还有其他原因，例如，关井后，侵入流体经常会向地面运移，留下压井液直接面对井涌地层。一旦泵入开始，井口压力便开始增加，直到泵入的地层被压井液压裂。这个破裂压力可能比关井压力高几百到几千帕斯卡，这个附加的压力可能足以挤破套管，并引起地下井喷。

有时，当环空充满了需被压回到地层中的气体时，顶入作业也难以成功。失败的原因就是在顶入作业中会出现压井液绕过环空中的气体。所以，在压井液注入后，关井观察地面压力，地面存在着一个由气体贯穿系统的压力，结果是油井一旦卸载就会再次发生井喷。

另一个要考虑的就是顶入压井液的泵入速度。在讨论侵入流体运移时，值得注意的是，侵入流体向上运移通常是沿着环空的一侧，而压井液沿着环空的另一侧向下注入。此外，当侵入流体接近井口时，它的运移速度会非常高，井口压力增加的速度就是其实践证明。在这种情况下，用 0.25bbl/min 的速度顶入压井液无法成功，因为压井液将直接绕过运移的侵入流体。尤其是当环空很大时，特别会出现这类问题。为了使顶入作业能够成功，压井排量可能不得不提高到大于 10bbl/min。在任何一次作业中，顶入速度必须增加到出现井口压力下降为止。

顶入压井法常用在处理深部高压井控情况，以保持一个能够接受的井口压力。例 5.2 是一个地下井喷时的例子。

例 5.2

给定条件:

深度, $D = 20000\text{ft}$;

井底压力, $p_b = 20000\text{psi}$;

套管鞋位置, $D_{套管鞋} = 10000\text{ft}$;

破裂压力梯度, $F_g = 0.9\text{psi/ft}$。

产层为气层且发生地下井喷。

求出:

假设气体可以运移到井口,那么井口压力大约为多少?

如果连续向环空中顶入密度为 15 lb/gal 的压井液,确定井口压力。

解答:

如果气体可以运移到井口,那么通过下式可大概计算出井口压力:

$$p_{井口} = (F_g - 0.1)D_{套管鞋} = (0.90 - 0.1) \times 10000 = 8000\text{psi}$$

用密度为 15 lb/gal 的压井液挤注到 10000ft 的套管鞋处,此时地面压力为:

$$p_{井口} = 8000 - 0.052 \times 15 \times 10000 = 200\text{psi}$$

因此,正如实例 5.2 说明的,如果没有顶入作业,井口压力将是 8000psi。在这样的井口压力条件下,地面作业是非常困难的。如果将密度为 15 lb/gal 的压井液顶入套管鞋处的漏失带,那么井口压力就会降到 200psi。在 200psi 的井口压力条件下,认为所有操作比如强行下入和电缆作业等均能够进行。

美国南部的一口深井在起下钻过程中失控,图 5.3 给出了井身示意图。

由于裸眼井段只有 173ft,推断这种情况下,井下可能不会形成桥堵。然而,当在钻杆内放置一个铸铁桥塞准备强行下钻时,流量开始减小。在 1h 内,流量变得很小,基本滞迟。很明显,井已经被桥堵了。

接下来首要问题就是桥堵的位置。一般来说,桥堵多发生在底部钻具组合处。在深部邻近底部钻具组合处的流量很低。直径的变化为地层微粒的聚集提供了机会。在这个实例中,使用了钻杆橡胶护箍。存在高温气体的情况下,橡胶护箍引发问题是不罕见的。由于橡胶护箍的存在,使得桥堵的位置偏上。

由于桥塞上部有足够的静液柱压力来补偿高压地层压力,所以深层桥堵是可以接受的。但浅层桥堵是非常

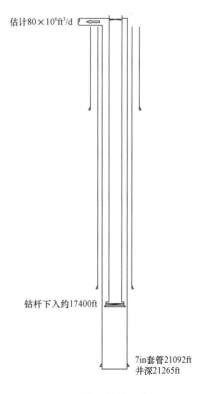

估计 $80 \times 10^6 \text{ft}^3/\text{d}$

钻杆下入约 17400ft

7in 套管 21092ft
井深 21265ft

图 5.3 井深结构示意图

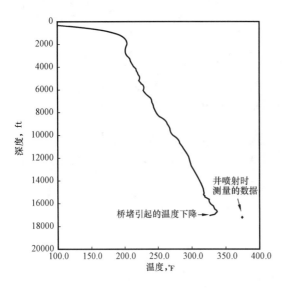

图 5.4 油井桥堵温度分析(1998 年 8 月 13 日)

危险的,因为整个关井压力会立刻处于井口下面,且只靠堆积几英尺厚的岩屑支撑。

由于油井不断产出少量的气体,所以考虑利用温度检测来确定桥堵。预期绕过桥塞的气体膨胀能够引起明显的温度异常。因此进行了温度测量,如图 5.4 所示。温度分析的数据表明桥堵发生在底部钻具组合处。然后成功地向环空注入 432bbl(计算体积为 431bbl)密度为 20 lb/gal 的压井液。

总之,顶入作业可能会产生令人不希望的结果,因此在开始实施作业前必须进行仔细地评估。常见的情况就是工作人员在发生井控问题时不做任何分析,盲目做出反应,使得井下情况比开始作业时更差。记住,最好的井控程序应是能够从工艺技术和机械设备的观察判断给出可预知的结果。

5.2 润滑压井—体积压井程序

压井液润滑防喷法,也称为体积压井,是最容易被忽略的井控技术。压井液进入井眼涉及对一个最基本的物理概念的理解。本质上,体积压井是一项技术,通过这项技术,维持井底压力不小于井口压力,用压井液替出从地层侵入井眼的流体。恰当的体积压井作业结果是侵入流体被从井眼内排出,井底压力由压井液的静液柱压力控制,并且在作业过程中没有额外的流体侵入。

体积压井技术广泛地用于各种作业中,使用的唯一要求就是侵入流体已运移到井口或井内完全没有钻井液。当钻杆在井底、钻杆起出一半或完全起出的情况下都可应用体积压井。该项技术也可以用在浮式钻井作业中。由于天气或其他紧急情况发生时,浮式钻井的钻井设备经常被要求悬空、关井或移出井眼。每一种情况的原则基本是相同的。

下面是一个最近发生在新墨西哥东南一口深部高压井作业中的井控问题。深度为 14080ft 正常起钻时发生井涌。当钻杆提出井眼时,工作人员发现有流体正在从井内流出。钻井人员将钻柱下至 1500ft 处。井涌已非常严重,以至于下钻柱工作无法继续进行而关井。相当大的井涌发生了,随后钻杆强行下钻,准备进行常规的压井作业。

然而,安装在钻头上面 1500ft 钻柱处用来确保钻杆能够强行下入的回压阀,在下钻操作中被堵塞。另外,在这期间,强行下入装置已经安装上,钻杆也已经下到井底,气体已经运移到井口。侵入流体来自 13913ft 的多产层。该井在这个层位已经进行过钻杆测试,在井口动压力为 5100psi 条件下,气体以 $10 \times 10^6 \mathrm{ft}^3/\mathrm{d}$(10000000ft^3/d)的速度流出,关井井底压力为 8442psi。

既然不可能用常规的方法循环出侵入流体,润滑压井液注入井眼,试图将钻杆中的阻碍物移出。在那个令人愉快的十一月的下午,当时井上所有的情况如图 5.5 所示。下面的例子说明润滑压井液进入井眼的正确程序。

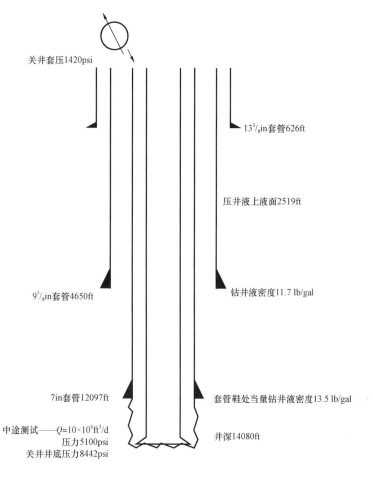

关井套压1420psi

13³/₈in套管626ft

压井液上液面2519ft

9⁵/₈in套管4650ft

钻井液密度11.7 lb/gal

7in套管12097ft

套管鞋处当量钻井液密度13.5 lb/gal

中途测试——$Q=10\times10^6\mathrm{ft}^3/\mathrm{d}$
压力5100psi
关井井底压力8442psi

井深14080ft

图 5.5　新墨西哥东南一口深部高压井井况图

例 5.3

给定条件：

图 5.5；

深度，$D = 14080\mathrm{ft}$；

井口压力，$p_\mathrm{a} = 1420\mathrm{psi}$；

钻井液密度，$\rho = 11.7\ \mathrm{lb/gal}$；

套管鞋处破裂压力梯度，$F_\mathrm{g} = 0.702\mathrm{psi/ft}$；

技术套管：

在 7in 套管处套管鞋直径，$D = 12097\mathrm{ft}$；

29 lb/ft P—110　　　82ft；

29 lb/ft S—95　　　7800ft；

29 lb/ft P—110　　　4200ft；

气体相对密度，$S_\mathrm{g} = 0.6$；

井底压力,$p_b = 8442\text{psi}$;

温度,$T = 540°\text{R}$;

压井液密度,$\rho_1 = 12.8\text{ lb/gal}$

压缩因子,$z_s = 0.82$;

钻杆环空容积,$C_{dpca} = 0.0264\text{bbl/ft}$;

在 13913ft 钻杆测试:

5100psi 压力下的流体体积流速,$Q = 10 \times 10^6\text{ft}^3/\text{d}$;

在 12513ft 处钻杆被卡。

求出:

设计一套将压井液注入并且气体能从环空排出的程序。

解答:

气泡的高度 h,从式(2.7)和式(3.5)得出:

$$p_b = \rho_f h + \rho_m(D - h) + p_a$$

$$\rho_f = \frac{S_g p_s}{53.3 z_s T_s} = \frac{0.6 \times 1420}{53.3 \times 0.82 \times 540} = 0.036\text{psi/ft}$$

用等式(2.7)求得 h:

$$8442 = 1420 + 0.052 \times 11.7 \times (13913 - h) + 0.036h$$

$$h = 2520\text{ft}$$

气体在地面的体积 V_s:

$$V_s = 2520 \times 0.0264 = 66.5\text{bbl}$$

用式(5.1)确定套管鞋处压力增加的限度:

$$p_{shoe} = \rho_f h + p_a + \rho_m(D_{shoe} - h) \tag{5.1}$$

式中 p_{shoe}——在套管鞋处的压力,psi;

ρ_f——侵入流体压力梯度,psi/ft;

h——侵入流体的高度,ft;

p_a——环空压力,psi;

ρ_m——原始钻井液压力梯度,psi/ft;

D_{shoe}——套管鞋的深度,ft。

$$p_{shoe} = 0.036 \times 2520 + 1420 + 0.6087 \times (12097 - 2520)$$

$$p_{shoe} = 7340\text{psi}$$

确定套管鞋处的最大允许压力 p_{frac}:

$$p_{frac} = F_g D_{shoe} = 0.052 \times 13.5 \times 12097 = 8492 psi \qquad (5.2)$$

式中 F_g——破裂压力梯度,psi/ft;

D_{shoe}——套管鞋深度,ft。

从式(5.3)算出不会导致套管鞋处破裂的井口压力和静液柱压力的最大增加量 Δp_t 为:

$$\Delta p_t = p_{frac} - p_{shoe} = 8492 - 7340 = 1152 psi \qquad (5.3)$$

式中 p_{frac}——套管鞋处破裂压力,psi;

p_{shoe}——管鞋处计算压力,psi。

压井液压力梯度为 0.677psi/ft。增加压力 Δp_t 所需密度 ρ_{ml} 的加重压井液的体积 V_1 由式(5.4)得出:

$$V_1 = X_1 - \left(X_1^2 \frac{\Delta p_t C_{dpca} V_s}{\rho_{ml}} \right)^{\frac{1}{2}} \qquad (5.4)$$

$$X_1 = \frac{\rho_{ml} V_s + C_{dpca}(p_a + \Delta p_t)}{2\rho_{ml}} = \frac{0.667 \times 66.5 + 0.0264 \times (1420 + 1152)}{2 \times 0.667} = 84.150$$

$$\qquad (5.5)$$

$$V_1 = 84.150 - \left(84.150^2 - \frac{1152 \times 0.0264 \times 66.5}{0.667} \right)^{\frac{1}{2}} = 20.5 bbl$$

式中 Δp_t——最大地面压力,psi;

C_{dpca}——环空容量,bbl/ft;

V_s——地面的气体体积,bbl;

ρ_{ml}——压井液压力梯度,psi/ft;

X_1——居中考虑。

确定泵入 20bbl 密度为 12.8 lb/gal 的压井液后的效果,所增加的静液柱压力 ΔH_{yd},由式(5.6)得出:

$$\Delta H_{yd} = 0.052 \rho_1 \left(\frac{V_1}{C_{dpca}} \right) = 0.052 \times 12.8 \times \left(\frac{20}{0.0264} \right) = 504 psi \qquad (5.6)$$

由于 20bbl 压井液的注入引起的井口气体压缩,导致井口压力增加,由式(2.3)得出:

$$\frac{p_1 V_1}{Z_1 T_1} = \frac{p_2 V_2}{Z_2 T_2}$$

(1)压井液泵入前;

(2)压井液泵入后;

因此,通过对式(2.2)的修改得到:

$$p_2 = \frac{p_1 V_{12}}{V_{12}} = \frac{1420 \times 66.5}{66.5 - 20} = 2031\text{psi}$$

附加的井口压力 Δp_s 由下式给出:

$$\Delta p_s = p_2 - p_a = 2031 - 1420 = 611\text{psi} \tag{5.7}$$

总增加的压力 Δp_{total} 由下式给出:

$$\Delta p_{total} = \Delta H_{yd} + \Delta p_s = 504 + 611 = 1115\text{psi} \tag{5.8}$$

因为 Δp_{total} 小于由式(5.3)算出的最大许可压力增量 Δp_1,以 1bbl/min 注入 20bbl 密度为 12.8 lb/gal 的压井液,且关井允许气体运移到井口条件。

观察泵入后的最初压力 $p_2 = 1950\text{psi}$。

观察关井 2h 的压力 $p_2 = 2031\text{psi}$。

气体的释放导致井口压力 p_a 正在从 p_2 降低到:

$$p_{news} = p_a - \Delta H_{yd} = 1420 - 504 = 916\text{psi}$$

用新的井口压力确定 13913ft 处的有效的静液压力,以确保没有额外的地层流体侵入。
将式(2.7)扩展为式(5.9):

$$p_b = p_a + \rho_f h + \rho_m (D - h - h_1) + p_{ml} h_1$$

$$h = \frac{V_s}{C_{dpca}} \tag{5.9}$$

式中 V_s——侵入流体的剩余体积,bbl。

$$h = \frac{66.5 - 20}{0.0264} = 1762\text{ft}$$

$$h_1 = \frac{V_1}{C_{dpca}} = \frac{20}{0.0264} = 758\text{ft}$$

$$\rho_f = \frac{S_g p_s}{53.3 z_s T_s} = \frac{0.6 \times 916}{53.3 \times 0.866 \times 540} = 0.022\text{psi/ft}$$

$$p_b = 916 + 0.6084 \times (13913 - 1762 - 758) + 0.022 \times 1762 + 0.667 \times 758 = 8392\text{psi}$$

可是,关井压力为 8442psi。所以,既然有效的静液柱压力不能小于储层压力,那么井口压力只能被释放至:

$$p_a = 916 + (8442 - 8392) = 966\text{psi}$$

重要提示:不能通过释放钻井液降低压力。如果钻井液从环空流出,必须关井一段时间,允许气体置换运移到井口。

这个方法要重复到侵入的流体从环空被压井液顶替:

$$\rho_f = \frac{S_g p_s}{53.3 z_s T_s} = \frac{0.6 \times 966}{53.3 \times 0.866 \times 540} = 0.023 \, \text{psi/ft}$$

现在用下式求 h:

$$h = \frac{V_s}{C_{dpca}} = 1762 \, \text{ft}$$

同样求出 h_1:

$$h_1 = \frac{V_1}{C_{dpca}} = \frac{20}{0.0264} = 758 \, \text{ft}$$

在套管鞋处增加压力的极限由式(5.10)确定,该式由等式(5.1)修正而来,包含压井液密度 ρ_1:

$$p_{shoe} = \rho_f h + p_a + \rho_m (D_{shoe} - h - h_1) + \rho_1 h_1$$

$$= 0.023 \times 1762 + 966 + 0.6087 \times (12097 - 1762 - 758) + 0.052 \times 12.8 \times 758 = 7339 \, \text{psi}$$

$$(5.10)$$

由式(5.2)计算出套管鞋处最大允许压力 $p_{frac} = 8492 \, \text{psi}$。

由式(5.3)计算出不会导致套管鞋处破裂的井口压力与静液压力最大增加量 Δp_t:

$$\Delta p_t = p_{frac} - p_{shoe} = 8492 - 7339 = 1153 \, \text{psi}$$

由式(5.4)和式(5.5)计算出达到 Δp_t 密度为 ρ_1 的加重压井液体积 V_1:

$$V_1 = X_1 - \left(X_1^2 - \frac{\Delta p_t C_{dpca} V_s}{\rho_{m1}} \right)^{\frac{1}{2}}$$

$$X_1 = \frac{\rho_{m1} V_s + C_{dpca}(p_a - \Delta p_t)}{2\rho_{m1}} = \frac{0.667 \times 46.5 + 0.0264 \times (966 + 1153)}{2 \times 0.667} = 65.185$$

$$V_1 = 65.185 - \left(65.185^2 - \frac{1153 \times 0.0264 \times 46.5}{0.667} \right)^{\frac{1}{2}} = 19.1 \, \text{bbl}$$

确定泵入 19bbl 密度为 12.8 lb/gal 压井液产生的效果。静液压力增加 ΔH_{yd} 为:

$$\Delta H_{yd} = 0.052 \rho_1 \left(\frac{V_1}{C_{dpca}} \right) = 0.052 \times 12.8 \times \left(\frac{19}{0.0264} \right) = 480 \, \text{psi}$$

由于注入的 19bbl 压井液压缩井口的气泡所引起的井口压力增加量:

$$p_2 = \frac{p_1 V_1}{V_2} = \frac{966 \times 46.5}{46.5 - 19} = 1633 \, \text{psi}$$

附加的井口压力 Δp_s 由下式给出：

$$\Delta p_s = p_2 - p_a = 1633 - 966 = 677 \text{psi}$$

总增加的压力 Δp_{total} 由式（5.8）给出：

$$\Delta p_{\text{total}} = \Delta H_{\text{yd}} + \Delta p_s = 480 + 677 = 1147 \text{psi}$$

因为 Δp_{total} 小于由式（5.3）算出的最大许可压力增量 Δp_1，以 1bbl/min 注入 19bbl 密度为 12.8 lb/gal 的压井液，且关井允许气体运移到井口。

观察泵入后的最初压力 $p_2 = 1550 \text{psi}$。

观察关井 2h 的压力 $p_2 = 1633 \text{psi}$。

通过只释放气体，井口压力 p_a 能够从 p_2 降低至：

$$p_{\text{newa}} = p_a - \Delta H_{\text{yd}} = 966 - 480 = 486 \text{psi}$$

用新的井口压力确定 13913ft 处的有效的静液压力，以确保没有额外的地层流体侵入。井底压力由式（5.9）给出：

$$p_b = p_a + \rho_f h + \rho_m (D - h - h_1) + p_{m1} h$$

$$h = \frac{V_s}{C_{\text{dpca}}} = \frac{46.5 - 19}{0.0264} = 1042 \text{ft}$$

$$h_1 = \frac{V_1}{C_{\text{dpca}}} = \frac{39}{0.0264} = 1477 \text{ft}$$

$$\rho_f = \frac{S_g p_s}{53.3 z_s T_s} = \frac{0.6 \times 486}{53.3 \times 0.930 \times 540} = 0.011 \text{psi/ft}$$

$$p_b = 486 + 0.6084 \times (13913 - 1042 - 1477) + 0.011 \times 1042 + 0.667 \times 1477 = 8415 \text{psi}$$

可是，关井压力为 8442psi。所以，既然有效的静液柱压力不能小于储层压力，那么井口压力只能被释放至：

$$p_a = 486 + (8442 - 8415) = 513 \text{psi}$$

井口压力必须卸压至 513psi 以确保当仅有干气从节流管汇流出时不会产生额外的地层流体侵入。重要提示：不能释放环空钻井液。如果钻井液从环空流出，必须关井一段时间直到气体和钻井液分离。

同样，程序必须重复：

$$\rho_f = \frac{S_g p_s}{53.3 z_s T_s} = \frac{0.6 \times 513}{53.3 \times 0.926 \times 540} = 0.012 \text{psi/ft}$$

现在用下式求 h：

$$h = \frac{V_s}{C_{dpca}} = \frac{46.5 - 19}{0.0264} = 1042\text{ft}$$

同样求出 h_1:

$$h_1 = \frac{V_1}{C_{dpca}} = \frac{39}{0.0264} = 1477\text{ft}$$

由式(5.10)确定在套管鞋处增加压力的极限:

$$p_{shoe} = \rho_f h + p_a + \rho_m(D_{shoe} - h - h_1) + \rho_1 h_1$$

$$= 0.012 \times 1042 + 513 + 0.6084 \times (12097 - 1042 - 1477) + 0.052 \times 12.8 \times 1477 = 7336\text{psi}$$

由式(5.2)计算出套管鞋处最大允许压力 $p_{frac} = 8492\text{psi}$。

由式(5.3)计算出不会导致套管鞋处破裂的井口压力与静液压力最大增加量 Δp_t:

$$\Delta p_t = p_{frac} - p_{shoe} = 8492 - 7336 = 1156\text{psi}$$

由式(5.4)和式(5.5)计算出达到 Δp_t 密度为 ρ_1 的加重压井液体积 V_1:

$$V_1 = X_1 - \left(X_1^2 \frac{\Delta p_t C_{dpca} V_s}{\rho_{m1}} \right)^{\frac{1}{2}}$$

$$X_1 = \frac{\rho_{m1} V_s + C_{dpca}(p_a + \Delta p_t)}{2\rho_{m1}} = \frac{0.667 \times 27.5 + 0.0264 \times (513 + 1156)}{2 \times 0.667} = 46.780$$

$$V_1 = 46.780 - \left(46.780^2 - \frac{1156 \times 0.0264 \times 27.5}{0.667} \right)^{\frac{1}{2}} = 16.3\text{bbl}$$

确定泵入 16bbl 密度为 12.8 lb/gal 压井液产生的效果。静液压力增加 ΔH_{yd} 为:

$$\Delta H_{yd} = 0.052\rho_1 \left(\frac{V_1}{C_{dpca}} \right) = 0.052 \times 12.8 \times \left(\frac{16}{0.0264} \right) = 404\text{psi}$$

由于注入的 16bbl 压井液压缩井口的气泡所引起的井口压力增加量:

$$p_2 = \frac{p_1 V_1}{V_2} = \frac{513 \times 27.5}{27.5 - 16} = 1227\text{psi}$$

附加的井口压力 Δp_s 由式(5.7)给出:

$$\Delta p_s = p_2 - p_a = 1227 - 513 = 714\text{psi}$$

总增加的压力 Δp_{total} 由下式给出:

$$\Delta p_{total} = \Delta H_{yd} + \Delta p_s = 404 + 714 = 1118\text{psi}$$

因为 Δp_{total} 小于由式(5.3)算出的最大许可压力增量 Δp_t,以 1bbl/min 注入 16bbl 密度

为 12.8 lb/gal 的压井液,且关井允许气体运移到井口。

关井 2 ~ 4h,$p_2 = 1227\text{psi}$。

通过只释放气体,井口压力 p_a 能够从 p_2 降低至:

$$p_{\text{newa}} = p_a - \Delta H_{\text{yd}} = 513 - 404 = 109\text{psi}$$

用新的井口压力确定 13913ft 处的有效静液压力,以确保没有额外的地层流体侵入。根据式(5.9):

$$p_b = p_a + \rho_f h + \rho_m(D - h - h_1) + p_{\text{m1}} h_1$$

$$h = \frac{V_s}{C_{\text{dpca}}} = \frac{27.5 - 16}{0.0264} = 436\text{ft}$$

$$h_1 = \frac{V_1}{C_{\text{dpca}}} = \frac{55}{0.0264} = 2083\text{ft}$$

$$\rho_f = \frac{S_g p_s}{53.3 z_s T_s} = \frac{0.6 \times 109}{53.3 \times 0.984 \times 540} = 0.0023\text{psi/ft}$$

$$p_b = 109 + 0.6084 \times (13913 - 436 - 2083) + 0.011 \times 436 + 0.667 \times 2083 = 8431\text{psi}$$

可是,关井压力为 8442psi。所以,既然有效的静液柱压力不能小于储层压力,那么井口压力只能被释放至:

$$p_a = 109 + (8442 - 8431) = 120\text{psi}$$

井口压力必须卸压至 120psi 以确保当仅有干气从节流管汇流出时不会产生额外的地层流体侵入。重要提示:不能释放环空钻井液。如果钻井液从环空流出,必须关井一段时间直到气体和钻井液分离。

现在,为了得到最后的增加量,重复该程序:

$$\rho_f = \frac{S_g p_s}{53.3 z_s T_s} = \frac{0.6 \times 120}{53.3 \times 0.983 \times 540} = 0.0025\text{psi/ft}$$

现在用下式求 h:

$$h = \frac{V_s}{C_{\text{dpca}}} = \frac{27.5 - 16}{0.0264} = 436\text{ft}$$

同样求出 h_1:

$$h_1 = \frac{V_1}{C_{\text{dpca}}} = \frac{55}{0.0264} = 2083\text{ft}$$

由式(5.10)确定在套管鞋处增加压力的极限:

$$p_{\text{shoe}} = \rho_f h + p_a + \rho_m(D_{\text{shoe}} - h - h_1) + \rho_1 h_1$$

$$= 0.0025 \times 436 + 120 + 0.6084 \times (12097 - 436 - 2083) + 0.052 \times 12.8 \times 2083 = 7338\text{psi}$$

由式(5.2)计算出套管鞋处最大允许压力 $p_{\text{frac}} = 8492\text{psi}$。

由式(5.3)计算出不会导致套管鞋处破裂的井口压力与静液压力最大增加量 Δp_t:

$$\Delta p_t = p_{\text{frac}} - p_{\text{shoe}} = 8492 - 7338 = 1154\text{psi}$$

由式(5.4)和式(5.5)计算出达到 Δp_t 密度为 ρ_1 的加重压井液体积 V_1:

$$V_1 = X_1 - \left(X_1^2 - \frac{\Delta p_t C_{\text{dpca}} V_s}{\rho_{\text{m1}}} \right)^{\frac{1}{2}}$$

$$X_1 = \frac{\rho_{\text{m1}} V_s + C_{\text{dpca}} (p_a + \Delta p_t)}{2\rho_{\text{m1}}} = \frac{0.667 \times 11.5 + 0.0264 \times (120 + 1154)}{2 \times 0.667} = 30.963$$

$$V_1 = 30.963 - \left(30.963^2 - \frac{1154 \times 0.0264 \times 11.5}{0.667} \right)^{\frac{1}{2}} = 10.14\text{bbl}$$

确定泵入16bbl密度为12.8 lb/gal压井液产生的效果。静液压力增加 ΔH_{yd} 为:

$$\Delta H_{\text{yd}} = 0.052\rho_1 \left(\frac{V_1}{C_{\text{dpca}}} \right) = 0.052 \times 12.8 \times \left(\frac{10}{0.0264} \right) = 252\text{psi}$$

由于注入的10bbl压井液压缩井口的气泡所引起的井口压力增加量:

$$p_2 = \frac{p_1 V_1}{V_2} = \frac{120 \times 11.5}{11.5 - 10} = 920\text{psi}$$

附加的井口压力 Δp_s 由下式给出:

$$\Delta p_s = p_2 - p_a = 920 - 120 = 800\text{psi}$$

总增加的压力 Δp_{total} 由下式给出:

$$\Delta p_{\text{total}} = \Delta H_{\text{yd}} + \Delta p_s = 252 + 800 = 1052\text{psi}$$

因为 Δp_{total} 小于由式(5.3)算出的最大许可压力增量 Δp_t,以 1bbl/min 注入10bbl密度为12.8 lb/gal 的压井液,且关井允许气体运移到井口。

关井 2~4h, $p_2 = 920\text{psi}$。

通过只释放气体井口压力 p_a 能够从 p_2 降低至:

$$p_{\text{newa}} = p_a - \Delta H_{\text{yd}} = 120 - 252$$

取 $p_{\text{newa}} = 0\text{psi}$ 灌注井眼并观察。

油井被控制住。

按照进度表5.1施工,油井被完全压住,并且没有破坏套管鞋和没有造成更多压井液漏失,同时也没有使任何额外气体再次进入井眼。

表 5.1 进度表

施工阶段	泵入体积,bbl	原来的井口压力,psi	注入压井液后的井口压力,psi	释放气体后的压力,psi
初始条件	0	1420		
第一阶段	20	1420	2031	966
第二阶段	19	966	1633	513
第三阶段	16	513	1227	120
第四阶段	10	120	920	0

5.3 总结

总之,通过将加重压井液注入环空和将干气从环空排出的方法控制了这口井。在不压裂套管鞋所在的地层的前提下,注入压井液的体积由式(5.3)确定。理论上,井口压力应该比压井液注入时的值减小,这是通过注入加重压井液增加额外的静液柱压力来实现的。然而很明显的理由是有效的静液柱压力不能小于储层压力。在井口压力较低时,气体的静压力梯度较小,最终的井口压力必须较高以反映气柱压力梯度的差别和防止额外的地层流体侵入。这种分析一直持续到油井得到控制。初步分析表明,高密度压井液利于井控作业。

5.4 动力压井

简单地说,动力压井就是使用摩擦损失来控制井底流动压力,最后控制井底静压。

动力压井就是使用一种压井液,该压井液的密度产生小于静态储层压力的静液柱压力,但该压井液产生的摩擦损失能够用来阻止储层流体的侵入。动力压井最纯粹的想法就是打算作为井控的一个中间步骤。从程序上,在用稍小一点密度的流体动力控制井喷后,最终还是由较高密度的流体来控制的。该流体可以产生高于储层压力的静液柱压力。

一般来说,动力压井包括利用密度低于或远高于平衡静态储层压力需要的流体的控制程序。事实上,当压井液的密度不低于所要求的平衡静态储层压力的流体密度时,流体动力学更恰当地被描绘为多相压井方法。

用多相压井方法动力控制一口井是最广泛和最古老的使用流体控制作业方法之一。过去,这种含有很少或没有技术评估的方法完全是凭感官经验来操作的。大多数时间,井控专家有他们特有的经验准则。例如,压井液的密度必须比钻该层位所用的钻井液密度高 2 lb/gal,或环空返速必须达到某个特定的值。通常,需要汇集很多泵来一起输送,尽可能将压井液密度提高,拼命地泵入,希望有最好的效果。但有时有效,有时却无效。

动力学或多相压井方法有很多应用,任何的井控作业都应该从这方面考虑。最常见的应用就是当油井失控且钻杆在井底时,压井液通过钻杆被注入到井底,附加的压井液的静液压力和伴随的不断增加的摩擦压力损失一起控制住油井。

20 世纪 60 年代,多相压井作业在阿科马(Arkoma)盆地经常使用。那时,空气钻井很普遍,在空气钻井作业中,每口生产井都会井喷。有些已经被《纽约时报》做了封面。在俄克拉荷马姆克藤(McCurtain)东部的一个井场,火焰从 8ft 的放喷管喷出,几乎与 141ft 的井架天车一样高。放喷管 300ft 长,你甚至可以在钻台上烤东西。常用的方法就是凭经验的多相压井方法,并且成功了。

最著名的纯粹动力压井是由美孚(Mobil)石油公司实现的,并且由 Elmo Blount 和 Edy Soeiinah 报道[2]。世界上最大的气田在印度尼西亚的北苏门答腊岛,是美孚(Mobil)的阿阮(Anm)油田。1978 年 6 月 4 日,C - Ⅱ - 2 井在钻井过程中井喷并起火,钻井设备很快被损毁,油井以 $400 \times 10^6 \text{ft}^3 / \text{d}$ 的速度持续燃烧了 89d。

由于井的高产能,预计压井作业是极端困难的。该工程非常精确,以至于只要求一口救援井。如此巨大的井喷在泵入作业开始 90min 被完全控制,这对所有涉及的复杂情况处理都是一个巨大的贡献。这项工作带来的最显著的贡献之一就是洞察到动力压井中的流体动力学应用。

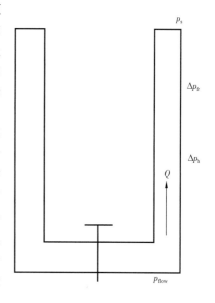

为了更好地理解动力压井的工程概念,请参考图 5.6 类似的 U 形管模型。U 形管的左侧代表一个救援井,右侧是处于所讨论状态的井喷井。或者左侧代表钻杆,而右侧则相当于环空,就像很多井控情况一样。接触层可能是一个处于带有阀的救援井的地层,这个阀表示由于流体通过地层而产生的阻力。在钻杆和环空的特定情况下,这个阀可能代表钻柱内的或钻头喷嘴的摩擦力,或者完全不同的其他情况。不管是什么情况,这个技术概念是基本相同的。

图 5.6　动力压井示意图

地层被表示为沿 U 形管右侧向上流动,并具有一个井底流动压力 p_{flow},该值由下式给出:

$$p_{\text{flow}} = p_{\text{a}} + \Delta p_{\text{fr}} + \Delta p_{\text{h}} \tag{5.11}$$

式中　p_{a}——井口压力,psi;

　　　Δp_{fr}——摩擦压力,psi;

　　　Δp_{h}——静水力压力,psi。

地层向井眼排出碳氢化合物的能力取决于图 5.7 中常见的回压曲线,并在式(5.12)中描述。

$$Q = C(p_{\text{b}}^2 - p_{\text{flow}}^2)^n \tag{5.12}$$

式中　Q——流速,$10^6 \text{ft}^3 / \text{d}$;

　　　p_{h}——地层孔隙压力,psi;

　　　p_{flow}——井底流压,psi;

　　　C——常数;

　　　n——回压曲线的斜率,紊流:$n = 0.5$;层流:$n = 1.0$。

最后,地层对井底流动压力增加的反应 p_{flow} 由经典的赫诺曲线(HomerPlot)说明,如图 5.8 所示。问题是如何模拟涉及这些变量的井喷。

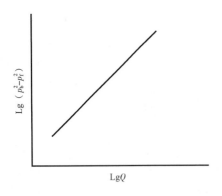

图 5.7　常规的敞喷产能曲线　　　　图 5.8　常规的压力增长曲线

过去,由于简化的缘故,使问题容易解决。例如,最简单的方法就是设计一种压井液和排量,能够使摩擦力损失加上静液压力大于关井井底压力 p_h。该排量足够维持井控。计算在紊流时摩擦压力损失,式(4.14)和式(4.13)可以用于这样的分析。

考虑示例 5.4。

例 5.4

给定条件:

井深,$D = 10000\text{ft}$;

压井液密度,$\rho_1 = 8.33\ \text{lb/gal}$;

压井液压力梯度,$\rho_{ml} = 0.433\text{psi/ft}$;

井底压力,$p_b = 5200\text{psi}$;

钻杆内径,$A = 4.408\text{in}$;

井口压力,$p_a = $ 大气压力;

图 5.6。

求出:

确定用水进行动力压井所需的流量。

解答:

$$p_{flow} = p_a + \Delta p_{fr} + \Delta p_h$$

$$\Delta p_h = 0.433 \times 10000 = 4330\text{psi}$$

重新整理式(4.14),其中 $\Delta p_{fr} = \Delta p_{fti}$:

$$Q = \left(\frac{p_{fti} D_i^{4.8}}{7.7 \times 10^{-5} \times \rho_1^{0.8} p V^{0.2} L} \right)^{\frac{1}{1.8}}$$

$$= \left(\frac{870 \times 4.408^{4.8}}{7.7 \times 10^{-5} \times 8.33^{0.8} \times 1^{0.2} \times 10000} \right)^{\frac{1}{1.8}}$$

$$= 1011\text{gal/min} = 24.1\text{bbl/min}$$

因此,正像实例5.4 说明那样,通过钻杆以 24bbl/min 的流量注入淡水实现动力井控。注后接着注入具有足够密度的压井液(该例子为 10 lb/gal)来控制井底压力,动力压井程序就完成了。

在大多数情况下,维持控制的流量不足以达到井控的要求,该流量被认为是动力压井作业的最小流量。库帕(Koiiba)等建议足以维持控制的流量是最小值,最大流量可以通过式(5.13)给出[3]:

$$Q_{kmax} = A\left(\frac{2g_c D_{tvd} D_h}{f D_{md}}\right)^{\frac{1}{2}} \tag{5.13}$$

式中　g_c——重力常数,ft^2;

　　　A——横截面面积,ft^2;

　　　D_h——水力半径,ft;

　　　D_{tvd}——垂直井深,ft;

　　　D_{md}——实测井的长度,ft;

　　　f——莫氏摩擦系数。

考虑示例5.5。

例 5.5

给定条件:

与实例5.4 相同。

求出:

用式(5.13)计算最大压井流量。

解答:

由式(5.13)求得:

$$Q_{kmax} = A\left(\frac{2g_c D_{tvd} D_h}{f D_{md}}\right)^{\frac{1}{2}}$$

$$= 0.106 \times \left(\frac{2 \times 32.2 \times 10000 \times 0.3673}{0.019 \times 10000}\right)^{\frac{1}{2}}$$

$$= 3.74 \text{ft}^3/\text{s} = 40\text{bbl/min}$$

正像实例5.4 和例5.5 给出的那样,最小的压井流量为 24bbl/min,最大的压井流量为 40bbl/min,需要的压井流量应当是在这两个值之间的某个值,并且是很难确定的,需要用到多相流分析。

多相流动分析的方法是很复杂的,并且基于实验室研究得到的经验关联。现有的关联和研究基于描述小管道内气体、油和水流动的气举模型。对于描述环空流动的研究很少,更不用说描述气、油、钻井液和水在非常大的井斜环空中的多相关系了。描述大多数井喷的条件和边界,用目前可用的多相模型来描述是非常复杂的。

深入讨论多相流计算超出了这项工作范畴。从现实中考虑这个例子。几年前在台湾,由于二氧化碳腐蚀 CHK 井发生井喷,油管和所有套管柱连通,井控公司试图下入封隔器坐封井下并压井，溢流被封隔器封在井内套管中间。他们的 B 计划是通过井内封隔器下入 20ft 的油管，然后泵入高密度钻井液压井。井控公司提出了一个基于计算机分析，包括所需的泵速和钻井液密度来压井。这次尝试失败得很惨，井场到处都是厚厚的钻井液。

井控公司把他们的失败归咎于操作人员的错误输入。他们根据泵速、压井失败期间获得的泵压数据得出了广泛的报告，其结论是该井的产量并不像运营商所说的约为 $28 \times 10^6 \text{ft}^3/\text{d}$，实际上超过了 $60 \times 10^6 \text{ft}^3/\text{d}$。他们根据对数据的分析得出结论，封隔器孔中有一个油管接头。

操作人员问我的观点。这口井只有几年的历史，最初的生产测试得出的结论是，实际的无阻流量大约为 $24 \times 10^6 \text{ft}^3/\text{d}$。我解释了多相计算的缺点，这些计算在确定流量时从来没有明确的目的。我进一步解释说，认为任何多相流计算都是如此精确，以至于可以确定小/短变化压井几何结构，如 20 ft 封隔器孔内油管连接所代表的几何结构，这是无稽之谈。

我进一步提醒操作人员，从井里测量流量很简单。由于这口井在地面上通过出口管开着，所以要做的就是建造一个孔流速计回路。建立了孔流速计回路，确定了流量容积率与生产试验确定的 $24 \times 10^6 \text{ft}^3/\text{d}$ 基本相同。

我进一步建议读者只提及典型的不寻常摩擦系数图。摩擦压力损失是直径、流体密度、流体速度、系统长度和摩擦系数的函数。摩擦系数是流体系统直径、系统的密度、流体黏度和相对粗糙度 e 的函数。在裸眼中，直径可以每英寸改变一次，相对粗糙度每英寸都会发生变化，流动的黏度是未知的，混合流体的密度可能是石油、天然气、水、钻井液和固体的混合物。有关此主题的进一步讨论，请参阅第 7 章"如何打救援井"。

更为复杂的问题是，在大多数情况下，产层并不像图 5.7 精确解释所预示那样同时反应。实际储层反应是图 5.8 中赫诺曲线所反映那样。储层对压井液进入的响应是非线性的。

例如，最初要求控制油井的多相摩擦压力损失（图 5.8 表示的）并不是控制静态储层压力的那个压力。要求控制油井的多相摩擦压力损失是那个将控制流动井底压力的压力。这个流动井底压力可能比静态井底压力小得多。

此外，在储层压力下，可能要求几分钟到几个小时储层才能稳定。不幸的是，大多数需要了解某口具体井的储层产能的资料只有在井喷被控制后才能得到，然而类似的对比井（邻井）的资料是可以考虑参考的。

下面是美国阿肯色州罗斯维尔（Russellville）附近坡普（Pope）郡的威雷福德（Williford）能源公司 Rainwater 2 - 14 号井的井控操作[4]。井身结构如图 5.9 所示。在 4620ft 处钻遇大量气层。起钻时发

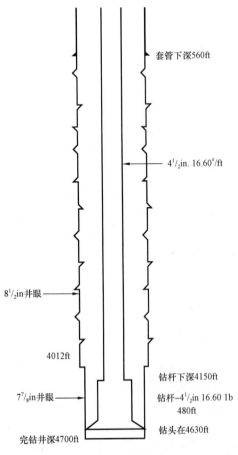

套管下深560ft

$4\frac{1}{2}$in. 16.60#/ft

$8\frac{1}{2}$in井眼

4012ft

钻杆下深4150ft

$7\frac{7}{8}$in井眼

钻杆-$4\frac{1}{2}$in 16.60 1b
480ft

钻头在4630ft

完钻井深4700ft

图 5.9　威雷福德能源公司的 Rainwater 井

生井涌。由于设备问题妨碍了关井,很快就有超过 $20 \times 10^6 \text{ft}^3/\text{d}$ 的流量通过转盘。钻杆被强行下入井内,通过节流管汇被分流。在管汇压力为 150psi 的情况下,通过流速测定管测定流量为 $34.9 \times 10^6 \text{ft}^3/\text{d}$。图5.9、图5.10 和图5.11 分别给出了井眼示意图、敞喷产能测试和赫诺曲线(Horner Plot)。

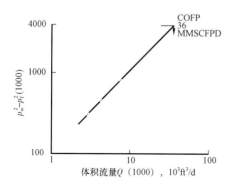

图 5.10 威雷福德能源公司的
Rainwater2 – 14 井的敞喷产能测试

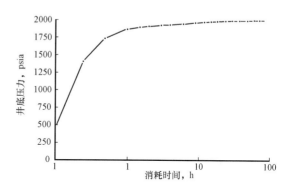

图 5.11 威雷福德能源公司的
Rainwater2 – 14 井的井底压力增加曲线

在这种情况,Orkiszewski 方法被修改并用来预测多相流的状态[5],油井被成功地控制。在威雷福德(Williford)能源公司的例子中,确定控制关井井底压力为 1995psi 时多相压井流量的技术是很保守的。图5.11 的分析可知,在井喷后,超过100h 都不会达到井底静态压力。当压井程序开始时,井底流压只有434psi,在井底流压被超过20min 后,井底流压只有1500psi。当然,这时压井作业刚完成10min,要包含所有的变量是非常复杂的,但还是在现代计算机技术解决的范围内。基于这些复杂的分析,使用密度为 10.7 lb/gal 压井液压井流量确定为 10bbl/min。

由于图5.10 给出的计算的敞喷产能曲线(COFP)可以很有希望对持续的生产能力进行评估,从而使模型进一步复杂化。一个真正的基于持续生产的敞喷产能曲线(AOFP)将更适合于模拟实际压井的要求。基于 COFP 的压井程序是非常保守的方法。一条 AOFP 曲线更准确地反映了井眼附近储层的压降情况。

5.5 动量压井

动量压井就是两种流体互相冲击的一种方法,拥有较大动量的流体会取胜。如果较大的动量属于从井里喷出的流体,那么井喷将继续。如果较大的动量属于压井液,井喷将会得到控制。动量压井方法是最新的也是最少被了解的一项井控技术。然而该项技术本身并不新。在20 世纪50 年代末60 年代初,东俄克拉荷马州的空气钻井司钻为了避免由于钻井液进入阿图卡(Atoka)页岩层引起钻井事故,他们已经习惯于将钻杆从空气钻井的井眼提到表层套管里,然后向井眼中注入钻井液,从而替出井眼中的空气。

图5.12 和图5.13 很好解释了动量压井的概念。图5.12 描述的情况,其结果将永远不会被怀疑。最基本的推论暗示小汽车所处的危险要比卡车所处的危险大。卡车的动量很可能占优势,而小汽车将会翻倒。从概念上讲,流体动力学并不这么简单,然而看一下图5.13,他们

已经忘记了旁边的火,而将注意力集中在对方身上。很明显,他们中拥有最少的动量的将注定要洗澡的。

图5.12　撞车对动量压井的解释

图5.13　两流体相遇对动量压井的解释

井喷中的动力学与图5.13中描述的非常相像。从井喷中侵入的流体展现出一定的动量,因此,如果压井液以较大的动量注入,那么当两种流体相遇时,从井喷出来的流体就会被压下去。起控制作用的物理原理与两辆火车、小汽车及两人相撞没有明显的区别。拥有较大动量的物质必将在相撞中取胜。

牛顿第二定律阐述了作用在给定物体上的净外力与该物体冲量变化的时间导数成正比。换句话说,作用在规定的控制体积的流体上的净外力等于在控制体积内的流体动量变化的时间导数,加上流出井口的控制体积的动量传送的净速率。

下面所有的推导均由基本单元体导出:

动量

$$M = \frac{mv}{g_c} \tag{5.14}$$

质量流量:

$$\omega = \rho v A = \rho q \tag{5.15}$$

从质量守恒得出:

$$\rho v A = \rho_i v_i A_i \tag{5.16}$$

式中　m——质量,lb;

　　　v——速度,ft/s;

　　　g_c——重力常数,lb·ft/(lbf·s^2);

　　　ρ——密度,lb/ft^3;

　　　q——流体的体积流量,ft^3/s;

　　　ω——流体的质量流量,lb/s;

　　　i——某点的条件;

　　　A——横截面积,ft^2。

除了有下脚标 i 的,其余所有变量均为在标准条件下。

由于压井液基本上是不可压缩的,所以压井液的动量是很容易计算的。从式(5.14)可以得到压井液的动量:

$$M = \frac{mv}{g_c}$$

代入

$$v = \frac{q}{A}$$

$$m = \omega = \rho q$$

得出压井液的动量计算公式(5.17):

$$M = \frac{\rho q^2}{g_c A} \tag{5.17}$$

由于地层的流体是可以压缩的或部分可以压缩,所以动量的确定是很困难的。考察下面的可压缩流体表达式的推导。

从等式(5.16)的质量守恒公式:

$$\rho v A = \rho_i v_i A_i$$

对于气体,式(5.15)的流体质量流量为:

$$\omega = \rho v A = \rho q$$

代入动量等式给出气体的动量:

$$M = \frac{\rho q v_i}{g_c}$$

重新整理物质守恒公式得出下面任何情况的气体流速 v_i 表达式:

$$v_i = \frac{q_i}{A}$$

$$v_i = \frac{\rho q}{\rho_i A}$$

从理想气体表达式得 ρ_i, 在流动中任一点的气体密度可由式(5.18)求得:

$$\rho_i = \frac{S_g M_a p_i}{z_i T_i R} \tag{5.18}$$

式中　S_g——气体相对密度;

　　　M_a——空气的相对分子质量;

　　　p_i——任一点 i 的压力, lbf/ft^2;

　　　z_i——任一点 i 的压缩因子;

　　　T_i——任一点 i 的温度, °R;

　　　R——单位转换常数。

代入 v_i 的表达式,得到任一点的气体流速:

$$v_i = \frac{\rho q z_i T_i R}{S_g M_a p_i A} \tag{5.19}$$

做最后的替换给出气体动量的最终表达式:

$$M = \frac{(\rho q)^2 z_i T_i R}{S_g M_a p_i g_c A} \tag{5.20}$$

在推导过程中,所有的单位都是基本单位,也就是说这些等式可以用于任何系统,只要涉及的变量的单位是基本单位的。在英制体系将是磅,英尺和秒。在公制体系中将是克、厘米和秒。当然,单位转换系数也不得不随之改变。

请看先锋(Pioneer)采油公司的一个例子, Martin No. 1 – 17。

例 5.6
给定条件:
图 5.14;

井底压力, p_b = 5200psi;

流体体积流量, q = 10 × 10^{6}ft^3/d;

气体相对密度, S_g = 0.6;

流动井口压力, p_a = 14.65psi;

压井液密度, ρ_1 = 15 lb/gal;

管子外径, OD = 2$\frac{3}{8}$in;

管子内径, ID = 1.995in;

套管内径, ID = 4.892in;

4000ft 处的温度, T_i = 580°R;

4000ft 处的流动压力, p_i = 317.6psi;

4000ft 处流体压缩系数, z_i = 1.00。

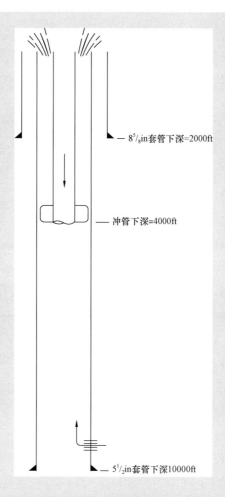

图 5.14　先锋采油公司 – MartinNo. 1 – 7

求出：

确定 4000ft 处的气体动量及压井液被注入的速度,在该速度下注入的压井液的动量能够超过气体的动量,从而压住油井。

解答：

从式(5.20)可以计算出在 4000ft 处气体的动量：

$$M = \frac{(\rho q)^2 z_i T_i R}{S_g M_a p_i g_c A}$$

以正确的单位代入上式：

$$\rho = 0.0458 \ \text{lb/ft}^3$$

$$q = 115.74 \text{ft}^3/\text{s}$$

$$z_i = 1.00$$

$$T_i = 580°R$$

$$R = 1544ft \cdot lbf/(°R \cdot lb)$$

$$S_g = 0.6$$

$$M_a = 28.97$$

$$p_i = 45734 \ lbf/ft^2$$

$$g_c = 32.2ft \cdot lb/(lbf \cdot s^2)$$

$$A = 0.1305ft^2$$

$$M = \frac{[(0.0458 \times 115.74)]^2 \times 1.00 \times 580 \times 1544}{0.6 \times 28.97 \times 45734 \times 32.2 \times 0.1305} = 7.53 \ lbf$$

注入压井液所要求的流量由整理后的式（5.17）导出，代入正确的单位，所求得的流体体积流量如下：

$$q = \left(\frac{Mg_cA}{\rho}\right)^{\frac{1}{2}}$$

式中　$M = 7.53 \ lbf$

$\rho = 0.0458 \ lb/ft^3$

$A = 0.1305ft^2$

$$q = \left(\frac{7.53 \times 32.2 \times 0.1305}{112.36}\right)^{\frac{1}{2}} = 0.5307ft^3/s = 5.7bbl/min$$

上述的例子只是利用动量压井技术的一个简单的情况。井眼内多相流状态的流体的动量是很难计算的。然而液流的每个组分的动量是可以计算的，总的动量等于每个组分的动量之和。

5.6　液体封隔器

我最成功的创新之一是对液体封隔器的研发。在过去几十年的许多场合，遇到的井喷是源于油管、套管、钻杆的井眼。在早些年，最早的合理方法是下入封隔器和桥塞，并在相应位置安装。之后了解到的一种方法是，如果井内流动剧烈，流体将会刺穿管件，或者在流体流出失效管件的位置安装封隔器。在某些情况下，我们曾经成功地在失效管件的下部下入封隔器，但是如果流体流动太剧烈，那么就会给下入封隔器带来难度。

针对这些经验，我设计了液体封隔器。这个想法来自在钢丝绳上工作的油脂头。我曾经在一口高压深井上工作过，对于高压下的钢丝绳下放是有困难的。之后，钢丝绳厂家生产了油脂头来辅助高压井中下入钢丝绳。对于不熟悉的人来说，油脂头的下入仅仅是将钢丝绳下入内径比钢丝绳的外径尺寸要大的流动管中。黏度非常高的油脂会被注入钢丝绳和管径的孔隙处,并实现密封。井内的压力是不足以克服钢丝绳与流动管之间的油脂所产生的摩擦力的。更大的压力需要更多的流动管。

我推断,一个系统应该这样设计,压井管柱和失效管柱之间的间隙能够保证压井液的流动速度大于井喷的速度。这是一个具有挑战的项目,但是我一直喜欢研究流体动力学。

做与不做的一个最好的例子就是在位于台湾的一个岛上 CHK - 104W 井的操作(对于完整的说明,请读者参考 IADC/SPE 59120)。该井是在 13770ft 处下放 7in 套管,完成双层完井。起初两个区域的流动速率大约为 $28 \times 10^6 \text{ft}^3/\text{d}$,关井井底压力为 5500psi。气流含有大约 50%的二氧化碳。在初次完井后三年,气体溢出超过井口头大约 90ft。

第一口井控合同商成功恢复了两个 $2\frac{3}{8}$in 管柱。使得短的管柱的顶端在 9948ft 处,而长的管柱的顶端在 10082ft 处。油管柱最严重的腐蚀发生在深度为 5000~6300ft。

为了成功地实现压井,做了很多的工作。其中的一个尝试就是将海水泵入井内。另外一种方式就是下入 $2\frac{3}{8}$in 油管,并且泵入加重钻井液。

在另一种情况下,就是下入膨胀封隔器。然而,当膨胀封隔器遇到横向流时,封隔器单元就会临时开启关闭该流动。封隔器下部的压力将封隔器与油管的两个接头冲出井眼外部。幸运的是,在该次事件中没有人员伤亡。

还有另外的一种尝试,一种修正式贝克衬垫悬挂式封隔器会被下入井内。该方法就是在7in 套管内的腐蚀段的下部下入封隔器,从而实现压井。不幸的是,流动使得腐蚀段的封隔器的位置到了 6100ft,井喷仍然继续。这也吸取了教训。在下入封隔器进入井喷井时要三思而后行。

封隔器的内部最后全部被磨铣去除,一个 $3\frac{1}{2}$in 油管会被下入落鱼的顶部。另一种方案就是将海水泵入 $3\frac{1}{2}$in 油管内部来实现压井。井喷仍然继续。

起初我是被 CPC 雇佣为顾问,在经历一系列的失败之后,CPC 说他们公司接管了该业务。尽管不情愿,但是还是接受了。我们的计划很简单,磨铣掉封隔器,然后下入 $5\frac{1}{2}$in 套管到落鱼的顶部。然后泵入 20 lb/gal 的钻井液实现压井,带有水泥的钻井液将永久地封住井喷,最后井也就报废了。

要将封隔器全部磨铣出来需要大约一个月的时间。建立了流体动力学模型,确定了压井液的排量和泵速。压井管柱强行下入井内实现压井、封堵,并且永久地放弃该项目。

为什么是 $5\frac{1}{2}$in 的套管? 那是因为在下入压井管柱之前,无法知道在7in 套管内部的腐蚀范围。结果是,能够通过 7in 的环空来确定液体封隔器的压井管柱的长度将不得而知,除非下入压井管柱。因此,该项目曾经是充满挑战的。

在 7in 的套管内径和 $5\frac{1}{2}$in 的联轴器的外径之间的间隙是一个问题。结果是在从美国装船之前,必须要将 $5\frac{1}{2}$in 压井管柱上的钻铤尺寸调小使得套管能够下入。

对于7in 生产套管的腐蚀位置的确定是聪明的。由于 $5\frac{1}{2}$in 的压井管柱下入井内,环空内部的压力会被记录并制成图表。只有当压井管柱在 7in 套管内部通过了最后的井眼,那么表面的压力才有可能正常且直观地减小。根据压力剖面,在 7in 的套管内部的最后一个井眼的位置在 6230ft 处。当压井管柱下入 9800ft 的深度,$5\frac{1}{2}$in 压井管柱和 7in 环空的位置大是在 3600ft 处,并且压井和井控是可以确定的。

过去的这些年,液体封隔器实现了在 $2\frac{7}{8}$in 的内部实现 $1\frac{1}{2}$in 管件的结合,或者是在 7in 管件的内部实现 $5\frac{1}{2}$in 管件的结合。液体封隔器观念所遇到的最有挑战性的溢出应用是在亚达伯北部一个野外发生的井喷。井眼方案如图 5.15 所示。来自大约 5000ft 的 KegRiver 的流体,通过测量得到的流量为 $10 \times 10^6 \text{ft}^3/\text{d}$,其中含有 40% 的硫化氢。由于地方比较远,所以没有市场,井最后关闭。$2\frac{7}{8}$in 的油管被安装在射孔位置的上方,位于封隔器的内部,塞子安放在油管的末端。

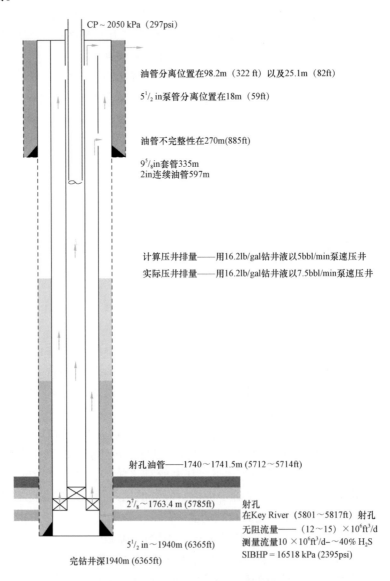

图 5.15 亚达伯北部井喷的井眼方案图

在闲置 18d 之后,地表出现了井喷。迹象表明,井内流体流过了 $2\frac{7}{8}$in 的油管环空,但是在接近地面附近的油管上有孔洞。所以井的条件立刻被破坏。所有用于操作的设备都被直升机运入进来。当一切都弄清楚后,$2\frac{7}{8}$in 的油管在塞子的上方有过射孔,但是安装在距离表面

300ft 处。

另一种尝试就是在 1½in;连续油管上下入可膨胀封隔器,但是封隔器不可能是在油管的顶部。这种情况下,救援井似乎是唯一成功的选择。最后一个尝试就是用 2in 的连续油管。通过现场人员的共同努力,2in 连续油管被下入 2⅞in 生产油管内部。经过相当认真的建模,2in 连续油管最终近乎下到 2000ft 的位置。

根据模型,利用密度为 16.2 lb/gal 的钻井液以及 7.5bbl/min 的泵速实现了压井,这就避免使用价格较贵的救援井。

对于液体封隔器观念来说,最具有戏剧性的一次应用就是在阿尔及利亚的 RN 36 井的井控操作。如图 5.16 是该井的井眼方案图。这个 5½in 油管和所有的套管都是相通的,流体从

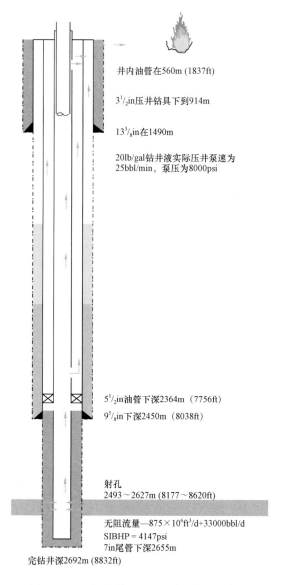

图 5.16 阿尔及利亚 RN36 井的井眼方案图

一个距离 300ft 远的水井喷射到地面。迹象表明,在 5½in 油管内的井眼位置是 1837ft。另一个可能是在封隔器处。模型表明,该井通过下入 3½in 的油管到 3000ft 处,并且以 25bbl/min 的速率泵入 20 lb/gal 的钻井液可以实现成功压井。

在考虑这个液体封隔器的使用程序时,最重要的就是要缩小环空中的间隙。环空内部的任何截面都要比直觉上希望的要大许多。尽管对流体动力学建模是复杂且费时的,但是为了井值得这么做。

参 考 文 献

[1] Grace RD. Fluid dynamics kill Wyoming icicle. World Oil. 1987,204(4):45.

[2] Blount EM, Soeiinah E. Dynamic kill:controlling wild wells a new way. World Oil. 1981:109.

[3] KoubaGE,MacDougallGR, SchumacherBW. Advancements in dynamic – kill calculations for blowout wells. Society of Petroleum Engineers 1993; September 1. http://dx. doi. org/ 10. 2118/22559 – PA.

[4] Courtesy of P. D. Storts and Williford Energy.

[5] Orkiszewski J. Predicting two – phase pressure drops in vertical pipe. Society of Petroleum Engineers 1967; June 1. http://dx. doi. org/10. 2118/1546 – PA.

第6章 井控中的特殊作业

07:30——开始强行起下钻。井筒压力为5000psi。

12:00——在400ft的位置下入油管,然后关井。

13:30——开始作业。尝试下入封隔器。

因为钻杆弯曲的原因,强行起下作业并不能持续。强行起下作业的监管人员也加入进来。工作人员尝试强行起下作业。钻具遇阻并开始上窜。流体几秒内被点着。

6.1 强行起下作业

强行起下作业是在有足以把管柱顶出井口的压力下起下油管、钻杆或其他管柱的过程。即,在强行起下过程中,地层压力将管柱排出井口的力超过管柱在钻井液中的浮重。如图6.1所示,作用在管柱上向上的合力 F_w 大于管柱重力。F_w 是压力、浮力和摩擦力的合力。

承压起下是在压力下起下管柱,在这一点上它与强行起下相似;但是,在承压起下作业中,地面压力产生的力不足以克服管柱的重力而将管柱挤出井外(图6.2)。

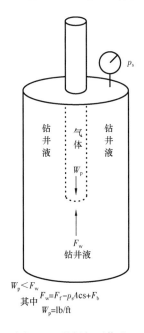

图6.1 强行起下作业

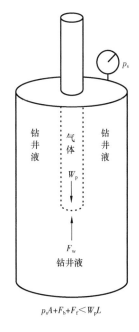

图6.2 承压起下作业

通过闸板的强行起下或承压起下作业可以在任何压力下进行。通过优质防喷器进行强行起下或承压起下,一般限制在压力小于2000psi。通过防喷器环状橡胶芯子或旋转头进行的作业应限制在压力小于250psi。闸芯对闸芯的方法尽管速度较慢,但却是在压力下进行作业的最安全方法。

强行起下的一些较常用途如下:

(1)承压起下管柱;

(2)压力控制/压井作业;

(3)打捞、磨铣或带压钻进;

(4)承压完井作业。

强行起下作业有一些明显的优点。强行起下可以说是易出问题井的井控作业的唯一选择。一般来说,高压作业可以进行得更安全。对于完井作业来说,作业程序可以进行而不用压井液,从而可消除潜在的地层损害。

但是,伴随强行起下,也有一些缺点和风险。通常程序和作业更为复杂。比起承压起下或常规起下,强行起下速度慢。在强行起下作业过程中,井口处总会有压力,通常伴随有天然气。

6.2 设备和程序

6.2.1 强行起下防喷器组

有许多合适的强行起下防喷器组。基本的强行起下防喷器组如图6.3所示。如同图6.3中所示,最下面的闸芯是全封闭安全闸板。全封闭安全闸板的上面是半封闭安全闸板。半封闭安全闸板上面是强行起下防喷器下部闸板,然后是隔离四通和强行起下防喷器上部闸板。因为闸板防喷器不应在闸板的两边有压差存在的情况下操作,所以,需要一个平衡回路来平衡在强行起下作业中闸板两边的压力。半封闭安全闸板只是在防喷器闸板已磨损、需要更换时使用。

当强行起下闸板开始漏失时,上部安全闸板就关闭,上部安全闸板以上的压力就通过泄压管线而释放。于是就可以对强行起下闸板进行修理。泵入管线用来平衡安全闸板两边的压力,强行起下作业可以持续进行。因为所有闸板都是从下面来保持压力的,所以,强行起下防喷器组要在大于井压的压力下进行测试,就必须在防喷器组下面安装一倒装防喷器。

6.2.2 强行起下程序

强行起下程序从图6.4开始图解说明。如图6.4所示,当强行下入井内时,钻杆接头是在最上边强行起下闸板的上面,而该闸板是关封的。因此,井内压力被限制在上边的强行起下闸板以下。

当钻杆接头到达上强行起下闸板时,强行起下闸板的闸板和平衡回路就关封,这就把井内压力限制在下强行起下闸板以下。强行起下闸板闸芯以上的压力就通过泄压管线而释放,如图6.5所示。

当下强行起下闸板上面的压力释放以后,上强行起下闸板就打开,泄压管线关闭,接头就刚好下到关闭的下强行起下闸板上边四通的某一位置,如图6.6所示。于是,上强行起下闸板关闭,平衡回路打开,这样就将下强行起下闸板的压力平衡(图6.7)。

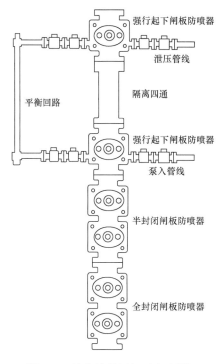

图 6.3　基本的强行起下防喷器组

强行起下闸板防喷器
泄压管线
隔离四通
平衡回路
强行起下闸板防喷器
泵入管线
半封闭闸板防喷器
全封闭闸板防喷器

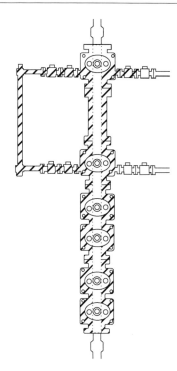

图 6.4　强行下入井内,用上部防喷器的
钻具接头将防喷器关闭

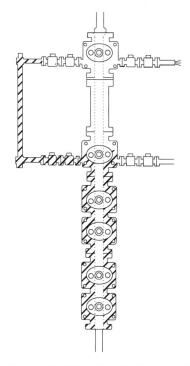

图 6.5　强行下入井内,随着压力释放
下部闸板防喷器关闭

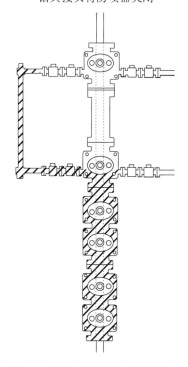

图 6.6　强行下入井内,让钻具接头
位于下部防喷器位置

于是,下强行起下闸板打开,管柱通过封闭的上强行起下闸板下入,直到下一个接头刚好在上强行起下闸板的上边。随着这一个接头到达上强行起下闸板上边,这一程序就重复进行。

6.2.3 强行起下设备

如果钻机在钻井,就可以用它来将管柱强行下入井内。钻机辅助强行起下设备如图6.8所示。固定卡瓦松开,游动卡瓦卡住,将游车上提,管柱就被强行下入井内。到达这一冲程的下端时,固定卡瓦卡住,游动卡瓦松开。

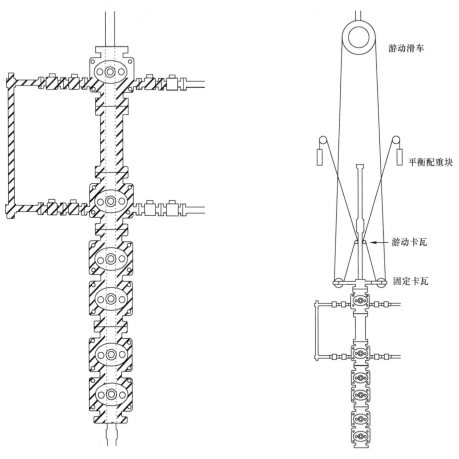

游动滑车

平衡配重块

游动卡瓦

固定卡瓦

图6.7　强行下入井内,上部防喷器关闭,　　　　图6.8　常规钻机辅助强行起下装置
　　　　压力平衡,下部防喷器关闭

当游动滑车下放时,平衡配重就将游动卡瓦上提。到达这一冲程的顶部时,游动卡瓦卡住,固定卡瓦就松开,这一程序重复进行。常规的强行起下系统能使管柱上下移动。如果需要在压力下进行钻井作业,就必须包括动力水龙头。

在没有钻机的情况下,可以用液压强行起下装置。这种装置如图6.9所示。用液压强行起下装置时,所有的工作都是从带有液压系统的工作架进行的,代替了钻机。在清洗或钻进时,液压系统有循环钻井液和旋转钻具的能力。

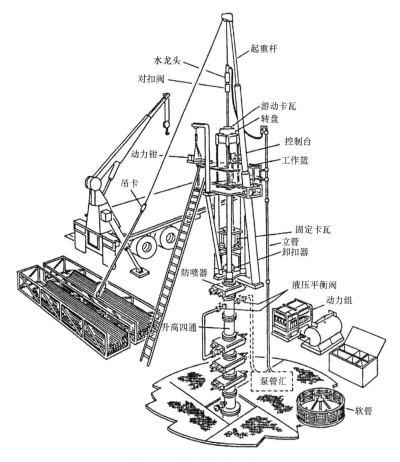

图6.9　液压强行起下装置

6.2.4　理论上的考虑

如图6.1所示,当井筒力 F_w 超过管柱总重时,就需要强行下入。强行下入力等于净向上力,如方程(6.1)和图6.1所示。

$$F_{sn} = W_p L - (F_f + F_B + F_{wp}) \tag{6.1}$$

式中　W_p——公称管重,lbf/ft;

　　　L——管柱长度,ft;

　　　F_f——摩擦力,lbf;

　　　F_B——浮力,lbf;

　　　F_{wp}——井压力产生的力,lbf。

井压力产生的力 F_{wp} 由方程(6.2)给出:

$$F_{wp} = 0.7854 D_p^2 p_s \tag{6.2}$$

式中　p_s——井口压力,psi;

　　　D_p——受 p_s 作用的管柱的外径,in。

如方程(6.2)所示,必须考虑密封元件内的管柱直径。当通过环形防喷器芯子下入管柱时,接头外径是决定性变量。当从闸芯到闸芯承压起下管柱或强行起下管柱时,只有管体被包在密封元件之间,因此,管外径将决定把管柱推入井内所需的力。对于钻杆来说,管体和钻杆接头直径之间有明显的差值。

例6.1说明井口压力产生的力的计算。

例6.1
给定条件:
井口压力,$p_s = 1500\text{psi}$;
工作管柱 $= 4.5\text{in}$ 钻杆;
钻杆外径,$D_p = 4.5\text{in}$;
接头外径,$D_{pc} = 6.5\text{in}$。

求出:
当防喷器环形胶芯封在下列部位时井压力产生的力。
(1)管体上(图6.10);
(2)接头上(图6.11)。

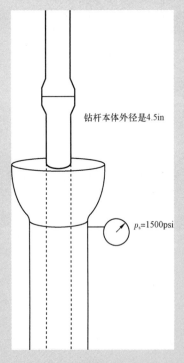

钻杆本体外径是4.5in

$p_s = 1500\text{psi}$

图6.10 管体通过环形胶芯强行下入

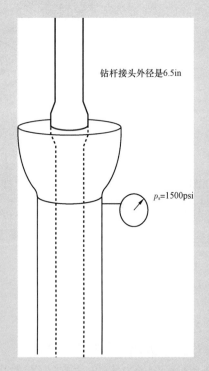

钻杆接头外径是6.5in

$p_s = 1500\text{psi}$

图6.11 接头通过环形胶芯强行下入

解答:
(1)当环形胶芯封在管体上时,压力产生的力可以用方程(6.2)来确定:

$$F_{wp} = 0.7854D_p^2p_s$$

$$= 0.7854 \times 4.5^2 \times 1500$$

$$= 23857 \text{ lbf}$$

（2）当环形胶芯封在接头上时,用接头直径来计算力:

$$F_{wp} = 0.7854 \times 6.5^2 \times 1500$$

$$= 49775 \text{ lbf}$$

除了承压面积上的力以外,还必须考虑摩擦力。摩擦力是这样一种力,它与两物体之间的接触面相切,阻止运动的进行。静摩擦力阻止运动的发生。动摩擦力则是当一物体相对于另一物体处于运动状态时,阻止运动。克服静摩擦所需的力永远大于维持运动(动摩擦)所需的力。

因为摩擦力是对运动的一种阻力,所以它以与管柱运动相反的方向而作用。当管柱强行下入井内或承压下入井内时,摩擦力作用向上;而当强行起出或承压起出时,摩擦力向下。克服摩擦力所需力的数值是接触表面积粗糙度、总的表面积、所用润滑剂以及施加在防喷器上封闭力的函数。

在管柱和井壁之间还可以产生附加的摩擦力或阻力。一般说来,井眼曲率、井斜、管柱拉伸或压缩越大,阻力产生的摩擦力就越大。

除了与压力和摩擦有关的力以外,浮力也影响强行起下作业。浮力是流体(气体或液体)施加在全部或部分浸没的物体上的一种力,它等于被物体置换的流体的质量。

如图 6.12 所示,浮力 F_B 由方程(6.3)给出:

$$F_B = 0.7854(\rho_m D_p^2 L - \rho_i D_i^2 L_i) \tag{6.3}$$

式中　ρ_m——环空内钻井液压力梯度,psi/ft;

　　ρ_i——管内流体梯度,psi/ft;

　　D_p——管柱外径,in;

　　D_i——管柱内径,in;

　　L——防喷器以下管柱长度,ft;

　　L_i——管内流体柱长度,ft。

如果是空管下入井中,那么,空气的密度可以忽略,$\rho_i D_{i2} L_i$ 项也可以忽略。如果管柱内是充满或部分充满的,$\rho_i D_{i2} L_i$ 就不能忽略。如果环空内是部分地充有天然气,那么,$\rho_m D_p^2 L$ 项就必须分成它的组成部分。如果环空内有不同密度的钻井液,那么,每一种都必须考虑到。浮力由例 6.2 来说明,而方程(6.3)就变成:

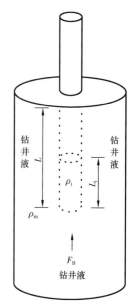

$$F_B = 0.7854\ (\rho_m D_p^2 L - \rho_i D_i^2 L_i)$$

图 6.12　浮力

$$F_B = 0.7854\big[(\rho_{m1} L_1 + \rho_{m2} L_2 + \rho_{m3} L_3 + \cdots + \rho_{mx} L_x) D_p^2 - \rho_i L_i D_i^2 \big]$$

式中 L_1——具有密度梯度 ρ_{m1} 的流体柱长;

L_2——具有密度梯度 ρ_{m2} 的流体柱长;

L_3——具有密度梯度 ρ_{m3} 的流体柱长;

L_x——具有密度梯度 ρ_{mx} 的流体柱长。

例 6.2

给定条件:

简图如图 6.12;

钻并液压力梯度,$\rho_m = 0.624\text{psi/ft}$;

管长,$L = 2000\text{ft}$;

管柱 $= 4\frac{1}{2}\text{in}16.6 \text{ lb/ft}$ 钻杆;

管内是空的。

求出:

浮力。

解答:

浮力由方程(6.3)给出:

$$F_B = 0.7854(\rho_m D_p^2 L - \rho_i D_i^2 L_i)$$

对于空钻杆,方程(6.3)可简化成:

$$F_B = 0.7854\rho_m D_p^2 L$$

$$= 0.7854 \times 0.624 \times 4.5^2 \times 2000$$

$$= 19849 \text{ lbf}$$

在这个例子中,浮力计算为 19849 lbf。浮力作用在钻杆断面上,降低了钻杆的有效重力。如果没有井压力产生的力 F_{wp} 和摩擦力 F_f,那么,2000ft 钻杆的有效重力就会由方程(6.4)给出:

$$W_{eff} = W_p L - F_B \tag{6.4}$$

例 6.3

给定条件:

同例 6.2;

求出:

确定 $4\frac{1}{2}\text{in}$ 钻杆的有效重力。

解答:

有效重力 W_{eff} 由方程(6.4)给出:

$$W_{eff} = W_p L - F_B = 16.6 \times 2000 - 19849 = 13351 \text{ lbf}$$

如同本例说明的,由于浮力作用,钻杆重力由 33200 lbf 降到 13351 lbf。

只要压力保持不变,所需的最大强行下入力或承压下入力发生在管柱启动时。在这一点,管柱的重量和浮力最小,一般可以忽略。因此,最大强行下入力 F_{snmx} 可以由方程(6.5)来计算:

$$F_{snmx} = f_{wp} + F_f \qquad (6.5)$$

式中 F_{snmx}——最大强行下入力,lbf;

F_{wp}——井压力产生的力,lbf;

F_f——摩擦力,lbf。

当附加的管柱下入井内时,由管柱浮力引起的向下的力就增加,直到等于井压力产生的力 F_{wp}。一般把这叫平衡点,在该点,强行下入的管柱不再被井内压力挤出井外。也就是说,如图 6.13 所示,在平衡点,井筒力 F_w 正好等于被强行下入井内的管柱的重力。在平衡点处,掏空管柱的长度由方程(6.6)给出:

$$L_{bp} = \frac{F_{snmx}}{W_p - 0.0408\rho D_p^2} \qquad (6.6)$$

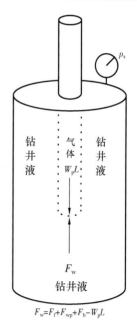

$F_w = F_f + F_{wp} + F_b - W_p L$

图 6.13　平衡点

式中 L_{bp}——平衡点处长度,ft;

F_{snmx}——最大强行下入力,lbf;

W_p——公称管质量, lb/ft;

ρ——钻井液密度,lb/gal;

D_p——管柱外径,in。

管柱充满后,净向下力是正的强行下入力,如方程(6.1)所给出的。

在正常强行下入情况下,工作管柱是恰好下到平衡点上方的一点,而不充满工作管柱。在强行下入时,管柱在井筒受到的向上力必须比管柱重力大到足以使卡瓦牢固地扣紧管柱。管柱充满后,管重力应足以使卡瓦牢固地扣紧管柱。这种做法可以增加管重力,降低工作管柱在平衡点附近下落的风险。

平衡点的确定用例6.4来说明。

例6.4

给定条件:

$4\frac{1}{2}$in 16.6 lb/ft 钻杆闸芯到闸芯强行下入井内,井内钻井液密度为 12 lb/gal,关井井口压力为 2500psi。对防喷器强行下入闸芯产生影响的摩擦力是 3000 lbf。钻杆内径为 3.826in。

求出:

(1)所需的最大强行下入力。

(2)到达平衡点的掏空钻杆长度。

(3)管柱在平衡点处充满后的净向下力。

解答:(1)最大强行下入力由方程(6.5)给出:

$$F_{snmax} = F_{wp} + F_f$$

将方程(6.5)与式(6.2)合并：

$$F_{snmax} = 0.7854D_p^2 p_s + F_f$$

$$= 0.7854 \times 4.5^2 \times 2500 + 3000$$

$$= 42761 \text{ lbf}$$

(2)平衡点处掏空钻杆的长度由方程(6.6)给出：

$$L_{bp} = \frac{F_{snmx}}{W_p - 0.0408\rho D_p^2}$$

$$= \frac{42761}{16.6 - 0.0408 \times 12 \times 4.5^2}$$

$$= 6396 \text{ft}$$

(3)管柱充满后的净力由方程(6.1)给出：

$$F_{sn} = W_p L - (F_f + F_B + F_{wp})$$

因为

$$F_{snmax} = F_{wp} + F_f$$

所以

$$F_{wp} + F_f = 42761 \text{ lbf}$$

浮力 F_B 由方程(6.3)给出：

$$F_B = 0.7854 \times (\rho_m D_p^2 L - \rho_m D_i^2 L_i)$$

$$= 0.7854 \times [0.624 \times 4.5^2 \times 6396 - (0.624 \times 3.826^2 \times 6396)]$$

$$= 17591 \text{ lbf}$$

因此

$$F_{sn} = 6393 \times 16.6 - 42761 - 17591 = 45822 \text{ lbf}$$

6.3　设备说明

在液压强行下入作业中，所需的提升能力是由施加在多缸液压千斤顶上的压力产生的。千斤顶的液缸如图6.14所示。根据是强行下入还是承压起下的不同，压力施加在千斤顶液缸的不同端部。在强行下入过程中，是在活塞杆一端使千斤顶液缸受压，而在提升或承压起下过程中，是在相反的一端受压。

一旦知道了千斤顶的有效面积，提升或强行下入所需的力就可以用方程(6.7)和方程(6.8)来计算：

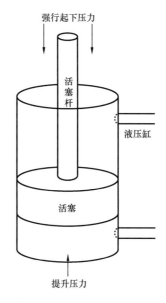

图 6.14　千斤顶液压缸示意图

$$F_{\text{snub}} = 0.7854 p_{\text{hyd}} N_{\text{c}} (D_{\text{pst}}^2 - D_{\text{r}}^2) \tag{6.7}$$

$$F_{\text{lift}} = 0.7854 p_{\text{hyd}} N_{\text{c}} D_{\text{pst}}^2 \tag{6.8}$$

式中　F_{snub}——强行下入力,lbf;

F_{lift}——提升力,lbf;

D_{pst}——千斤顶液缸内活塞外径,in;

N_{c}——千斤顶有效液缸数;

p_{hyd}——强行下入/提升千斤顶上需要的液压,psi。

强行下入力和提升力的确定用例 6.5 来说明。

例 6.5

给定条件:

225 型液压不压井起下作业装置,4 个液压千斤顶液缸。每个液缸缸径 5in,活塞杆直径 3½in。最大液压 2500psi。

求出:

(1)最大压力下的强行下入力 F_{snub}。

(2)最大压力下的提升力 F_{lift}。

解答:

(1)在 2500psi 下的强行下入力由方程(6.7)给出:

$$F_{\text{snub}} = 0.7854 p_{\text{hyd}} N_{\text{c}} (D_{\text{pst}}^2 D_{\text{r}}^2)$$

$$= 0.7854 \times 2500 \times 4 \times (5^2 - 3.5^2)$$

$$= 100139 \text{ lbf}$$

(2)用方程(6.8)计算2500psi下的提升力:

$$F_{\text{lift}} = 0.7854 p_{\text{hyd}} N_{\text{c}} D_{\text{pst}}^2$$

$$= 0.7854 \times 2500 \times 4 \times 5^2$$

$$= 196350 \text{ lbf}$$

在井筒里强行下入或提升所需的液压可以由重新排列方程(6.8)来计算。
例6.6举例说明了如何确定一个具体指定的提升力或强行下入力所需的液压。

例6.6
给定条件:
与例6.5所给的同样的液压不压井起下作业设备。
液压千斤顶有效强行下入面积40.06in²,有效提升面积78.54in²。
求出:
(1)产生50000 lbf强行下入力所需的液压千斤顶压力。
(2)产生50000 lbf提升力所需的液压千斤顶压力。
解答:(1)强行下入所需的液压由重新排列方程(6.7)来确定:

$$p_{\text{shyd}} = \frac{F_{\text{shyd}}}{0.7854(D_{\text{pst}}^2 - D_{\text{r}}^2)N_{\text{c}}} \qquad (6.9)$$

$$p_{\text{shyd}} = \frac{50000}{0.7854 \times (5^2 - 5.3^2) \times 4}$$

$$p_{\text{shyd}} = \frac{50000}{40.04}$$

$$p_{\text{shyd}} = 1248 \text{psi}$$

(2)提升所需的液压由重新排列方程(6.10)来确定:

$$p_{\text{lhyd}} = \frac{F_{\text{lify}}}{0.7854 D_{\text{pst}}^2 N_{\text{c}}} \qquad (6.10)$$

$$p_{\text{lhyd}} = \frac{50000}{0.7854 \times 5^2 \times 4}$$

$$p_{\text{lhyd}} = \frac{50000}{78.54}$$

$$p_{\text{lhyd}} = 637 \text{psi}$$

表 6.1 列出了正常使用的液压不压井起下作业设备的尺寸和能力。

表 6.1　不压井起下作业设备的尺寸和能力

型号	150	225	340	600
液缸数	4	4	4	4
液缸直径,in	4.0	5.0	6.0	8.0
活塞杆直径,in	3.0	3.5	4.0	6.0
有效提升面积,in²	50.27	78.54	113.10	201.06
3000psi 下的提升能力,lbf	150796	235619	339292	603186
有效强行下入面积,in²	21.99	40.06	62.83	87.96
3000psi 下的强行下入能力,lbf	65973	120166	188496	263894
有效提升面积,in²	28.27	38.48	50.27	113.10
3000psi 下的提升能力,lbf	84810	115440	150810	339300
滑车减速,ft/min	361	280	178	137
滑车加速,ft/min	281	291	223	112
通径,in	8	11	11	14
行程,in	116	116	116	168
旋转扭矩,ft·lbf	1000	2800	2800	4000
千斤顶重力,lbf	5800	8500	9600	34000
动力装置重力,lbf	7875	8750	8750	11000

6.4　弯曲考虑

在确定了所需的强行下入力以后,必须将这个力与工作管柱能支持而不弯曲的压缩载荷相比较。管柱弯曲发生在施加在工作管柱上的压缩载荷超过管柱的抗弯强度时。可能发生弯曲变形的那个点的力就是临界力。弯曲首先发生在工作管柱最大无支撑长度上,这通常是在不压井强行起下设备的开窗区,而开窗导轨未装时。

在强行起下作业中,必须千方百计地避免弯曲。一旦管柱弯曲,一定会出现严重故障。管损坏以后,管柱的剩余部分通常被从井内挤出。飞出来的钢铁能严重伤害在工作区工作的人,甚至使人致死。然后,就因失控而井喷和着火。

工作管柱承受压缩载荷时,可能发生两种类型的弯曲。弹性弯曲或长柱弯曲是沿着工作管柱的主轴线出现的。管柱偏离井眼中心线弯曲成弓形,如图 6.15a 所示。非弹性弯曲或局部中间弯曲是沿着工作管柱的纵向轴线出现的,如图 6.15b 所示。

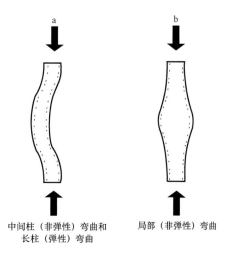

中间柱(非弹性)弯曲和长柱(弹性)弯曲　　局部(非弹性)弯曲

图 6.15　工作管柱受压变形

描述临界载荷的方程式是由伟大的数学家雷昂哈特·欧拉(leonhard Eular)于1757年导出的。他的富有创见的概念,现在仍然正确。在油田工作应用中,已经有了一定的发展。

如图6.16所示,弯曲载荷是长细比的函数。为了确定在工作管柱中可能出现的弯曲的类型,将柱的长细比S_{rc}与工作管柱的有效长细比S_{re}进行比较。如果有效长细比S_{re}大于柱的长细比$S_{rc}(S_{re} > S_{rc})$,那么,就会发生弹性弯曲或长柱弯曲。如果柱的长细比S_{rc}大于有效长细比$S_{re}(S_{re} > S_{re})$,那么,就会发生非弹性弯曲或局部中间弯曲。通过柱的长细比S_{rc}将弯曲分为弹性弯曲和非弹性弯曲。

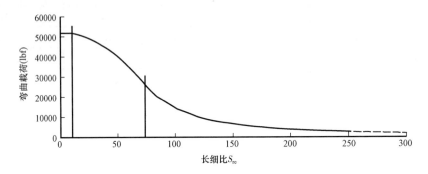

图6.16 弯曲载荷—长细比函数

柱的长细比由方程(6.11)给出:

$$S_{rc} = 4.44 \frac{E^{\frac{1}{2}}}{F_y} \tag{6.11}$$

式中 E——弹性模量,psi;

F_y——屈服强度,psi。

有效长细比S_{re}由方程(6.12)和(6.13)的较大结果给出:

$$S_{re} = \frac{4U_L}{(D_p^2 + D_i^2)^{\frac{1}{2}}} \tag{6.12}$$

$$S_{re} = \left(4.8 + \frac{D_i + t}{450t}\right)\left(\frac{D_i + t}{2t}\right)^{\frac{1}{2}} \tag{6.13}$$

式中 U_L——未支撑长度,in;

t——壁厚,in;

D_p——管柱外径,in;

D_i——管柱内径,in。

如果有效长细比小于柱的长细比,并且等于或小于250($S_{re} < S_{rc}$),就能发生非弹性柱弯曲。非弹性柱弯曲可能是局部的也可能是中间的。无论非弹性弯曲是局部的还是中间的,都是通过将由方程(6.12)和方程(6.13)确定的有效长细比进行比较而确定的。如果由方程(6.12)得到的有效长细比小于由方程(6.13)得到的值,就会发生局部弯曲。

如果由方程(6.13)得到的有效长细比小于由方程(6.12)的值(也小于S_{rc})($S_{rc} > S_{re12} > S_{re13}$),就会发生中间弯曲。在这两种情况的任一情况中,导致工作管柱发生弯曲的压缩载荷

称为弯曲载荷 p_{bkl} 并且由方程(6.14)来确定:

$$p_{dkl} = F_y - (D_p^2 - D_i^2)\left(\frac{0.7854S_{rc}^2 - 0.3927S_{re}^2}{S_{rc}^2}\right) \tag{6.14}$$

对于　$S_{re} < S_{rc}$——非弹性弯曲;

　　　$S_{re12} < S_{re13}$——局部弯曲;

　　　$S_{rc} > S_{re12} > S_{re13}$——中部弯曲。

式中　F_y——屈服强度,psi;

　　　D_i——管柱内径,in;

　　　D_p——管柱外径,in;

　　　S_{re}——有效长细比;

　　　S_{rc}——柱的长细比。

在非弹性弯曲中,可以通过增加工作管柱的屈服强度、尺寸和质量,或减小无支撑段的长度,来使弯曲载荷 p_{kbl} 增加。

如果有效长细比 S_{re} 大于柱的长细比 S_{rc},并且有效长细比等于或小于250($S_{re} < S_{rc}$),那么,弹性(长柱)弯曲就是临界的。当这些条件存在时,弯曲载荷 p_{kbl} 由方程(6.15)来确定:

$$p_{kbl} = \frac{225(10^6)(D_p^2 - D_i^2)}{S_{re}^2} \tag{6.15}$$

对于 $S_{re} > S_{rc}$ 和 $S_{re} \leqslant 250$——长柱弯曲。

在这一条件下,可以通过减小工作管柱无支撑段长度或增加工作管柱的尺寸和质量,来增加弯曲载荷 p_{kbl}。我们来考虑下面的例子:

例6.7

给定条件:

工作管柱:

管柱外径 $= 2\frac{3}{8}$in;

公称管重 $= 5.95$ lb/ft;

管杆级别 $= p - 105$;

无支撑长度,$U_L = 23.5$in;

杨氏弹性模量,$E = 29 \times 10^6$psi;

屈服强度,$F_y = 105000$psi;

外径,$D_p = 2.375$in;

内径,$D_i = 1.867$in;

壁厚,$t = 0.254$in。

求出:

弯曲载荷。

解答：

柱的长细比由方程(6.11)给出：

$$S_{re} = 4.4 \left(\frac{E}{F_y} \right)^{\frac{1}{2}}$$

$$= 4.44 \times \left(\frac{29 \times 10^6}{105000} \right)^{\frac{1}{2}}$$

$$= 73.79$$

有效长细比 S_{re} 是由方程(6.12)和方程(6.13)计算出来的较大值。

方程(6.12)：

$$S_{re} = \frac{4U_L}{\left(D_p^2 + D_i^2 \right)^{\frac{1}{2}}}$$

$$= \frac{4 \times 23.5}{\left(2.375^2 + 1.867^2 \right)^{\frac{1}{2}}}$$

$$= 31.12$$

方程(6.13)：

$$S_{re} = \left(4.8 + \frac{D_i + t}{450t} \right) \left(\frac{D_i + t}{2t} \right)^{\frac{1}{2}}$$

$$= \left(4.8 + \frac{1.867 + 0.254}{450 \times 0.254} \right) \left(\frac{1.867 + 0.254}{2 \times 0.254} \right)^{\frac{1}{2}}$$

$$= 9.85$$

因此，正确的有效长细化是较大的那个，并且由方程(6.12)给出，为31.12。

因为 $S_{re}(31.12) < S_{rc}(73.79)$，并且 $S_{re} \leqslant 250$，所以是中间（非弹性）类型的失效，弯曲载荷由方程(6.14)给出：

$$p_{bkl} = F_y \left(D_p^2 - D_i^2 \right) \left(\frac{0.7854 S_{rc}^2 - 0.3927 S_{re}^2}{S_{rc}^2} \right)$$

$$= 105000 \times \left(2.375^2 - 1.867^2 \right)$$

$$\times \left(\frac{0.7854 \times 73.79^2 - 0.3927 \times 31.12^2}{73.79^2} \right)$$

$$= 161907 \text{ lbf}$$

考虑以下由于长柱类失效而产生的弯曲载荷示例。

例6.8

给定条件：

工作管柱

公称管柱直径 = 1in；

公称管重 = 1.80 lb/ft；

管柱级别 P - 105

无支撑长度，U_L = 36.0in；

杨氏弹性模量，$E = 29 \times 10^6$psi；

屈服强度，$F_y = 105000$psi；

外径，$D_p = 1.315$in；

内径，$D_i = 1.049$in；

壁厚，$t = 0.133$in。

求出：

弯曲载荷。

解答：

柱的长细比用方程(6.11)来计算：

$$S_{rc} = 4.44 \left(\frac{E}{F_y} \right)^{\frac{1}{2}}$$

$$= 4.44 \times \left(\frac{29 \times 10^6}{105000} \right)^{\frac{1}{2}}$$

$$= 73.79$$

有效长细比 S_{re} 是由方程(6.12)和方程(6.13)计算出来的较大值。

方程(6.12)给出：

$$S_{re} = \frac{4U_L}{(D_p^2 + D_i^2)^{\frac{1}{2}}}$$

$$= \frac{4 \times 36}{(1.315^2 + 1.049^2)^{\frac{1}{2}}}$$

$$= 85.60$$

方程(6.13)给出：

$$S_{re} = \left(4.8 + \frac{D_i + t}{450} \right) \left(\frac{D_i + t}{2t} \right)^{\frac{1}{2}}$$

$$= \left(4.8 + \frac{1.049 + 0.133}{450 \times 0.133} \right) \times \left(\frac{1.049 + 0.133}{2 \times 0.133} \right)^{\frac{1}{2}}$$

$$= 10.16$$

较大的有效长细比由方程(6.12)给出,为85.60。

因为 $S_{rc}(73.79) < S_{re}(85.60)$,并且 $S_{re} \leqslant 250$,所以,失效属于长柱类型,并且方程(6.15)将用来确定弯曲载荷:

$$p_{bkl} = \frac{225 \times (10^6)(D_p^2 - D_i^2)}{S_{re}^2}$$

$$= \frac{225 \times 10^6 \times (1.315^2 - 1.049^2)}{85.60^2}$$

$$= 19309 \text{ lbf}$$

局部非弹性弯曲用例6.9来举例说明。

例6.9

给定条件:

除无支撑长度 U_L 为4in 外,其余同例6.8。

从例6.8:

$S_{rc} = 73.79$

$S_{re13} = 10.16$

求出:

弯曲载荷和失效类型。

解答:

长细比由方程(6.12)给出:

$$S_{rel2} = \frac{4U_L}{(D_p^2 + D_i^2)^{\frac{1}{2}}}$$

$$= \frac{4 \times 4}{(1.315^2 + 1.049^2)^{\frac{1}{2}}}$$

$$= 9.51$$

因为 $S_{re12} < S_{re13} < S_{rc}$,所以,弯曲是局部非弹性类型。弯曲载荷由方程(6.14)给出:

$$p_{bkl} = F_y(D_p^2 - D_i^2)\left(\frac{0.7854S_{re}^2 - 0.3927S_{re}^2}{S_{rc}^2}\right)$$

$$= 105000 \times (1.375^2 - 1.049^2) \times \left(\frac{0.7854 \times 73.79^2 - 0.3927 \times 10.16^2}{73.79^2}\right)$$

$$= 51366 \text{ lbf}$$

6.5 需要考虑的特殊弯曲问题——变径问题

在油田强行起下作业中,最常遇到的问题涉及长柱弯曲。在这些情况下,经典的欧拉解法是适用的。根据端部条件,欧拉方程有几种解。经典的方法假定两端都是铰接的,没有因摩擦而产生的任何约束,可以自由转动。如果两端固定,不能移动,临界载荷大约是用铰接端计算出的 4 倍。对于一端固定,另一端铰接的情况,临界载荷大约是用铰接端确定的数值的 2 倍。如果一端固定,另一端完全可以自由运动,临界载荷将是假定两端铰接计算出来结果的一半。对于油田作业来说,假定两端铰接对大多数作业来说是合理的。但是,油田人员应当了解所做的假定,并密切地注意能大大降低临界载荷的端部条件的改变。必须记住,一旦柱的临界载荷超过限度,失效即将来临,并且是灾难性的。两端铰接的经典欧拉方程由方程(6.16)给出:

$$p_{cr} = \frac{\pi^2 EI}{L^2} \tag{6.16}$$

式中　p_{cr}——临界弯曲载荷,lbf;

　　　E——杨氏弹性模量,30×10^6;

　　　I——惯性矩,$\frac{\pi}{64}(D_o^4 - D_i^4)$;

　　　D_o——外径,in;

　　　D_i——内径,in;

　　　L——柱的长度,in。

上述讨论只包括不变直径的加载问题。包括不同直径时出现的问题在油田作业中还没有着手解决。微分方程的精确解非常复杂。铁木辛科(Timoshenko)[1]曾描述过数值解。这里只给出方法论方面的解释。深层的理论问题,请参考有关参考文献。

我们来考虑如图 6.17 所示的对称杆。假定一连串的杆要强行下入井内。为了确定临界弯曲载荷,假定杆的挠曲可以用正弦曲线来描述。临界弯曲载荷可以根据表 6.2 所示的一套方法来确定。

我们来考虑例 6.10。

2⁷⁄₈in 油管

4in油管耐磨接头

总长度:10ft

耐磨接头长度:6ft

图 6.17　对称杆

例 6.10

一连串外径 4in 的耐磨接头要接在 2⅞in 油管柱上,强行下入井内。井口压力为 7500psi。用表 6.2 和下文中导出的结果,来确定安全强行下入程序。

表6.2　确定变断面杆临界载荷数据表

立柱号	0	1	2	3	4	5	6	7	8	9	10	
站号	0	1	2	3	4	5	6	7	8	9	10	
Y_1	0	31	59	81	95	100	95	81	59	31	0	632
M_1/EI	0.00	77.50	147.50	81.00	95.00	100.00	95.00	81.00	59.00	77.50	0.00	
			59.00						147.50			
R		7.69	9.59	8.03	9.43	9.92	9.43	8.03	9.59	7.69	0.00	
平均斜率	39.69	32.01	22.42	14.38	4.96	0.00	4.96	14.38	22.42	32.01	39.69	
Y_2	0.00	3.97	7.17	9.41	10.85	11.35	10.85	9.41	7.17	3.97	0.00	74.15
Y_1/Y_2		7.81	8.23	8.61	8.76	8.81	8.76	8.61	8.23	7.81		
Y_{1avg}/Y_{2avg}	8.52											

所以,$p_{cr} = 8.52 \times EI_2/l^2$

假定,$I_1 = 0.4 I_2$

$Y_1 = 100 \times \sin(180 \times$ 站号/站数$)$

$f = M_1/EI = Y_1/0.4$(对于具有I_1几何形状的数)$= Y_1$(对于具有I_2几何形状的数)

$R_n = (1/$站数$) \times (f_{n-1} + 10f_n + f_{n+1})/12$——对于不变几何形状

$R_n = (1/$站数$) \times (7f_n + 6f_{n-1} - f_{n-2})/24 + (1/$站数$) \times (7f_n + 6f_{n+1} - f_{n+2})/24$——对于变化几何形状

对于立柱3:$R_3 = 0.1 \times (7 \times 147.5 + 6 \times 77.6 - 0)/24 + 0.1 \times (7 \times 59 + 6 \times 81 - 95)/24$

平均斜率,$A_n = (R_0 + R_1 + R_2 + R_3 + R_4 + R_5/2) - R_n - R_{n-1} - R_{n-2} \cdots$

对于立柱3:$A_3 = 39.69 - 8.03 - 9.59 - 7.69 = 14.38$

$Y_{2n} = (1/$站数$) \times A_n$

管柱1:

外径,in	2.875
内径,in	2.323
惯性矩,in⁴	1.92

惯性矩,in^4　1.92

断面面积,in^2　6.49

管柱2:

外径,in　4

内径,in　3.548

惯性矩,in^4　4.79

断面面积,in^2　12.57

I_1/I_2　0.40

杨氏弹性模量,psi　30000000

长度,ft　10

井内压力,psi　7500

闸芯摩擦力,lbf　10000

强行下入力:

管柱1,lbf　58689

管柱2,lbf　104248

临界载荷,lbf　85017

欧拉临界载荷:

$2\frac{1}{2}$in　39565.49

4in　98443.52

给定条件：

油管尺寸：

外径 = 2.875in；

内径 = 2.323in；

惯性矩 = 1.924in^4；

断面面积 = 6.492in^2；

耐磨接头尺寸：

外径 = 4.000in；

内径 = 3.548in；

惯性矩 = 4.788in^4；

断面面积 = 12.566in^2；

杨氏弹性模量 = 30000000；

未支撑冲程长度 = 10ft；

闸芯摩擦力 = 10000 lbf。

求出：

确定安全强行下入程序。

解答：

在 2⅞in 上的强行下入的力：

$$F_{\text{snwx}} = F_{\text{wp}} + F_{\text{f}} = (7500 \times 6.492) + 10000 = 58690 \text{ lbf}$$

在 4in 上的强行下入的力：

$$F_{\text{snwx}} = F_{\text{wp}} + F_{\text{f}} = (7500 \times 12.566) + 10000 = 104245 \text{ lbf}$$

临界载荷：

$$p_{\text{cr}} = 8.52 \frac{EI_2}{L_2} = 8.52 \times \frac{30000000 \times 4.79}{(10 \times 12)^2} = 84987 \text{ lbf}$$

作为对用表6.2数值分析确定的临界载荷的检验，确定的数值应介于用经典的欧拉方程(6.16)计算每个元件临界载荷所得数值之间。

对于 2⅞in，临界载荷

$$p_{\text{cr}} = \frac{\pi^2 EI}{L^2} = \frac{3.14^2 \times 30000000 \times 1.92}{(10 \times 12)^2} = 395651 \text{ lbf}$$

对于 4in，临界载荷

$$p_{\text{cr}} = \frac{\pi^2 EI}{L^2} = \frac{3.14^2 \times 30000000 \times 4.79}{(10 \times 12)^2} = 97444 \text{ lbf}$$

因此，数值解是在欧拉解之间，并且是合理的。这些计算表明，这一组合可以安全地强行下入井内，只要闸芯是封在2⅞in上而不是封在4in上。如果由于间隔问题，闸芯必须封在4in

上,那就必须将井口压力降低,或将冲程长度缩短。如果由于间隔问题,冲程长度不能缩短,则唯一的解决办法是降低井口压力。

6.6 灭火和封井

油井灭火与其说是一门科学不如说是一种艺术。美国消防队员深受油井灭火之父麦然·金利(Myron Kinley)发展的传统和实践的影响。其他国家的灭火队员也都遵循同样的一般程序,移出井场的钻机或其他设备的残留物,直到火通过井眼直入大气而燃烧。

6.7 灭火作业

用来从火中移出钻机或其他设备的设备可能略有不同。根据麦然·金利的传统方法训练出来的灭火队员主要是依靠如图6.18和图6.19所示的拖车。这种拖车原来是为管道工业研制的。如图所示,它是装在履带上的一个吊杆。舌片通过绞盘与推土机相连(图6.20)。这种车利用推土机灵活就位进行特殊作业。吊杆大约60ft长,用推土机上的绞盘起降,车的尾部可以改变,以适应不同的要求。例如,图6.19中小车尾部的吊钩,通常是用来从井周围火中拖出熔化了的钻机碎块的。

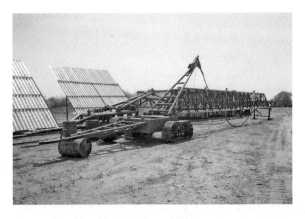

图6.18 拖车

图6.19 拖车尾部吊钩

图 6.20　舌片与推土机相连

　　保护人员和设备免于油井火烤是困难的。在救火工作中,水是用来降温和提供防热保护的。美国油井灭火员用装在橇上的离心泵(图 6.21)。这种泵每分钟能泵送 4800gal(多于 100bbl)之多的水。按照这个消耗量,水的供应是个关键的因素。为了支持全天工作,池子一般都建成大约有 25000bbl 标准容量的。泵和监控器(图 6.23)一般都用硬管线相连,或者是硬管线与水龙带结合在一起。

图 6.21　装在橇上的离心泵

　　加拿大油井灭火安全控制(SafetyBoss)公司,在专门设计和改进的消防车的基础上,完善了泵送设备。他们的消防车(图 6.22)装备有每分钟能最大供应 2100gal(50bbl)的泵。此外,这种消防车除了泵水以外,还能单独或跟水一块泵送多种防火化学药品。使用这种设备,水的需要量可降到 3000~4000bbl 的可获得的容量。消防车、罐、监控器之间的所有连接都是用消防水龙带做的,这样可以节约安装时间。

　　由于这种消防车机动灵活,在受局限的环境中它的反应时间可以大大减少。例如,在科威特,机动灵活的设备对于灭火工作就如同轻骑部队对于军队同样的重要。即,在大多数情况下,由于使用灵活的设备,就会在橇装设备到达和安装之前将火扑灭并将井封住。灵活性的因素对这一事实有重大意义,即加拿大队比离它最近的其他队多处理了大约 50% 的井。再有,在科威特,灵活的灭火设备没有像橇装设备那样多的支持设备。

图 6.22　消防车

所有设备,如推土机、拖拉机铲车、前端装载器等,以及其操作人员,都需要在离火很近的地方工作,必须受到保护不被火烤。设备的液压系统用带有反射屏蔽材料和绝缘材料的盖子挡住。人员用反射金属制成的隔热屏保护。水监控器的反射保护装置如图 6.23 所示。此外,用反射金属制造的热屏蔽和储存房给在火附近的人员提供援助。

图 6.23　水监控器反射保护装置

大多数组织都要求所有人员穿着用耐火材料制成的长袖工作服。在油井火的周围穿着普通的工作服是危险的。有些人用更方便的灭火防护服,如地方消防部门常用的那种消防服。

在常规的灭火作业中,队员从顺风的同一方向接近火。泵要放在离火大约 300ft 的地方。当推土机或前端装载器用于向火的方向移动监控器时,应提供水防护。一旦监控房是在离着火井 50ft 时,就要把其他设备,例如拖车,拖到井的附近,以移出钻机残留物和其他潜在火源。这一工作一直进行到火可以向天空燃烧。一旦火可以朝向天空燃烧,火就可以被扑灭,井被封住。如果情况需要,井也可以随火的燃烧盖住。

6.8 熄灭大火

在大多数实例中,火是在封井作业以前扑灭的。但是,在某些情况下,要求火继续燃烧直到封井以后。例如,出于对环境的考虑,可以允许井燃烧,直到井眼内的流体可以被抑制或停止流动。再有,在某些地区,管理机构要求酸气井必须燃烧,控制作业必须在井燃烧时就进行。

常用的扑灭油井大火的方法有几种可供选择。爆炸是最著名和有诱惑力的技术。麦然·金利的父亲卡尔(Karl)是第一个用爆炸扑灭油井大火的人。1913 年,金利先生向加州塔夫特(Taft)附近一口着火的油井走去,向油井扔了一颗甘油炸弹然后跑掉[2]。后续爆炸扑灭了一口已着了几个月的火。

现在,一般在 55gal 的桶中装入 100 ~ 1000 lb 甘油炸药,较少者更常用。灭火粉也放在桶内,后来是用绝缘材料包扎,装好了的桶系在拖车后边。当拖车背向进入火场时,水监控器就对准该桶。当桶位于火区时,驾驶员和爆破手就躲在推土机的刮板后,引爆炸药。炸药瞬间使火与氧隔绝,把火扑灭。然后,水监控器就集中于井门,尽力防止复燃。

在科威特,火一般是用水来扑灭的。几个监控器集中于火区。通常,几分钟的工夫,火就被冷却到低于燃烧点。

加拿大油井灭火安全控制(SafetyBoss)公司,依靠并改进了对灭火化学药品和粉末的使用。专门设计和制造的灭火设备用来直接往火上喷射这些化学药品和粉末。这种技术被证明非常有效。在加拿大,常要扑灭酸气火,这种火一天之内要复燃几次,用炸药和水监控不可能奏效。

与苏联有关的国家用装载的喷气发动机完全把火熄灭。通常,灭火技术装备包括一台装在平板拖车上的 MIG 发动机。水往火上喷,发动机工作着。只用一个喷气发动机,灭火时间会拖得很长,常常超过 1h。本文作者认为,一个发动机不能扑灭油井大火。匈牙利灭火人员设计并在科威特使用的风机给人留下了深刻印象(图 11.19)。匈牙利"大风"在坦克拖车上装两台 MIG 发动机。有能力将水和灭火化学药品喷射成液流。在科威特,"大风"在每种情况下都能将大火扑灭,但是,却没在科威特较大的灭火中使用过。

6.9 封井

一旦火熄灭了,封井作业就开始了。用封井器组在合适的法兰上或在光管上将井封住。封井器组上端有一个或多个全封闭防喷器闸芯,下面是带有分流管线的 T 形压力接头。封井器组下部的配置根据井口其余组件的配置而定。

如果可以用法兰,那么,在 T 形压力接头下面的封井器组底部就是一个变径法兰。法兰式封井器组如图 6.24 所示。如果暴露出来的是光管柱,那么,T 形压力接头下面的封井器底部就是一个倒装的防喷器闸板,后面是卡瓦闸板。带有倒装防喷器闸板和卡瓦闸板的防喷器组如图 6.25 所示。封井器用吊车或小车放于井上。

对于裸露的管柱来说,可以代替倒装的防喷器闸板和卡瓦闸板的,是安装一个套管法兰。如图 6.26 所示,一个普通的套管法兰用卡瓦卡在裸露管柱的外面。由 4×4ft 短木基础支撑的

图 6.24 灭火技术设备

图 6.25 带有倒装防喷器闸板和卡瓦闸板的防喷器组

起重机或液压千斤顶,可用来把卡瓦装在套管头上。然后在千斤顶和基础周围浇注水泥,直到套管头的底部。一旦套管头固定住,多余的套管就用气割割掉。然后在套管法兰上就可装上封井器组。

在光管上用的另一个技术是在防喷器组底部装一个焊接的法兰。然后将防喷器组在光管上方往下落一段,直到光管上。如果火已被扑灭,防喷器组就用吊车下落。如果火还没有被扑灭,防喷器组就用拖车来安装。随着防喷器组的就位,带卡瓦法兰就焊在光管上。从井内出来的液流比焊接作业高出足够远,防止复燃。

在所有情况下,防喷器组都应大于井口,这一点很重要。较大的防喷器组在封井点能产生烟囱的效果。防喷器组较小,可能在封点上产生回压和回流。

在最坏的情况下,需要导向器,转变防喷器的液流方向。如果液流很强,防喷器组就得强行装在井上(图6.27)。在封井过程中,几乎总是有那么一段时间不能用目视接触东西(图6.28)。

图 6.26　安装套管法兰代替倒装的防喷器闸板和卡瓦闸板

图 6.27　防喷器强行装井上

图 6.28　封井过程不能目视

一旦防喷器落地,就接上放喷管线,关闭全封闭闸板,使液流排到离井口最少300ft远的土坑内。随着井的放喷,封井作业就完成了,井控和压井作业就开始了。

6.10 冷冻

冷冻是井控中很有用的方法。通常,由于钻柱中的上球阀太小,不允许堵塞器运动。为了随钻杆上的压力使阀移动,就需冷冻钻杆。一个木箱子装在要冷冻区域的周围,然后将膨润土和水混合成很黏的混合液泵入钻杆,沿冷冻区域标注位置。

紧接着,冷冻箱用干冰(固体二氧化碳)充满。从来不用氮来冷冻,因为它太冷。钢变得很脆,可能一受冲击就破碎。要得到一个好的冷冻堵塞器,可能需要几个小时。经验法是每英寸直径需要1h才能冷冻。最后,压力就从上边有毛病的阀处排掉;卸掉该阀进行更换,堵塞器就允许解冻。几乎所有可以想象的东西都冷冻过,包括阀和防喷器。

6.11 快速分接

快速分接是井控中另一种有用的方法。快速分接包括在要开孔导出液体的物体上安装法兰或鞍形物,并钻入有压力的管线。几乎任何东西都可以快速分接。例如,不能用的阀可以快速分接,堵塞的钻杆也可以快速分接,将压力安全放入大气。在其他情况下,钻杆经过快速分接,压井液通过开孔而被注入。

6.12 喷射切割

磨蚀性喷射切割技术不仅在其他工业部门而且在井控中也用了许多年了。但是,自从在奥—敖达(AL－AWDA)项目中(科威特)广泛应用磨蚀性喷射切割以来,井控工业设备供应商已设计和使用了更为先进的设备。

井控中用的磨蚀性喷射切割器如图6.29所示。这些切割器与拖车端部连接。喷嘴定位在临近用拖车切割的目标处,拖车与推土机相连。用水或者是用膨润土与水的混合物将含砂量为大约2 lb/gal的压裂砂输送。混合物在5000psi至8000psi的压力下,以大约2bbl/min的速度通过喷嘴。正常使用的喷嘴尺寸大约是$\frac{3}{16}$in。

正如同经常发生的情况那样,喷嘴连接在一根管柱的端部,整套设备用吊车或牵引设备移动就位。切割可以非常有效,最大的优点是灵活和有效,不需要引人大件设备,喷嘴可以装在便携式仪器箱里运输,所需其他设备也很容易提供。

本技术已用于切割钻杆、钻铤、套管及井口。进行切割所需时间取决于要切割的物件以及操作条件。一个单根管柱可以在几分钟内切割完。磨蚀性喷射切割在绝大多数情况下优于其他方法。

图 6.29　井控中用的磨蚀性喷射切割器

参 考 文 献

［1］ Timoshenko S. Theory of elastic stability. New York：McGraw – Hill；1936.

［2］ Kinley JD, Whitworth EA. Call Kinley. adventures of an oil well fire fighter. Tulsa, OK：Cock a Hoop Publishers；1996,18.

第7章　如何打救援井

5月12日

03:00—观察到扭矩增加,机械钻速降低。

04:30—起出钻具,检查钻头。似乎是钻到了金属。公司的代表说这是正常的地层磨损。随钻测量有磁性干涉。陀螺仪测量结果表明,位于这个深度的井间距离为10ft。

06:00—下入钻具继续钻进。旋转45min,情况没有得到改善。泥浆室告知有大量的钻井液返到振动筛。生产部门说邻井出现了压力损失。生产井停止。发生了井喷。

7.1　回顾

救援井也没什么很神奇的。任何一位具备些许经验的钻井工程师都能设计救援井。有一些特性需要考虑和牢记,但是钻井注意事项都是很常见的。在大多数的情况下,救援井就像在它周围钻的其他井一样,只是地上多出一个井眼罢了。总体来说,救援井的套管计划应该是和井喷井的一样。在水平井钻井还是陆上钻井作业中的新奇产物的那段时间,遇到了许多的挑战。现如今,陆地上大多数都是钻水平井,定向井也已经常态化,技术也变得先进了。

在钻救援井的时候,井控和防止井喷是两个独立的但是又彼此关联的问题。我会在文章结束的时候解决这些问题。首先,让我们考虑打救援井的问题。

7.2　救援井分类

救援井可以分为两类:直接截流式救援井和几何式救援井。第一类属于几何式救援井。几何式救援井是一种能够在足够近的距离建立起救援井和井喷井之间联系的一种井型。在水平井井喷或者是井眼内部没有管件的井喷,那么几何式救援井最有可能是唯一的选择。顾名思义,直接截流式救援井就是直接截流或者钻入井喷井眼的井。直接截流救援井需要在截流点找一个金属目标。

直接截流式救援井在很多情况下都应用过。首先我们谈论的是直接截流式救援井。它是一种直接钻入井喷井眼的救援井。显然,为了在地表下部某处截断井喷井眼,那么井喷井眼相对于救援井的位置一定要确定。现在,两口井的相对位置可以由井眼邻近侧向测井进行确定。所有的井眼邻近侧向测井都是基于分析磁场的变化,包括钻井、套管以及其他的管件内或者是井喷井的附近区域。由于井眼邻近测井技术的出现,直接截流式救援井一直是优先选用的方法。因为它让井控和压井作业极大地简化,同时它也确实利用了现代化的分析技术。

7.3　计划

7.3.1　需要多少救援井?

用若干个截流式救援井去阻止井喷的情况我还没有见到过。然而,在有些情况下,多个救援井会因为各种原因而开启。譬如这样一些情况下,工作人员想要确定使得井喷得到控制的一切工作是否已经就绪。换句话说,工作人员想对重要的救援井的相关问题的事件做一个备份。这是政治因素而不是技术原因。

在一些作业当中,因为政治的因素,两口救援井会被同时开启。其中一口井一般会被设计为第一救援井。只要首要的救援井是按照计划来执行,那么第二口救援井的工作就会暂停,以免对第一救援井的工作产生干扰。因此,在一些中间套管点,在第二救援井的作业就会暂停,钻机会停掉,然而第一救援井的作业会继续。这会使得操作人员很苦恼,钻井人员同样如此。

因为邻近侧向测井技术依赖于井喷井眼内部磁场的变化,那么准备使用它或者已经使用的区域,就只能钻一口救援井。最不愿意遇到的事情就是在井喷井的邻近区域存在其他的磁场变化,从而影响对于测量的结果的分析。

7.3.2　在哪布置救援井?

相对于井喷井,在哪布置救援井应该有多重考虑。如果地下井喷仍在继续,地下井喷处的破裂方向必须要确定,并且要避免。例如,在 TXO 马歇尔井喷很长一段时间以前,在地下有很剧烈的井喷。这时候几个救援井就会开启,但是没有一口井超出地下流的点位。在地下井喷的深度,救援井会遇到异常压力(一般为 1psi/ft),同时获得压力释放的位置。根据破裂方向的相关研究,救援井的位置应该选择垂直于破裂平面。救援井通过地下井喷区域并没有困难。

风向也是其中的一种因素。如果在井喷的时候有大火,那么顺着井喷的方向热量会非常高,那么反方向的位置可能会好点。在海上,如果水里有碳氢化合物,那么水流也应该要考虑。如果水上也有火的时候,并不建议安装钻井。

如果在井喷的最近区域有另一口井,那么就应该考虑它是否会对邻近侧向测井所获得的数据的理解产生干扰。在这种情况下,救援井计划就必须包含消除这样一种潜在的困扰的方案。

如果井喷发生在硬质岩层区域,抵抗该地区滑移趋势的钻井作业,在情况好的时候,将会耗费大量时间,不好的情况下,将无法钻进。1981 年的 Apache Key 井井喷,第一口救援井 Texas Panhandle,应对井喷的钻井作业取得微乎其微的成效。第二口救援井是在一个设计用来利用区域滑移趋势的地面位置开始的。第二口救援井钻井没有遇到困难,最后成为了第一救援井。

许多工作人员害怕将救援井布置的表面位置与井喷的位置太近。但这似乎忘记了这样一个事实,救援井必须通过井喷处,并且将两者的表面位置分开。救援井越复杂,那么钻井消耗的时间也会越长。在其他条件相同的情况下,将布置的位置与井喷表面的位置尽可能近,那么这会使得作业起来更加便捷。

其中最重要的一件事就是弄清楚救援井与井喷处的相对位置。记住这一点,如果测量不能获得准备的结果,那么所有其他通过在两口井之间进行调查比较所得的结果也会不准确。以我的经验来看,救援井的位置不能靠 GPS 来确定。建议让当地的调查员对两口井的位置井下调查,并且准备当地的工程图。这样的参考将会是准确、可靠的。

7.3.3　它在哪?

相对于表面位置,井喷的井底位置在哪? 打算钻直井,那么在钻进的时候会自然产生滑移。对于整个井深,井底位置可能位于任何地方。在过去,大多数的井只是测量误差,定向测量很少。在许多情况下,使情况变得更糟的就是误差测量在仪器车上运行。

在 Apache Key 救援井中,对于所计划的阶段,只有误差是可用的。在 16400ft 的区域发生井喷,那么在 14000ft 的不确定的锥形区域的直径为 514ft。据估计需要多达 5 个通过该不确定锥形区域的位置来定位井喷的井眼。将范围缩小,对周围 25 口井的区域滑移趋势做了研究。最后的不确定性降到了 50ft 宽,85ft 长,且位于从井喷位置的表面北偏西 90ft 的区域。救援井通过导向抵达该区域,经过初次尝试,井喷井最后被找到。

另外一种情况是,不确定的锥形区域得以确定,但是最终没有钻遇目标。这个井必须要封堵,往更高的地方去找,最终根据井深实行截断。在这个例子中,当井底的位置与它应处的位置都不是很近时,误差测量显然就会在仪器车上运行。

我的经验,近些年钻的大多数的井都有定向测量,获得的数据质量也很高。我个人对现代定向测量技术有充分的信心,会毫不犹豫地根据井喷井的定向数据来开发救援井计划。当基于定向测量的计划目标是在邻近侧向测井的范围内时,那么目标就会被邻近侧向测井探测到,我对此很有信心。

7.3.4 在什么地方阻截井喷?

在救援井作业中,另外一个注意事项就是在什么地方对井喷井眼进行阻截。如果其他条件都相同的情况下,最好的阻截就是正好位于井喷区域的上方。在任何情况下,压井作业的预期压力必须要保证井喷得到阻止和稳固,而且在救援井的最后一个套管鞋处没有破裂的情况。该系统就像一个大的 U 形管,其中最薄弱的地方必定是井喷区域的破裂压力。

7.3.5 目标是什么?

就如之前所提到的,为了用救援井来阻截井喷井,那么在井喷的井眼中必须有管件。最好的情况就是在整个井喷区域都有套管。所以,在这种情况下,管件就是井喷井所需要关注的目标。

如果井喷发生在一个正在钻进的井中,那么离井喷区域近或者通过该区域的钻杆就是我们关注的目标。如果流体沿着钻柱流动,那么计划的阻断就应该位于井喷区域的顶部或者浅层钻柱末端附近。

在很多情况下,流动的路径一直是个谜。当想要弄清楚流动路径然后进行阻截的时候,需要牢记的是对于一个开放式的井眼井喷不可能持续很长的时间,特别是在海上发现的不太发育的岩层中和沿海区域。需要对不太发育的岩层进行封堵需要耗费数个小时的时间。井喷在较为发育的岩层中会持续更长的时间,这往往会长达数天。如果井喷持续,就需要寻找以各种方式通过管件的路径。如果套管和钻杆是分开的,那么对于邻近侧向测井的数据的理解就会受到这个因素的影响。所以一个完整的井眼方案十分重要。

在得克萨斯州 Beaumont 地区的 AmeradaHess Millvid 3 井,中间管件下入深度为 8600ft,井深在 13000ft 以内。在卡钻的时候,认为钻头距离井底的距离大约为 100ft。当调整钻杆进行解卡时,钻杆正好在中间套管的下部分开。当救援井在作业的过程中,井喷井会有剧烈的流动。随后可以了解到,这些流体会沿着分开的钻柱流动,最后进入中间套管鞋处的地层中。该井喷井正好在钻头的上部被阻截,然后沿着钻铤钻达钻头处。一旦钻头抵达目标处,那么井喷就不存在了。

7.3.6 如何发现井喷井眼?

要实现井喷的阻截,井眼邻近侧向测井是必备的。该技术在 20 世纪 70 年代被引进,到 20 世纪 80 年代已经发展较为完善。在 20 世纪 80 年代早期,该技术没有发生很大的改变。邻近侧向测井的原理是通过对井喷井眼内部的磁性物体的磁场变化进行检测和分析的一种技术。

第一代邻近侧向测井技术的原理是基于所谓的被动磁力。譬如,灵敏的磁力计是用来探测和分析井喷井眼内因管件引起的磁场变化。被动磁力邻近侧向测井由商标为 Magrange 的 Tensor 公司生产。经过若干年的发展,也有其他的一些公司具备该项技术,据我所知,没有一家还在经营。

如今,被动磁力服务作为随钻测量的附属产品由一些服务公司提供。在此类服务中,通过分析随钻测量数据的磁干涉来确定磁变化的距离和方向。被动磁力技术的测量深度大约是 30ft。或者说利用被动磁力技术,救援井在距离井喷井大约 30ft 的地方可以被探测到。

其他的邻近侧向测井技术被称为主动磁力。在 20 世纪 80 年代初,唯一的主动磁力技术是由埃克托磁学研究公司(Ector Magnetics)开发,在 2014 该技术卖给了哈里伯顿公司,如今该技术用 Wellspot 为商标进行市场推广。

在主动磁力技术中使用的方法很简单和直接。如图 7.1 所示,含有四个磁针的工具上的一个电极在一根 300ft 长的常规电线上运行。两个交流磁针与一个垂直于工具轴线的交流磁场的两个元件响应。两个磁通量闸测量垂直于工具轴的两个地磁元件。磁通量闸的作用相当于磁罗盘,来确定工具的方向。

在工具和测量车上的电缆之间,有一段 400ft 长的绝缘短索。在该工具 300ft 上的短索电缆,电极向地层发出交流电流。当附近没有磁体材料存在时,如发生井喷的井的套管,电流对称地进入地层并耗散。如果有磁体存在,如套管或钻杆在发生井喷的井中,则电流短路,建立一个磁场。在工具上测出磁场的强度和方向。用常规的程序和简明的数学理论来分析各种参数。该方法相对于磁体的导电性来说,是依赖于井眼中地层的导电性,能够探测到距离救援井 200ft 的井喷。然而,在大多数情况下,这个方向范围大约是 100ft。

以我的经验和观点来看,对于要讨论的若干原因,主动磁技术实际上在各方面都占主导地位。最近这些年被动磁技术已经开始出现,该部分将会在本章的后面提到。同时,对两种技术的对比和之间的历史渊源也会做相应的介绍。

主动磁技术的缺点倒不多,但是也必须要考虑到。钻井过程中在测量方面耗费的时间非常多。邻近侧向测井工具是在一条传统的缆绳上运动,其由第三方测井公司供应。因此,必须起钻,测井工具才能开始工作。在深井中,起下钻的时间非常长。在后续阶段的操作中,每隔几英尺的距离侧向测井工具就会工作,这也使得测井过程耗费大量的时间。综合来看,该工具尺寸小而且重量轻,有时候下入井底会很困难,特别是在有方向变化的位置。

为了应对这个问题,VM(Vector Magnetics)公司研发了 WSAB 工具,它能在不需起下钻的情况下进行测量,并且在裸眼中下入测井工具。然而,由 WSAB 工具所测量的磁强度大约是裸眼井工具测量强度的十分之一。在最近的一次工作中,WSAB 工具技术精确度不足,还是需要使用裸眼测井工具工作。

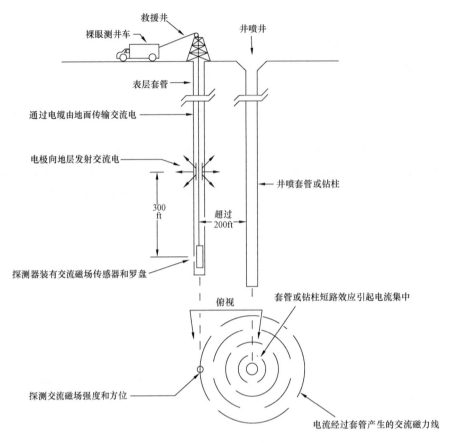

图 7.1　Wellspot 作业

主动磁测井工具的应用范围是地层阻力以及井喷井管内磁场特征的函数。地层的导电性和阻力有更大的影响。地层阻力越低,那么该工具的应用范围就越广。页岩的导电性要强于石灰岩。因此,在地层中很远的目标也可以被探测到。但是有一种情况,即地层为硬石膏时,只有当救援井大约距离井喷井 40ft 的时候,井喷才可以被检测到。另外一种情况是,地层主要由未胶结的砂和泥岩组成,那么要检测到井喷,救援井距离井喷的距离大约在 150ft。

位于井喷井中的管件的结构会使得对于数据的分析以及对于目标位置的确定复杂化。以分析为目的,管件的结构必须模型化。通常,井喷是经过了一系列具有破坏性的事件,同时,管件的具体条件并不清楚。

在位于 Bangladesh 的 NikoChattak 井喷,表层套管的下入深度还有几百英尺,钻头距离井底 1100ft 且距离井喷区域上方 300ft。当井喷发生的时候钻杆位于卡瓦中,钻机也会消失于火海里。钻杆是仍然留在卡瓦中或是分离,抑或是掉入井底? 钻头仍然是离井底 1100ft 的距离还是处于它们之间的某个地方? 表层套管处于什么位置? 任何人的猜想或者位于现场的每个人有不同的猜想都是合理的。当通过邻近侧向测井技术将目标确定之后,钻柱处于卡瓦中的假设比钻柱掉入井底的假设,在距离井喷的位置上要多出 30ft。在最后的分析中,发现钻柱是跨越整个井喷区域。其他事情仍然是一个谜。

以我个人经验来看,从目标被第一次探测到的时间开始,目标的方向是很精确的。然而,当距离很远的时候,对于直接测量数据的理解所确定的距离并不是很精确。但是,当救援井距离目标比较近的时候,精确度又会上升。基于最好的方案,在早期阶段要精确地确定救援井和井喷位置之间的距离是困难的。

例如,在某次作业中,早期阶段所指示的方向是完全准确的。在最后的数据分析中,当救援井距离井喷处153ft的时候,实际上已经开始探测井喷了。前两次工作的数据表明,救援井虽然逐渐接近井喷井,但是强度不足以确定距离。第三次的数据就足以对距离和方向做出判断了。救援井和井喷井的距离预测是39ft。当拦截和测井工作也完成的时候,最后确定的实际距离大约超过了72ft。在第四次的预测是在井眼之间33ft的距离,同时获得的真实距离是48ft。第五次调整为20ft,得到的真实距离是18ft。这清楚地表明,当救援井逐渐接近井喷井的时候,测量的精确度就会提升。

VM公司研发了几套不同的方案来应对在确定两口井之间的距离的时候所碰到的问题。最好的也是最精确的要数梯度测距工具。该工具含有两个1~2ft的磁力仪,分别分布在x—y平面。该工具可以测量因为分离而产生的差异,从而直接确定目标的距离。当距离大约在10ft或者更小的时候,该工具能够非常精确的定位。

VM公司实现了在早期就能确定救援井和井喷井准确的距离的目标。为了应对早期遇到的距离问题,它们提出了"经过"的方案。为了能够做出许多方向性的决定并且将目标分解成三角形,"经过"仅仅意味着他们想要钻过井喷井。用这种方式来确定距离有很高的精确度,同时也很可靠。然而,救援井钻过井喷井,并且位于错误的方向上。在获得测量数据后,距离就可以确定了,此时就要封堵救援井。然后,重新向井喷井钻井实现拦截。

应用这种方法,至少有三种潜在的问题。首先就是钻过井喷井可能会冒过早进入井喷位置的风险。这在过去也曾有发生。其次,钻过井喷处可能会遇到破裂地层的情况,如果在该过程中有地下流,那么就会有遇到地下流的风险。在某些情况下,譬如当救援井在井喷处遇到地下流时,钻进是不可能继续钻进的。最后是需要进行封堵,但每次的封堵工作都非常耗时。

另一种钻过井喷井的方法是采用"缓慢通过"。缓慢通过的意思是救援井通过改变方位角定向钻到目标的左边或者右边。通过改变抵达目标的方向,三角测量的方法能够更好地获得早期距离的近似值。缓慢通过比通过要有更多潜在的复杂情况。但是,从个人经验来看,要使得井喷井得到控制,缓慢通过的方法通常会需要大约两倍的测量工作,同时,需要更多的工时。

我从没觉得早期距离的不准确会是一个问题。我更倾向于认为来自井喷井的方向数据是可靠的,可以直接钻达拦截点。该距离问题通常在接近井喷处的时候会迎刃而解。以我的观点来看,增加额外的时间以及与通过的方法相关的问题对该操作是很重要的。当井喷出位于梯度测量工具的范围内时,所得的距离就会非常准确。

我推荐的一些测量方法如下:

(1)当救援井到达了最有可能探测到的距离时,这就使得第一次测量工作试着抵达目标。

(2)如果目标不能识别,继续往前钻进一小段距离,然后再次测量。

(3)当目标识别时,继续钻距离目标的剩下距离的一半,然后再次测量。

(4)根据新的数据,钻剩下距离的一半,然后再次测量。

(5)在大多是情况下,在拦截点上方和距离井喷井中套管2~5ft的距离下套管。如果井喷井中的目标只是钻杆,那么保护套管可能会设置在 2 ~5ft 的地方。

(6)钻穿技术套管,然后钻向目标位置的套管。在同一个方向接近目标,那就会钻达目标或者划过。

(7)在抵达目标的最后的方案中,对于拦截来说 1° ~3° 的倾角将是再适合不过了,这样就避免了钻头的跳钻或者钻过目标。

(8)有必要频繁的测量来确定拦截的位置。通常来说,在下入最后的套管柱之后,两到三次甚至更多的测量工作是必须的。通过目标并且转向回钻目标会加大真实的垂深,这种情况应该避免。

图 7.2　常规的拦截磨铣工具

7.3.7　拦截方法

如果目标位置有套管封隔,在钻头接触到套管后,应该下入如图 7.2 所示的磨铣工具。磨铣套管并建立通道通常都比较容易。一般来说,当井喷井只有井底流动压力的时候,由于救援井有充足的静液压力,所以穿过套管的压差还是很大的。我能保证在大多数情况下,铣刀只有移除足够的管体才会引起套管的坍塌。有一种我一直不清楚的情况是在井与井之间的流动是受到限制的。

从图中可以看到,拦截磨铣工具是凹面的,并且在端面上有流通通道。磨铣工具的端面上覆盖一层碳化钨以便能够切入目标位置处的套管。通常使用一个磨铣工具即可建立通道。

一些人建议在井喷处的旁边钻进,然后下入射孔枪来建立与井喷位置的沟通通道。该方法既没有必要也不推荐使用。首先,它太容易钻进井喷井眼。毕竟,它是由邻近侧向测井技术所提供的。第二,用射孔枪进行沟通通道的建立存在自身的问题。如果一个三维图像是由两口井组成,并且增加射孔枪的方位,那么容易错过井喷位置的事实就很明显了。

总体来说,对于救援井的套管计划和针对目标井的套管计划是一样的。最后的尾管或者套管柱通常是在拦截点的前面,保持和目标位置相同的方向且在其后方,距离目标位置 2 ~5ft,倾角保持在 2° ~4°。该倾角非常重要的,因为这使得用高边来进行目标位置的定向变得更加容易了。在钻穿最后的套管柱之后,通常需要在拦截位置之前进行最后的测量。

在同等条件下,我倾向于在井喷区域的上方或者是在井喷区域上部几百英尺对井喷井眼进行立刻拦截。因为处于初期,所以拦截没有必要紧邻井喷区域。只要压井液能够使井得到控制,使其在拦截点处的压力不超过破裂压力梯度,那么拦截点处于井内的任何位置都可以。通常来说,所计划的拦截点处于套管下入深度的下方、生产层段的上方。在选择拦截位置的时候,必须要考虑孔隙压力和破裂压力梯度。井喷区域是向救援井开放的压力最弱的区域,因为在井内其他地方的压力梯度可能超过该值。并且,相比井眼中某些地方的套管鞋,最好的方法是压裂井喷区域。有一件事情能够确定的是,如果井喷区域内的压力超过了破裂压力梯度,那么井就报废了。在多数情况下,拦截的位置都是设计在非渗透性地层中,这些区域离井喷位置非常近。一般不太鼓励在井喷区域设计拦截点。

以我的观点来看,最好是通过在井喷区域进行压裂或者直接泵入的方式。有一件我非常肯定的事情是,井喷区域内不能在同一时间输入和输出。因此,如果井喷区域已经被压裂并且又携带流体,它必定是报废了。总体而言,水泥浆是紧随压井液。随着井喷地层被压裂,能够确定的是水泥浆被泵入井喷地层,因此井得到了保护。

钻井工作人员对于钻井液的漏失会很担心,因为他们一生的工作都致力于避免钻井液的漏失。但是,在井控中,如果循环流体漏失进入井喷区域,那么钻井液的漏失就是有利的。有人建议,最好的方法就是在不足以压裂地层的情况下,以一定的速率泵入一种特殊密度的钻井液。坦白说,我认为这是在提升我们的能力,并且似乎是有点天真。如果拦截点距离井喷区域的距离太远,那么在井喷区域和拦截点之间的层段就得不到水泥浆的保护。

7.4　应用主动磁技术的典型救援井操作

最近,一个工作人员正在研究一个在1952年发生过井喷的井。修井机的井架管件全部毁坏。井架的管件沿着井口全部消失在火海里。当时还设计了救援井,不过要进行地面的干预是不可能的。

这次井喷发生在亚伯达埃德蒙顿的市郊。由于加拿大有许多的井,所以 H_2S 是一个要注意的问题。由于房屋离井喷位置距离非常近,所以人们格外的担心 H_2S 的问题。

该井位于发达地区。如图7.3所示,在周边地区存在许多井。在井喷区域的西南方向80ft的距离处有一口井,它引起了人们对于磁力邻近侧向测井的潜在问题的注意。

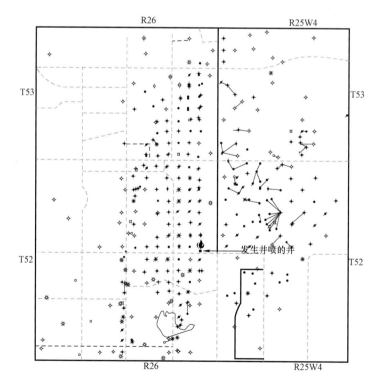

图7.3　地图表示了井喷井的位置

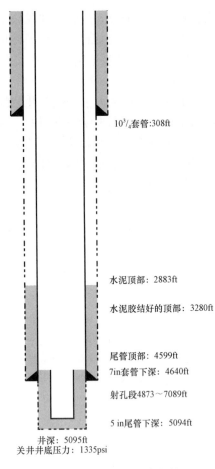

$10^3/_4$套管:308ft

水泥顶部: 2883ft

水泥胶结好的顶部: 3280ft

尾管顶部: 4599ft
7in套管下深: 4640ft

射孔段4873~7089ft

5 in尾管下深: 5094ft

井深: 5095ft
关井井底压力: 1335psi

图7.4 井喷井的井身结构

中间补偿井的总深度是4111ft。如图7.4所展示的经验方案,井喷井的总深度为5089ft。因此,若井喷井眼比补偿井深大约750ft,那么要在拦截点之前确定井喷井眼的位置空间就不多了。

在这个例子中,救援井的地面位置距离井喷井的地面位置距离是486ft。该井喷井是由7in套管封固,深度是4640ft;由5in的尾管封固,深度是5094ft。井喷地层是多产的含有晶簇的石灰岩。

井喷导致井内失火。然而,最大的问题是,随着油气的涌出,大量的水也被排出。如何处理这些水是个重要的问题。

因为该井钻于20世纪50年代,所以只有误差调查。通过调查发现,误差没有超过1°。通过对周围井的定向数据的分析,结果表明井喷井眼很有可能是从地面位置偏向了西北方向。

在这个例子中,工作人员几乎在同一时间开钻了第二口救援井。这次井喷是发生在大城市的郊区。城市里在不断刮着大风,并且还有严重的产水问题。在十万火急之际,工作人员需要一个"B计划",这也是第一口救援井在操作问题上所遇到的情况。

还有一口井几乎是位于井喷井的南方。从地理条件、风向、水运输问题以及住房等情况进行综合考量,都不能允许在井喷井的北部设置救援井。因此,为了缓解因为第二口救援井位于井喷井的正南方而引起的磁干扰和混淆的问题,故而将救援井的位置设置在井喷井的西北方向。从地面位置看,第二口救援井的轨道设计应该是处于东部,并且朝着井喷井转向南部。

救援井的真实轨迹如图7.5所示。井喷井的表面位置以及预期的井眼轨迹也做了展示。没有对井喷井做定向测量,但是局部的偏离趋势表明,井眼轨迹将偏向西北方向。由此可以看出,拦截点应该设置在表面位置的西北方向。

正如图7.6所展示的,随着救援井接近井喷井,磁场的强度呈现指数增长。强度在3600ft(1100m)处开始增加。在该点井喷井位于救援井西南方向53ft(16m)处。

目标在深度为4019ft(1225m)处清晰可见。位于该点处,井喷井眼几乎是位于救援井正西方向12ft(3.8m)的地方。位于该深度的救援井的方位角是268°。根据图7.7显示的主动磁数据,目标大概处于当前轨迹的高边的右侧或者是偏北方一点。

在深度达到1325m时,磁场的强度会增加10倍。从救援井中的测井工具的中心到目标井的套管中心的,井喷井的距离是1.5ft。如图7.7所示,救援井的方位角是308°,井喷位置稍微偏向高边的右侧。

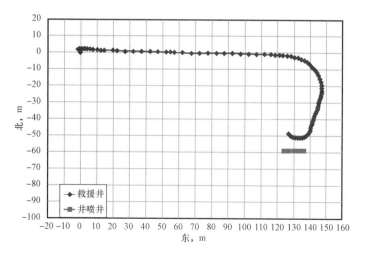

图 7.5 一次真实的救援井与井喷井的接近

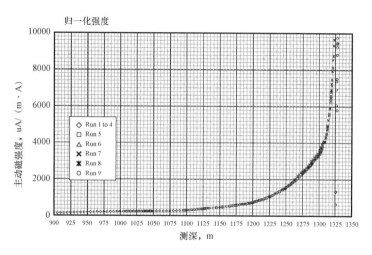

图 7.6 主动磁强度与测深的关系

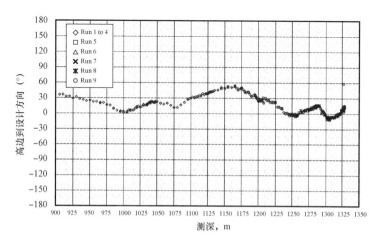

图 7.7 井喷井相对于救援井的方位

如图 7.8 所示,梯度范围测量工具可以在距离大约 3m 远的位置开始,就可以精确地测量井喷的位置。

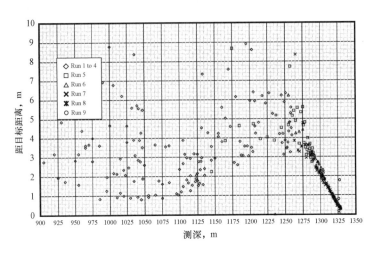

图 7.8　梯度测量工具获得的数据

所有的数据的使用都是实时的,这样就可以产生如图 7.9 所示的图形用于引导救援井抵达井喷井。图 7.9 展示了用于定位目标的位置和方向以及用于找到预测位置的误差线。如图 7.9 所示,一旦目标位置处于梯度测量工具的范围内,方向的测量会比距离的测量要更加可靠。主动磁测量的数据见表 7.1。

在进行直接截断后,通过救援井对井喷井进行压井十分有趣。一旦建立了通道,那么所有与压井相关的工作都得做好准备。通常井喷持续相当长的一段时间。因此,井底的流动压力实质上要比井底的关闭压力要小。根据储层的特点,要使得储层的压力恢复,这需要很长的时间。

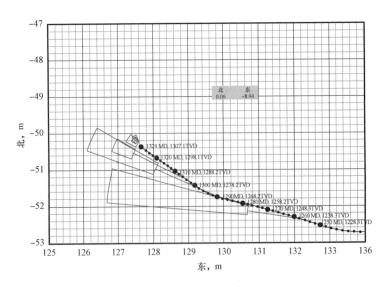

图 7.9　井眼位置方案图

表 7.1　磁测量范围与目标位置　　　　　　　　　　　　　　　目标位置

序号	深度		距目标层的距离		误差		北		南	
	m	ft	m	ft	m	ft	m	ft	m	ft
1	1132	3714	14	46	5	16	51.02	167.4	129.20	423.9
2	1202	3944	8	26	3	10	50.48	165.6	128.83	422.7
3	1258	4127	3.5	11	1	3	50.34	165.2	128.23	420.7
4	1289	4229	3	10	1	3	49.38	162.0	126.52	415.1
5	1304	4278	1.9	6	0.3	1	49.24	161.5	126.54	415.2
6	1319	4327	0.88	3	0.15	0.5	48.94	160.6	126.65	415.5
7	1325	4347	0.45	1	0.07	0.2	48.88	160.4	126.80	416.0
8	1331	4367	0.07	0.2	0.05	0.2	48.85	160.3	123.84	406.3

当然,救援井充满了液柱压力。因此,当磨铣工具充分地降低了套管的强度后,那么套管就会很容易垮塌,这样井喷井就会暴露在救援井的液柱压力中。这多么让人震惊！当然,在救援井中的钻井液循环就会立刻消失。闸板防喷器应该立刻关闭。压井车需要与位于闸板防喷器下方的压井管线进行安装。根据先前的预订流程,目标就是实现压井和固井。

根据井喷井的结构,通常的做法就是使井喷井的环空充分地位于救援井内。在其他情况下,可以使用精密的电脑软件分析多相流的条件。同时,对泵入的用于控制井喷井的压井液,需要弄清楚所需的密度以及泵入的速率。

有一些大公司有多相流的程序。在我们公司,我的老朋友,也是商业伙伴的 Jerry Shursen 写过用于压井的程序。并且屡试不爽。它是基于 Orkiszewski 的工作。[1]一个可以商业化的程序是用 Olga 的商标在进行营销。

在使用任何软件之前,包括我们自己开发的,首先要意识到的就是软件在理论上的缺陷。以我的观点来看,最好的多相流作品是收录在 API Mobigraph Volume 17 – 詹姆斯和其他人共同开发的井内多相流。当我们研发了我们自己的作品,我们向 Brill 以及塔尔萨大学的其他人进行过咨询。

下面就是我们所学内容的概述:

(1)在水平井和垂直井中的多相流没有什么关联。

(2)所有的多相流方程都是使用一系列的经验公式。

(3)所有的经验公式都是根据直径在 1in 左右的管得到的。

(4)没有哪一个多相流的成果在环空中使用过。

(5)多相流的成果是建立在最多三相的基础上——油气水。

(6)没有哪一个多相流的成果是依据我们所看到的井喷井中的流体所得到的——如油、气、水、钻井液、地层固相等。

(7)没有哪个多相流的成果是在一个井眼尺寸和粗糙度等都在不断变化的情况下做过模拟。

Olga 的核心技术仍然是保密的。然而,根据救援井中所展示的,Olga 在挪威研发的一套工具用于预测和理解山脉之间管线内部的多相流。这个关系式是根据一个直径尺寸是 8in、长度为3280ft的水平流动管线设计的。用于设计该关系式的流体主要是气相的氮,或者是挥发油、柴油或者是液相的润滑油。该管线只有一个垂直截面,高度为164ft。该系统内的压力在300～1400psi变化。显然在实际情况下,会有喷出情形的涉及天然气、油、水、地层固相、钻井液、血液和啤酒。这些流体很难建立模型,哪怕是最好的公式也不一定很准确。由于多相流的计算关系式很大程度上依赖于经验公式,所以任何来自实验条件下的系统,都有理由相信是不太准确的。而且,就如Moody所说的,我们必须意识到任何摩擦的计算公式都是根据流动通道的尺寸以及相对粗糙度所建立的。谁又能清楚地了解裸眼的尺寸,更何况是相对粗糙度呢?所以可以得出这样的结论,以我个人看法,Olga是一个不错的软件,对于我们遇到的问题可以给出相应的数据,但是它也和其他的软件一样,存在技术上的缺陷。

一个常规的直接截断式的救援井方案图如图7.10至图7.12所示。救援井和井喷井形成了一个大的U形管。

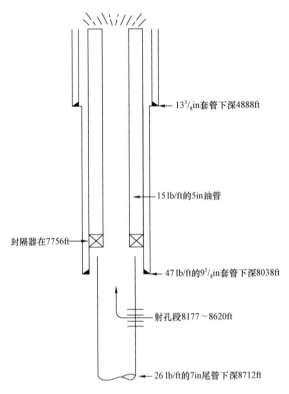

图7.10　井喷井眼

在大多数时候,在井喷井的井底流动压力都要小于救援井中的静液压力。当执行截断作业的时候,主要依据是救援井的结构。救援井会变成真空(在大多数情况下);通过保持井喷井眼充满压井液或者泵入所需要的压井液来控制和压住井喷井是一件容易的事情。控制和压井的相关内容在本章的后面讨论。

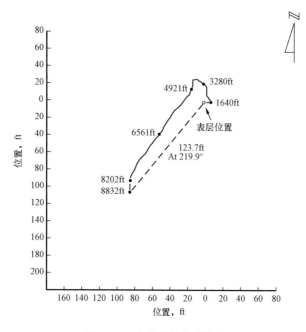

图 7.11 井喷井的井眼轨迹

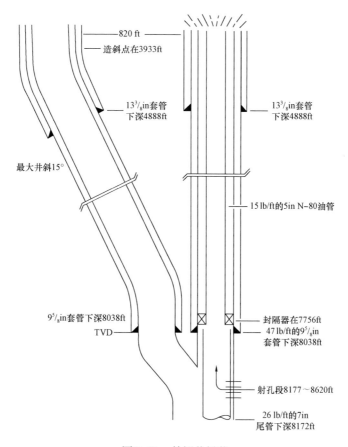

图 7.12 救援井拦截

7.5 直接拦截式救援井

7.5.1 发展的历史

直接拦截来进行井控和压井是优选的一种方式。用于拦截井喷井的该项技术由 Dr. Arthur Kuches 进行了完善。毫无疑问,这是我有幸见到的最聪明的人所创造的艺术品,并且他热衷于此。

在 20 世纪 80 年代的早期,Amoco 经历了一次井喷,该井是位于路易斯安那 Baton Rouge 附近的 Tuscaloosa 地区。在方向测量上的系统错误以及 Magrange's 的被动磁测量技术的局限性促使 Amoco 必须要探索新的方法。Amoco 联系了康奈尔大学的物理学教授 Dr. Arthur Kuckes。该教授是主动磁应用技术的领军人物。他帮助 Amoco 控制并压住了 Bergeron 井。

在 1981 年,随着 Apache Key1 – 11 救援井作业的新的技术的诞生,这使得拦截井喷井并建立连通的通道成为了可能。自从该技术出现,只要在井喷井内存在金属目标,那么救援井的干预工作在大多数情形下都是可以得到保证的。在当时的情况下,主动磁技术相对于被动磁技术更加具备可靠性和可诊断性。自 20 世纪 80 年代以来,该技术没有出现过太大的变化。虽然该项技术一直都有完善和改进,但是最基本的内容没有变化。一直都是如此的成功,没有理由需要改进。

该项技术由 Art 以及由他在纽约的 Ithaca 所创立的 Vector Magnetics 公司所主导。这使得井控和救援井钻井发生了革命性的变化。在 2014 年,Art 将公司卖给了哈里伯顿能源服务公司。

7.5.2 被动磁技术的原理

1970 年 3 月 25 日,Shell 石油公司在位于密西西比的 Rankin 县的 No. 1 井出现了井喷,所处位置是 21122ft。由于存在高浓度的硫化氢,所以要实现干预是不太可能的。然而,未曾有人预想到在深度为 21000ft 处打救援井。定向钻井技术以及固有的系统测量误差实际上已经使得在井喷井的井底附近的任何地方打救援井的希望破灭了。

Shell 的应对开创了当时可用的救援井技术。该公司的工程师设计了一个救援井在距离为 10000ft 的地方接近井喷井。然后使用灵敏的磁测量仪器测量地磁场以及因为具有残余磁性的管件引起磁场产生的失真。大量的测量结果都是来源于救援井和侧钻。这些得到的数据用来建立模型以及使用斯伦贝谢的 ULSEL 技术收集的数据。如果模型足够的情况下,这些数据至少可以提供一些距离的指示。

由于在大约 10000ft 深度的位置,成功地应用 CoxNo. 4 救援井拦截了 CoxNo. 1 井喷井,所以 Shell 公司的才智和努力被嘉奖。将救援井钻入井喷井,最后成功控制了井喷。

不幸的是,Shell 在 CoxNo. 1 井所获得的相关技术并没有用于商业服务。因此,1975 年,在加尔维斯海湾,Houston Oil and Minerals 公司经历一次井喷,可靠的井眼邻近测井技术服务也没有进行商业应用。针对这个情况,Tensor 被委派开发一套系统,最后该系统因 Magrange 服务而出名。这个 Magrange 系统与 Shell 公司的技术类似。高度灵敏的磁性测量仪器用于探测因为井内管件的影响所引起的地磁场的失真。这项技术被称为被动磁技术,已经在 Houston Oil and Minerals 公司的井喷中得到了成功的应用,并且在几年后成为行业标准。然而,在有些情况下,测量深度局限在35ft,干预的可靠性也比预期效果要低。而且,被动磁技术的应用要依赖于因与目标井的关联而产生的磁极强度。因此,需要经常观察是否与目标井眼之间存在关联。以我个人的经验来看,数据的解读还有很大的空间。对于涉及的对于距离和方向的理解,其中涵盖的科学与艺术是一样的,总体来说是不可靠的。被动磁技术和 Magrange 技术在1970 年至 1981 年期间是属于最先进的技术。

7.5.3　主动磁技术与被动磁技术的比较

在 1981 年,我刚好有机会在 Apache Key 的井喷中对比了两种系统。该井喷是发生在1981 年的 10 月。井的情况持续变坏。在 1982 年的早期,我被聘请为项目经理。由于井眼已经破坏,并且几乎没有完整的管柱,所以地面控制的方式基本不用考虑。Key 井的总深度是16400ft,没有进行方向测量。当时救援井被认为是实现井控的唯一希望。在 Mobil 工作的 El-mo Blount 曾在印度尼西亚的 Arun 井喷时,倡导救援井作业以及通过救援井实现压井。Elmo 是我的老朋友,也是来自 OU 的同学。我联系了 Elmo,希望向他学习一些经验或者得到一些指点。通过大量的学习之后发现,由于 Key 井的特殊的储层特性,如果救援井距离井喷井的距离超过 2ft,那么救援井是不可能与井喷井建立通道的。因此,需要采用直接阻截的方式实现井控。

之前的定向钻井技术与今天的大不相同。所有的定向钻井技术都是在井内采用弯接头来完成,然后用缆绳实现导向。这样的钻井相当得慢。相对于钻井喷井,钻这样的救援井需要花费两倍以上的时间,并且困难重重。

从 Shell 技术的早期开始,Magrange 技术已经有了很大的改进,当时它被认为是最先进的井眼邻近侧向测井技术。由于井眼的深度和锥度的不确定,要穿过锥度不确定的区域,那么需要多达 5 个关口用于定位井喷井眼的位置。对于滑移趋势的深度研究缩减了搜索的范围,井喷井眼被定位在第一关口。然而,由于 Magrange 技术的局限性,救援井在通过井喷井眼的时候需要进行侧钻。

第二关口就是测量的数据与代表井喷路径的最优工程数据不一致的情况。出现错误意味着需要进行第二次侧钻。当处于绝望的情绪中时,我开始寻找新的方法。我曾经听说过 Art,所以和他取得了联系。我详细地陈述了我的艰难处境,并恳请他的援助。他毫不犹豫地答应了我的请求。他答应得如此自信和爽快,使我都有点怀疑他是否听懂了我的问题。所以,我又重复了一遍。结果我又得到了同样的答复。我让他准备好一起来到了 Texas Panhandle。

你会发现他这个人很有趣。他很聪明但是也十分古怪。他使用 2 号铅笔工作,并用小刀削这只铅笔。他从沃尔玛买了图纸,将自己的工具打包放在橙色的箱子里。然后将数据画成图表,当他把某张图纸用完的时候,就会裁剪另外一张,然后与之前的图纸粘在一起继续画。

我同时让 Art 的主动磁性测量工具与 Magrange 的被动磁性测量系统工作。并且,我还让Magrange 的一个分支系统——搜索系统也开始工作。我并没有让他们交换意见。之后我分别问了各自得到的结果。在第一次同时用两个工具进行测量时,被动磁测量所得到的数据表明井喷井位于救援井的南部 12ft 处。他们给出的建议就是要加大倾角,直接钻到指示的目标并压住井喷。主动磁的测量数据表明,井喷井位于救援井的南部 1.5ft 的位置,并且在接下来的 60ft 救援井将会通过井喷井。

如果主动磁测量所得到的数据是正确的,那么根据被动磁测量数据所给出的建议进行作业,毫无疑问将导致又一次的侧钻。由于目标极性的改变,被动磁测量的数据能够精确地确认救援井将从北部向南部通过井喷井。因此,最后决定再钻60ft并且继续用两套系统进行测量。当又钻完60ft后,Magrange的数据表明救援井通过了井喷井眼。两套系统都完成了剩余的工序。在数据出现冲突的情况下,每次的结果都表明主动磁的数据理解是正确的。最后,主动磁测量的数据用来进行拦截和磨铣套管,然后在射孔井段和目标井建立通道。然而,并不能确定通道已经建立。然后从用来进行拦截的井中泵入水泥,希望能够进入目标井眼中。被动磁的测量情况如图7.13所示。

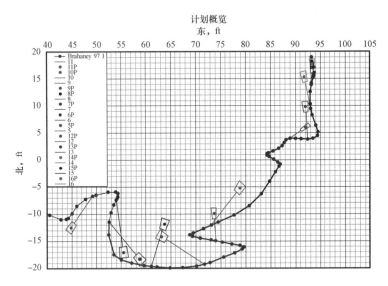

图7.13　常规的被动磁数据拦截

7.5.4　被动磁力回复

1981年后至2008年左右,被动磁力在救援井中的应用操作已经成为过去。然而,我确实在2005年在孟加拉国的一个救援井上再次遇到了它。定向公司认为他们可以通过解释对他们的随钻测量工具的干扰来提供帮助。他们尽了最大的努力,但没有作出任何贡献。大约在2008年,它再次出现,我有机会比较这两个系统。我在为一个客户做一个回填项目,我们没有方位数据和可疑的井斜数据。这些井都是老井,而且井斜数据也不可靠。这些地层是硬石膏和石灰岩,它们为主动磁力提供了最艰苦的环境。在第一口井上,我们用第一次通过了不确定范围,如果井斜数据准确的话,我们应该看到目标。我们什么也没看到。我们回填了井,在较浅的深度穿过不确定的范围。我们找到了目标并跟踪到了拦截点。从目标原来清晰的测斜是在偏房进行的。目标井远远超出了第一次的确定范围。

服务公司在第一次就利用了我们的困难说服操作人员尝试基于解释的无源磁学干扰随钻测量数据。这位作者有机会比较一下主动磁学和被动磁学,在我看来,主动磁学技术在各个方面仍然是优越和可靠的。

这口井较浅,大约5000ft,使用主动磁力的拦截井的总钻井时间为15天,而使用被动磁力的拦截井的总钻井时间为21天。被动磁法需要20次测距,而主动磁法需要9次测距。我们终于拦截了目标,并用被动磁力压住了井。然而,根据作者的判断,被动磁力的结果不太可靠。

也就是说,很明显,目标存在被动磁场,但距离和方向不太可靠。

在上述比较中,可用主动磁力直接拦截。在类似的情况下,使用主动磁力,拦截是可行的,但没有实现。据报道,拦截井在射孔段与目标井连通,建立了循环。但是,没有证实已经建立了循环。水泥被泵入拦截井,并有希望注入目标井。图 7.13 所示为被动磁力显示。

以我的经验来看,图 7.13 所展示的是常规的被动磁数据拦截。可以清楚地看到,目标井不可能全部都在哪些标示的地方。正是由于有明显的标示,所以使得拦截井过度地去捕捉和拦截这些目标。一旦救援井与目标井距离过近,那么随钻测量引起的磁干扰就会加强,这种情况下邻近侧向测井技术似乎变得更加可靠。然而,在接近目标的早期阶段,距离和方位似乎都不可靠。

7.6 几何救援井

几何救援井就是一种当定向测量的精确度得到保证的情况下,可以直接抵达目标井的一种井。也就是说,救援井的钻探位置尽可能接近井喷井的疑似井底位置,且数据精度允许,泵入水直到建立连通。第一口救援井是几何救援井。工业界对控制井喷的几何救援井作业的可靠性几乎没有信心。在大多数情况下,无法建立连通。

1981 年阿尔伯达省埃德蒙顿以西的 Lodgepole 井喷永远改变了这个行业。巨大的致命硫化氢云威胁着整个埃德蒙顿市。两名消防员丧生。它最终被布茨·汉森、帕特·坎贝尔和他们的团队控制,当他们封井时,仍在燃烧,有些事只做过几次,从来没有这么困难过。在阿莫科事故报告中值得注意的是救援井没有被考虑过,因为救援井不可靠。当时,定向测量在陆上作业中并不常见。而且,海上油井的定向测量通常是不准确的,或者有巨大的系统错误。

俄克拉何马州坎顿的保尔森油井大火在全国闻名,这就是一个很好的例子。飞往俄克拉何马城的飞机改变了飞行计划,以便乘客能看到大火。大火从 1964 年 8 月开始,一直烧到 1965 年 6 月。从许多英里以外的地方都能看到晚上的火。瑞德·阿代尔被请来帮忙,但失败了。

为了灭火,钻了两口救援井,但都失败了。通过对斜井自然方位趋势的详细研究,使工程技术人员有了更好地关于井底位置的想法。第三次尝试合并了漂移数据,救援井是在距原始井 200ft 的地面上钻的,预计距井喷底部 75ft。第三次尝试最后成功了,井喷被控制住。

马尚德湾大火具有历史意义。"B"平台于 1969 年 7 月启用,到 1970 年 12 月 22 日,已钻井并完工。该平台正在生产 17500bbl/d 和 $40 \times 10^6 \text{ft}^3/\text{d}$ 的天然气。当时正在钻两口井,B – 21 正在修井,出了问题,B – 21 井喷,平台起火。

又一次,瑞德·阿代尔被召唤,但由于火势太大,他无能为力去接近钻井平台。唯一可行的选择是多个救援井。当天所有油井都进行了定向测量。唯一可用的近距离测井是斯伦贝谢 ULSEL 技术,该技术利用了附近管柱对电阻率测量的干扰。这项技术只不过是一无是处。它既没有提供距离也没有提供方位——只是根据地层的电阻率提供了位置,并且是最小距离。

因此,所有的工作人员最希望的是能够让救援井与井喷井有足够近的距离,让两者之间建立液体沟通的通道,然后实现压井。在接下来的几周里,5 台钻机钻了 10 口救援井来压住 11 口井喷井。建立了大量的储层模型,并用它们确定目标位置。每个模型得到的目标位置都是在水平方向以 25ft 为半径的,这是最大的范围。根据测量的数据,真实的距离在近的时候是

12ft,远的时候是150ft。

　　总体的方法就是在救援井中注入水,直到在井喷井中能够观察到水为止。此时就会泵入钻井液进行压井。根据距离的不同,泵入的钻井液的量也不同,当距离为12ft的时候,泵入量为150bbl,如果距离在此基础上再多出120ft远,那么泵入量就达到了31750bbl。有一种情况是,当救援井和井喷井的距离超过150ft的时候,就要泵入117000bbl的纯水。这样就只有一口井喷井能够被压住,并且需要地面的干预。

　　还有一些其他的情况,主动磁测量技术不能使用,但是唯独可以使用被动磁测量技术。这种情况就发生在艾伯塔的Enchant附近的Crestar Little Bow。Crestar钻了一口水平井,结果出现了井喷。在我参与到该工作之前,就开始打几何救援井。我推荐使用第二救援井进行直接拦截,拦截位置就是在井喷井的造斜点处。与此同时,我们也使用了几何救援井。

　　比较有趣的是在我到那之前,Crestar已经通过附近的生产井进行了压井。根据测量数据,两口井的距离只有80ft。我记不清到底泵入了多少水才完成了救援井与井喷井的通道的建立,但是量一定不少。但是井喷的情况却不怎么变化。

　　之后,Crestar根据测量的数据决定钻一口几何救援井。所钻的救援井是垂直的,并且Crestar想让救援井直接抵达井喷井或者让救援井在井喷井的生产层段非常靠近水平的区域。当救援井通过井喷井的水平段的垂直井深之后,就会下入主动磁测量装置。

　　在Little Bow,主动磁测量技术是不适用的。被动磁的测量数据表明救援井大约距离井喷井的距离在5ft左右(1.5m)。如图7.14所展示是垂直救援井通过井喷井眼的水平段时主动磁测量的输出结果。从图中我们可以看到,当救援井没有越过或者下沉该区域时,井喷的位置并不明显。井架竖立,它就下沉。那就相当于1000ft的表层套管、1500ft的钻杆以及钻铤都下沉。如果这一切都发生,还需要点想象力。

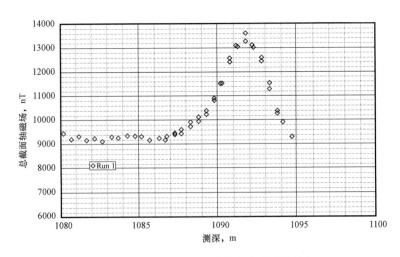

图7.14　来自LittleBow井的主动磁测量技术

　　我们决定试着建立连通。在这种情况下救援井和井喷之间建立了连通,大约有3000 bbl盐水。然而,连通不足以控制油井。两天后,泵入恢复,连通重新建立。井被压住了,过了一夜。由于连通是通过生产间隔进行的,所以压井液漏了出来,井发生溢流。

随着时间的推移,连通变得更加容易。接下来几天井被第二次压住,泵入水泥后,井就被压住了。

尼科是一家加拿大公司,在孟加拉国作业。2005年1月初,查塔克2号发生井喷,乘直升机大约1小时。在起钻工程中发生溢流并关井。表层套管只下了1000ft,井发生坍塌,整个钻机消失在坍塌坑里。这是一个惊人的景象。坍塌坑似乎不比钻机和底座大。从外观上看,钻机只是沉入了坍塌坑。它没有整个被淹没。随着直立的井架下沉。这就意味着1000ft的表层套管和1500ft的钻杆和钻铤就直接沉入了坍塌坑。这一切是怎么发生的,令人难以置信。钻机、底座、井口、表层套管和钻杆发生了什么事,可想而知。

当我到的时候,气体已经逸出好几英里远。比较普遍的破裂模式是在南北方向。气体逸出布满整个区域,包括住宅和商店,更糟糕的是恰好在破裂模式的方向。

由于井喷位置处于1837ft(569m),所以直接拦截的救援井的地面位置必须要离井喷井的地面位置非常近。因为所有的水都是从Himalayas流到Bangladesh,最后流到海里,许多乡村几乎半年的时间都是被水淹着,其他半年村子没被水淹,但是稻子却被淹了。在雨季,几乎所有没有被淹的陆地都住了人。所以,几乎没有太多的位置来建救援井。唯一有可能的一个方位就是井喷井的西部。不过几何救援井的地面位置需要距离井喷井的地面位置大约为西部方向300ft,并且还需要建一个岛。

需要建岛的事情还是让人很震惊的。Niko的工作人员以及当地的承包商从附近的河流到所建议的位置——位于输水管线的下方,铺设了管线。然后他们将河水以及泥沙一起排到目标位置来建岛。

所有来自Bangladesh的以及一位美国的地质学家们都支持这样的说法,那就是在该密封区域的上部不可能有大量的气体聚集。用救援井直接拦截的计划需要从距离井喷井眼大约30英尺的距离通过,但是不会穿过南北破裂面。但是在距离30ft远的地方建立连通的通道的情况,应该说史无前例。然而,由于在该密封区域最后遇到了大量的气体聚集,故而证明地质专家的判断有误。救援井出现井喷也报废了。这时候不能关井,就如第一口井喷井一样,这个时候关井容易引起井的破坏,这也会威胁到周围村庄的住户的生命。

如果允许再建一个直接拦截救援井,那也没有多的地方。因此,就设计了几何救援井来进行井控。Chattak 2B井以45°钻过井喷井眼。当出现井喷的时候,钻头位于井喷区域的上部。因此,可以预期的是没有金属目标用来进行磁分析。然而,下入主动磁测量装置后,钻杆通过了井喷段,这让每个人都露出了意外的惊喜。通过对数据的解读,可以确定的是救援井不到1m的距离内通过了井喷井。此时,连通通道成功建立。因为该区域存在正常的压力,所以在井喷消失之前,每周需要持续以50bbl/min的速率泵入水。

从这些对比中我们可以发现,与直接拦截式救援井相比,几何救援井不一定可靠和可预测。无论什么情况下,直接拦截式救援井都是完美的选择。然而,也有时候几何救援井是你唯一的选择。

7.7　总结

总而言之,不管什么情况下,当需要进行井喷干预时,不管是几何救援井还是直接拦截式救援井都应该属于最可靠的方式。根据井喷井眼的深度以及几何结构的复杂性,救援井都应该是首选。如今,在大多数情况下,总体的救援井设计已经被当作了应急计划,该计划是经过细化并且一旦发生井喷就能够启动的预案。地面干预工作要尽可能提前,在该干预工作未取得成功之前,如果救援井抵达井喷井的位置,则可以使用救援井。

参 考 文 献

［1］Orkiszewski J. Predicting two – phase pressure drops in vertical pipe. J Pet Technol 1967;19(6):829 – 38.

［2］Rygg OB,Gilhuss T. Use of a dynamic two – phase pipe flow simulator in blowout kill planning. In:SPE Annual Technical Conference and Exhibition,New Orleans,SPE – 20,433 – MS,September;1990.

第8章 地下井喷

2月24日

20:09—井溢流。20in套管下深为3100ft。关井压力为1300psi。

21:21—经过一段时间压力降到700psi。

2月25日

05:30—从钻机东南方向距离0.5mile处喷出一口井,喷速在$100 \times 10^6 ft^3$。最后剩下15个骨干工作人员,钻机报废。

16:30—直升机救援了剩下的5名工作人员。钻机下面喷出流体。钻机上升15°~20°。火焰高度和直升机一样高,钻机附近大约为600ft处,直升机着陆,营救了钻机上剩余的人。没有人员受伤。

地下井喷被定义为地层流体从一个层位流入另一个层位。最常见地下井喷的特征就是在通过钻杆注入液体时环空没有压力反应,或在泵入时一般缺少压力反应的特性。地下井喷最棘手、最危险和最具破坏性,因为其情况具有隐藏性,难以直接分析。与地下井喷有联系的压力是名义上的,会导致一个安全的假象。

一些危险可以看到,而在很多情况下,地下井喷并没有显示。如果一口井在地面起火或发生井喷,它就像命令一样引起关注反应。可是,同样的井发生地下井喷,就很容易被忽视。因为地下井喷无法被看见,所以它经常没有得到适当的反应。

如果流体流向浅层(少于3000ft),那么流体就非常有可能压破地层冲出井口。尤其是在像沿海和近海的这些晚期沉积层,这种可能性非常大。

在玻利维亚(Bolivia)的一个井场,地下流体冲出井口,造成一个直径大于100m的塌陷(图8.1)。至少导致一个井口、一部修井钻机、钻井液罐和几个泵车消失在这个塌陷中。

图8.1 玻利维亚井喷

在近海作业中,浅层地下井喷更为危险,因为没有地方可以逃避。如果流体冲破地层流出井口,从井上逃走的唯一的安全出路就是乘直升机。如果海水有气体,船会失去了浮力,救生圈也会失去浮力。

浅层地下井喷发生在近海作业中更为危险的另一个原因是近海的沉积层形成很晚,流体很可能很快地从钻机下面冲出井口。自升式平台和钻井平台是最容易受到冲击的。如果塌陷正好在钻机下面,它会破坏井架的结构,甚至导致倒塌。

浮式钻井船作业有其独特的问题。一台浮式钻井船在充气的海上失去浮力,浮式钻井船会在此情况下沉没。半潜水式钻井船更为稳定些,因为浮动装置是在海面下几英尺处。

如图8.2所示,当流体冲出海面时,我正在钻井平台上,此处水深只有300ft。海底井喷流量达每天数百万立方英尺的气体。钻机已经倾斜几度——几乎到了临界倾斜度,竟然没有翻倒,真是奇迹。平台像煮沸一样,随时都要溶化钻机。我不介意承认我非常恐惧,认为我的末日来了。

图8.2 半潜式钻井平台地下井喷

这力量是如此的猛烈,隔水管和钻杆在海底被剪切断。在井被桥堵后,留下一个直径为400m长、深100m的大的塌陷坑。即使使用了磁力计,海底井喷防护装置也没有显示任何迹象。

这种情况,水的深度是一个有利的条件。随着深度的增加,热流被洋流从钻机附近替走的可能性也增加。在很深的水中,热流在钻机下面或附近的可能性就越小。基于这种情况,深水钻井要比浅水或在平台及自升式平台钻井安全。

一般来说,地下井喷比地面井喷更具有挑战性。既不知道喷出的流体的体积又不知道它的成分,井眼的条件和相关的管柱都不能进行可靠的描述,井控专家分析和模拟井喷非常困难,无法提出合适的压井程序,分析和模拟手段受到限制。

加之,因为任何电缆作业都有它潜在的临界点,所以工具和技术被限制在这些绝对必要的条件上。就地下井喷而言,永远也不能确切地了解井下情况,并且卡钻、电缆和电缆工具掉落的风险显著增加。卡钻、电缆和电缆工具掉落是致命的事故,至少限制了进一步作业的选择。

既然地下井喷的后果严重,必须回答下面一些关键问题:

(1)应该关井吗?

(2)应该向地面放喷吗?

(3)流体正在压破地层冲出井口了吗?

(4)漏失能够圈闭在地下的某个层吗?

(5)套管具有所期望的最大承压能力吗?

(6)套管的环空能够被钻井液或水替换吗?

(7)如果套管的环空可以被替换,那么钻井液的密度是多少?

(8)流体对作业和人员有危害吗?

是否放喷是个问题!就个人来说,我喜欢放喷。然而,很多人害怕让井内流体流出地面。看起来似乎是地下流动在某种程度上与流出地面有所不同。当然,如果一口井在井口放喷,该井必须装备一些必要的设备,而大多数钻机没有这些设备,因此重新安装节流管汇和节流管线经常是首先要做的事情。

在 TXO 马歇尔(Marshall)井,井口保持压力以使得井下部分流体放出地面,部分流体控制在井下。释放量是未知的。然而当救援井作业开始后,在 1500ft 以下钻进而不发生井喷是不可能的。在 Marshall 井安装好设备后,井口压力被降至几百磅每平方英寸以下。测量的产量增加 $15 \times 10^6 \text{ft}^3/\text{d}$,地下井喷停止。救援井作业得以顺利实施。

除非使用分流器,在海上放喷一般来说是不可能的。在钻井平台和自升式平台上安装合适的地面系统都是非常困难的。在浮式钻井中,任何放喷作业都会受到地面系统和小直径节流管线的限制。另外,如果井内流体流动很强,沉积层很可能因无法抵挡冲击而坍塌。

在春尼玛·派勒坎(Trintomar Pelican)平台上,一口正在钻的井与一口生产井在相对较浅的地层发生相遇。平台损失的可能性引起关注。幸运的是,可通过生产系统放喷,从而避免在平台下形成塌陷。

这口井放喷的关键是:井内流体的流动必须足以消除井下的横向流动。如何确定什么时候井下的横向流动被消除了呢?很简单,只要继续保持井口打开,直到井口压力开始下降为止。采出的气体将在井口占有优势。

不像常规的压力控制,没有可以应用于所有情况的方法。正常情况下,地下井喷可利用井口压力和温度测量来分析,噪声测井会产生混乱。在所有的场合,地面工作人员的安全是首先应该考虑的,地下流体冲出地面的潜能也是必须仔细考虑的。

一般来说,温度测量是分析地下井喷的最好的方法,但由于某些原因,温度测量并不总是很容易实施的。

在我的经历中具有代表性的情况是:当给定区域的地温梯度不是很清楚时,我总是从通过建立所感兴趣的区域地温梯度开始。这一切必须在开始温度测量前做起。如果不是这样,每个人都将试图去符合温度测量的结果,推测地温梯度或者反过来。因此,我更同意在温度测量前建立地温梯度。

有一次,一位工程师试图要摒弃一温度异常,理由是该区域的地温梯度经历了一个突然的 10 ℉ 的偏移。当然,地温梯度不可能轻易地突然变化。他努力提供 MWD 数据来支持他的说法。地温梯度资料的最好来源就是关井的气井。如果没有得到可靠的地温梯度,那么可以关闭邻井 72h 进行温度测试,建立地温梯度。

另一个常见的问题就是热不稳定性。在我的经历中,进行温度测量时最大的失误就是在泵入后太短的时间内就开始测量了。温度测量必须在井稳定的条件下进行。如果井还没有达到热平衡,任何试图去分析温度资料的行为都是一种纯粹的臆测行为。我曾见过优秀的工程师为不稳定条件下温度测量问题长时间争论。如果井没有达到热平衡,任何人的推测实际上相当于用眼睛猜测——仅仅只是猜测。

热平衡常常在几小时就能达到。如果怀疑,就再等上几小时,重新进行测量。测温工具必须首先运行在一组测井中,记录下行测井时数据。上行测井时得到数据或第一次运行后马上重新测井得到的数据是没有价值的。

另一个常见也是致命的错误是对来自常规的测井描述资料进行解释。在做这项工作时,大量的异常现象被忽略。在有些情况,小的无意义的波动被解释成严重的问题。我宁愿直接用数字资料,即使我不得不从测井曲线上读取,制表绘图,这样虽然花费一些时间和精力,但是是值得的。

通常关于温度异常的外部特征有一个值得考虑的问题。有几个变量影响异常的外部特征。温度异常的外部特征是流体路径、密度、流量及流体的流出层和聚集层间距离的函数。

一般地,流体在钻柱外流动。在这种情况,温度剖面能够预测看起来如图 8.3 所示。如图 8.3 所示,温度剖面受离开井眼的热流体温度及周围环境温度影响。测量的温度没有流动流体温度高,也没有周围环境温度低。相反,测量的温度将是所有的被测量的热物体的折中。此外,只要井中流体不停地流动,环境温度将永远也不会加热到流体的温度,流动流体的温度也不可能完全冷却到周围环境的温度。

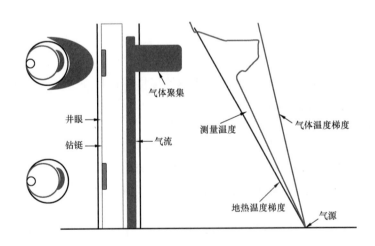

图 8.3　理论上的地下井喷温度剖面

(1)温度测量仪器记录的气温梯度和地热梯度的折中值,流动和传热达到稳定状态,记录的温
度既没有气体的温度高也没有地层的温度低;

(2)温度测量仪器记录的气温梯度和地热梯度的折中值,在这种情况下,气体的大量聚集使得
测量仪器记录下的较高的温度,记录的温度既没有气体的温度高也没有地层的温度低;

(3)在漏失层面上,测温仪器只受其周围的地层影响

按照热力学定律,流体沿着井眼向上流动时将损失热量。小流量的流体保留的热量没有大流量的流体的多,结果,与建立的地温梯度的偏差不大。流体的密度将影响异常的程度。不像油和水、气体不保留热量。

当流体流到聚集层,流体的体积变大,相对于周围的环境,测温装置将记下温度的增加。当然,在聚集层的流体不是很热,只是存在相对较多的流体体积。

聚集层温度异常的程度同样也是变量的函数。流体的流量越大,流体的密度越高,流体流出层和聚集层的距离越远,温度异常越大。

图8.4给出并解释了钻柱外的地下井喷的一个常规的温度剖面。在这种情况,温度异常与建立的地温梯度偏离大于50°F。流体流出层与聚集层的距离大于5000ft,并位于一个流出大量气体著称的区域。大多数温度偏差都没有如此惊人。

图8.5给出了一个北非的强水流的温度剖面。由于水保留热量,从700m到井口温度降低1℃。

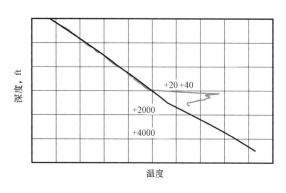

图8.4 实际的地下井喷温度图

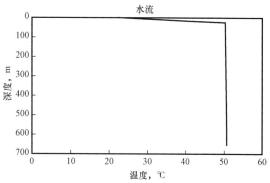

图8.5 阿尔及利亚Zaccar温度剖面

图8.27说明了比较流体在钻柱外和钻柱内流动的温度剖面的差别。剖面注明是流体在钻柱外流动时第一次测量得到的。后来井被压住,可是在钻柱内的并没有完全堵住。

当清洗钻柱内部时,井开始沿着钻柱井涌。正像图8.27的第二次井喷中描述的,与第一次测量相比,温度异常大得多,而且具有不同的特征。最主要的区别就是当地的环境并没有对测量温度有很大影响,因此测量温度将简单地相对最大值线性增加,且在聚集带不会有大的偏差。

显然,对与井喷情况相关的风险评估是很重要的。在温度测量分析中,值得注意的是流动流体的温度与它所来自的储层温度基本相同。此外如果来自深层的流体流向浅层,则漏失层的温度将会异常高。

井口压力是井下条件的反映。如果井口压力高,那么漏失带就深。相反,井口压力低,漏失带就浅。如果环空流体的密度已知,漏失层的深度就可以计算出。

对某些情况,噪声测井是有帮助的。流体的流动一般可以通过敏感的监听装置探测。但是,有些情况,地下井喷存在而噪声测井没有检测到,而有时噪声测井解释有地下井喷存在,实际上却没有。通过对特定油田实例的研究,可以更好地理解这些原则的应用。

8.1 4000ft 以上的套管

在套管下深深度小于 4000ft 时,主要考虑的问题就是地下井喷将冲出井口,造成大的塌陷。如果井喷存在海上,最有可能出现的情况是在钻机下面会立即形成塌陷。如果储层的产能高,那么塌陷就会很大,作业就很危险。

在墨西哥湾海岸的一次作业中,流体从钻机下面冲出井口,几个工人被烧死。另一次在远东的作业中,一座 9 口井的平台由于流体从平台下面冲出地面而沉没。还有一次作业,当塌陷出现在平台的一个桩腿下时,一座自升式平台沉没。整个钻井船也掉进塌陷的坑里。

在特立尼达(Trinidad)近海的 Pelican 平台的井喷是一个很好的例子。PelicanA – 4X 井完井的测量井深为 14325ft(垂深 13354ft)。在流压 2800psi 下,该井产气量为 $14 \times 10^6 \text{ft}^3/\text{d}$,产凝析油 22000bbl/d,井底压力为 5960psi。A – 4X 的井身结构示意图如图 8.6 所示。

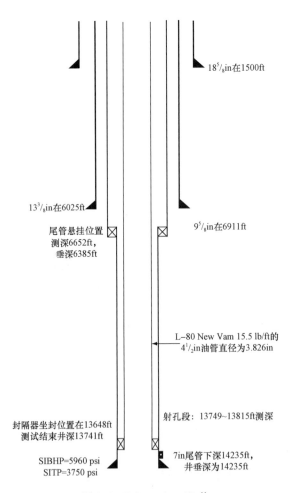

图 8.6 Pelican A – 4X 井

PelicanA – 7 井,$18\frac{5}{8}$in 表层套管下至 1013ft 用水泥固井至地面,用 $12\frac{1}{4}$in 井眼继续钻进。PelicanA – 7 的井身结构示意图如图 8.7 所示。

　　方位数据表明,PelicanA‑4X 井和 PelicanA‑7 井在 4500ft 深度处相距大约 10ft。然而,在早晨数个小时,A‑7 井在 4583ft 处意外地撞入 A‑4X 井。钻头钻穿 13⅜in 套管、9⅝in 套管和 4½油管。生产平台上的 A‑4X 井的井口没有压力,油气从 A‑7 井流出。A‑7 井瞬间被分流和桥堵。A‑4X井继续地下井喷,A‑7 井只有 1013ft 的表层套管,如果井喷冲破地层从平台下的海底冲出,整个平台有沉没的危险。

　　两井发生碰撞后,A‑4X 井在油管环空的关井井口压力稳定在 2200psi。通过分析关井压力可近似估计受损产层位置。压力分析如实例 8.1。

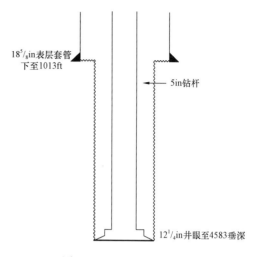

18⅝in表层套管
下至1013ft

5in钻杆

12¼in井眼至4583垂深

图 8.7　Pelican A‑7 井

例 8.1

给定条件:

破裂梯度,$F_g = 0.68\text{psi/ft}$;

压缩因子,$z = 0.833$;

求出:

地下井喷流体所流入层位的深度。

解答:

气柱压力梯度 ρ_f 由式(3.5)给出:

$$\rho_f = \frac{S_g p}{53.3 z T}$$

式中　S_g——气体密度;

　　　p——压力,psi;

　　　z——压缩因子;

　　　T——温度,$°R$。

$$\rho_f = \frac{0.6 \times 2215}{53.3 \times 0.833 \times 580}$$

$$= 0.052\text{psi/ft}$$

地下井喷流体所流入层位的深度由式(8.1)给出:

$$F_g D = p + \rho_f D \qquad\qquad (8.1)$$

或

$$D = \frac{p}{F_g - \rho_f} = \frac{2215}{0.65 - 0.052} = 3704\text{ft}$$

关井井口压力资料分析表明地下流体在大约3700ft处流入地层。

作为证明,图8.8给出了A-4X井的温度测量情况,同时图8.8也给出了用来建立地温梯度的A-3井的静态测量数据。从A-4X井流入A-7井,最终进入A-7井眼某层的流动路径而使得温度资料的解释变得复杂。

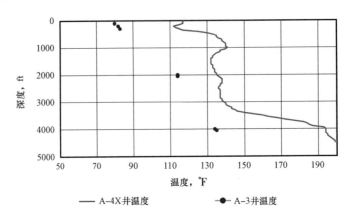

图8.8　Pelican A-4X井的深度—温度图

图8.8表明在3600ft处的高温与预期的相符,且与被注入层大约在3700ft的压力数据分析一致。根据对邻井数据分析,预测在3600ft处的正常温度将是130℉。然而,由于气体流进3600ft处地层,使得该层的温度增加45℉到175℉。

利用同样的分析,从500ft到1000ft的热量偏差可解释为由于在1000ft和海底之间沙子的充填所致。按照这个解释,就会导致塌陷和平台沉没。

获准进行进一步分析。在进行与两口井位置有关的评估时,情况变得很明朗。图8.9说明了由两井相对距离方位测量分析叠加出的A-4X井温度剖面。

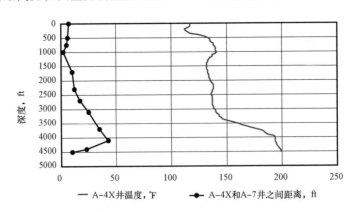

图8.9　pelican A-4X和A-7两井之间的温度测量

该图证实了前面的压力和温度分析。在深度4100ft处,两口井相距的最大距离是45ft。这个深度与最显著的异常一致,确认了主要热漏失层在3600ft以下。

如图中说明的那样,在深度1000ft处井眼间距离被解释为2ft,在海底井眼间距离5ft。因此,在深度1000ft以上,温度异常的解释是两井间的接近的结果,并不是由海底附近地层的气体流动或凝析油引起的。

　　基于井口压力和温度数据的分析,可以推断,在平台上工作并不危险,平台也不是一定被放弃。进一步证明,在压井作业中或作业以后的任何时间内在平台附近的海上都没有观察到气体或凝析油。

　　在 Pelican 平台井口压力保持恒定。当井口压力保持恒定时,井眼状况也保持稳定。当井口压力不能保持恒定时,井眼状况很可能变化,并引起井口压力的变化。

　　图 8.10 是一个海上作业中的地下井喷的例子。只有表层套管,发生井涌,接着地下井喷随之发生。钻杆和环空的压力稳定。按照以前的例子分析确定井喷流体在表层套管鞋下安全地流入砂岩层。

　　图 8.11 给出了压力随时间变化的曲线。如图中显示的那样,在保持基本稳定约 30h 后,两个压力开始快速而大幅度变化。这说明状况也开始快速而大幅度变化。压力变化没有规律,不易进行分析,且存在几种解释的可能。

　　压力降低说明井眼被桥堵或井下流体开始衰竭。此外,流体组分的变化也会引起压力的变化。最后,环空压力的下降可能是流体压破地层冲向井口的结果。

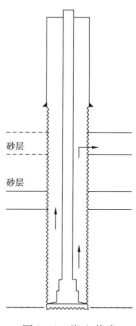

图 8.10　海上井喷

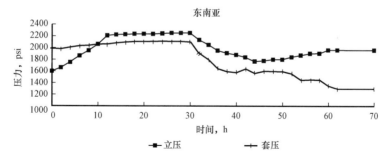

图 8.11　井口压力随时间变化曲线

　　在试图详细说明井眼状况的工作中,一个更权威的技术用来确定地下井喷漏失的确切深度。关井,以足够顶替气体的流量向环空泵入海水。如图 8.12 所示,当注入时,环空压力下降并稳定。一旦停泵,环空压力增加。利用这些数据和式(8.2)可以确定漏失层的深度。

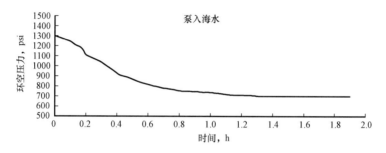

图 8.12　环空压力随时间变化曲线

$$D = \frac{\Delta p}{\rho_{sw} - \rho_f} \tag{8.2}$$

参考实例8.2。

例 8.2

给定条件：

海水柱压力梯度，$\rho_{sw} = 0.44\text{psi/ft}$；

气柱压力梯度，$\rho_f = 0.04\text{psi/ft}$；

海水被泵入井筒，井口压力从 1500psi 降至 900psi(图 8.13)。

求出：

确定漏失层的深度。

解答：

通过式(8.2)给出漏失层的深度：

$$D = \frac{\Delta p}{\rho_{sw} - \rho_f} = \frac{600}{0.44 - 0.04} = 1500\text{ft}$$

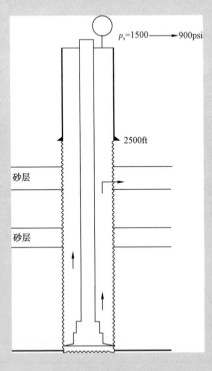

图 8.13　海上井喷

实例 8.2 说明,利用海水的静液柱来代替从漏失层流到井口的流体静液柱只能使压力降低 600psi。因此,在地面和漏失层之间的海水液柱的长度只能是 1500ft,比表层套管鞋高 1000ft。很明显的结论是流体正在冲向井口。继续在该井场工作是不安全的。实际情况是在接下来的一天,流体在钻机下面冲出海底。

在坚硬岩石中,流体可能在任意点冲出地面。在阿帕奇(Apache)Key 井,塌陷发生在井口(图 8.14)。在撒哈拉沙漠,在阿尔及利亚的雷阿德·诺斯(Rhourde Nnouss)附近,流体使一口离该井(图 8.15)127ft 的水井塌陷。在沙漠环境中,流体在众多的随机位置中冲出地面不是不常见的。同样常见的是气体通过砂岩渗漏。在雷阿德·诺斯,当热的气体到达沙面时将自燃,在沙子中产生奇异的蓝光小火苗(图 8.16)。

图 8.14　井口发生塌陷的阿帕奇 Key 井

图 8.15　流体使相邻井塌陷

图 8.17 给出了雷阿德·诺斯的井身结构,了解管柱上孔眼的位置是非常关键的。因为如果有流体流出地面,孔眼在 5in 油管、9⅝in 套管和 13⅜in 套管上。图 8.18 给出了在 2⅜in 的油管中进行温度测量,该油管是在试图压井作业时被下到井中的。

图 8.16　渗漏的气体在沙面自燃

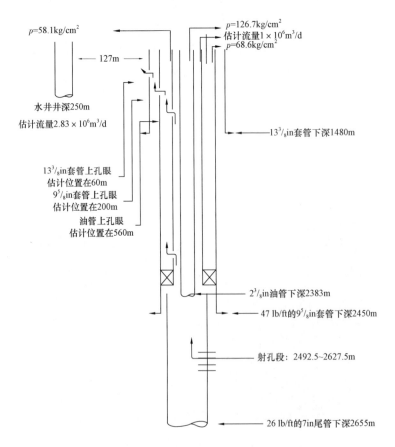

图 8.17　1989 年 6 月 24 日 RN－36 井井喷

　　如看到的那样,温度测量值是不确定的。通常温度的变化或温度的增量是可确定的,而单独的温度测量却不是。温度增量的测量经常是以 100ft 间隔温度的变化来标绘的。增量测量经常用来与(1.0~1.5)℉/100ft 的正常地温梯度进行比较。比正常的温度变化大就证明该区域有问题。

在雷阿德·诺斯,如图 8.19 所示,分析温度变化时,管柱的损坏变得很明显。5½in 管子的孔眼的主要的异常点在 560m。9⅝in 套管的孔眼的异常点和 13⅜in 套管孔眼的异常点分别在 200m 和 60m。

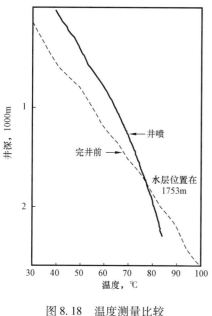

图 8.18 温度测量比较

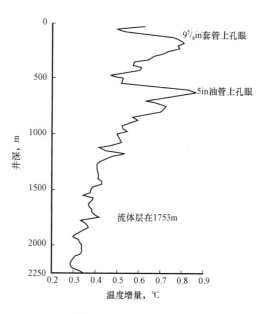

图 8.19 温度测量比较

8.2 4000ft 以下的套管

对于下深 4000ft 以下的套管,还没有流体从套管鞋处压串地层冲出井口的情况报道。但存在套管柱破裂后流体冲出井口的情况。因此,必须直接确定套管的最大许可压力,并保证能够承受最大许可压力。井口的最大环空压力将是套管鞋处的破裂压力减去气体的静气柱压力。

爱麦瑞达·赫斯(Amerada Hess)公司 Mil–Vid3[#]井身结构如图 8.20 所示,在 13126ft 处出现井涌后,紧接着发生地下井喷。在 8730ft 9⅝in 套管鞋处,5in 钻杆断裂。在随后的打捞作业过程中,在打捞管柱里进行了温度测量。

温度测量数据如图 8.21 所示,在 8700ft 处 85℉的温度异常证实了地下井喷存在。有趣的是,在 8730ft 钻杆落鱼顶部的以下井段,温度下降。这个异常证实流体经过钻杆,而环空被桥堵。

同样有趣的是在同一时间段内进行的多次噪声测井没能探测到地下井喷。图 8.22 给出了 MilVid3[#]井的噪声测井曲线。

在钻井过程中测出的破裂压力梯度为 0.9psi/ft,测得邻井的气体柱压力梯度为 0.190psi/ft。利用这些数据,由式(8.3)确定预期的井口压力最大值:

$$p_{\max} = (F_g - \rho_f)D$$
$$= (0.90 - 0.19) \times 8730$$
$$= 6198\text{psi}$$

尽管计算的井口压力最大预测值仅是6200psi,而在接下来的作业过程中井口压力却高达8000psi。表明漏失层正在充压。因此根据流体体积和漏失层的特征,实际的井口压力比计算的最大值要高得多。

一旦预测的井口压力最大值被确定,有三种可选择的方案。如果不考虑管柱的完整性,可继续保持油井关闭状态。在地面设备完好的情况下,如果压力高于设备所能承受的压力,可通过井口释放压力;最后,通过环空注入钻井液或水,使压力维持在一个合适的值。

由于预测的井口压力是不能接受的,而且 Mil-Vid3#井又位于得克萨斯的维德(Vidor)小镇,唯一可选择的方案就是不断地向环空中注入钻井液。结果,连续向环空里注了 30 多天的密度为 1620 1b/gal 的钻井液——一次昂贵却必要的作业。不管怎样,井口压力终于维持在可以接受的 l000psi 以下。

另一个噪声测井和温度测量的对比实例是怀俄明州甜水(Sweetwater)县的地热勘探井 Sage-brush42 - 26 井。该井井身结构示意图如图 8.23 所示。在钻至大约 12230ft 处发生井涌。油井关井,紧接着发生地下井喷。4000ft 以上地层的出水使分析进一步复杂化。

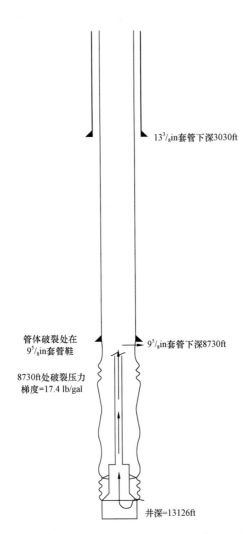

13³/₈in套管下深3030ft

管体破裂处在9⁵/₈in套管鞋

8730ft处破裂压力梯度=17.4 lb/gal

9⁵/₈in套管下深8730ft

井深=13126ft

图 8.20　Amerada Hess Mil - Vid3#井

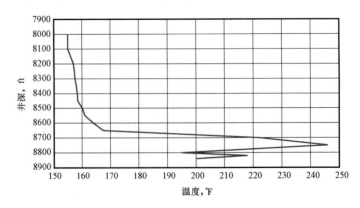

图 8.21　Mil - Vid3#井温度测量曲线

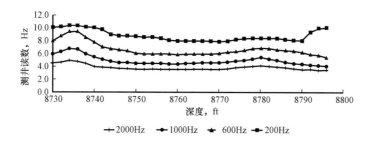

图 8.22　Mil – Vid3# 井噪声测井曲线

　　为了试图理解这个问题,进行了一次温度测量(图 8.24)。图 8.24 表明,在钻铤上部 11700ft 和 5570ft 之间的温度梯度正常,其值为 1.25℉/100ft。正常梯度说明没有流体从 12230ft 处的地层流向井眼的其他层位。在 5570ft 处温度明显下降,说明流体从该深度流出或者该深度是循环漏失层。温度测量证实该井在 4000ft 以上有流动流体,因为在该点以上的温度梯度基本为零。

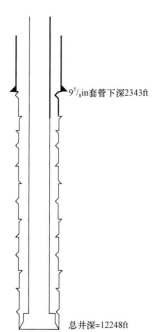

9⁵/₈in套管下深2343ft

总井深=12248ft

图 8.23　怀俄明州甜水县地热
　　勘探井 Sagebrush 42 – 46 井

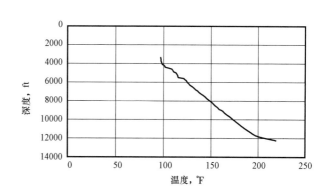

图 8.24　Sagebrush 42 – 46 井温度测量曲线

　　噪声测井曲线如图 8.25 所示。在 4000ft 和 6000ft 之间,噪声异常与流体正在该深度流动的温度解释一致。然而,噪声测井也表明有流体从 12000ft 流向 7500ft,这与温度测量解释相矛盾。随后的作业证明在进行这些测试时,没有流体在该井的井底流动。

　　得克萨斯州立昂(Leon)县的一口深井是非常有意思和有启发性的典型例子,井身结构如图 8.26 所示。在 14975ft 一个不曾预料的砂层引起了井涌,导致了地下井喷。在最初用钻井泵压井后,进行噪声测井。噪声测井服务公司解释没有地下流动。

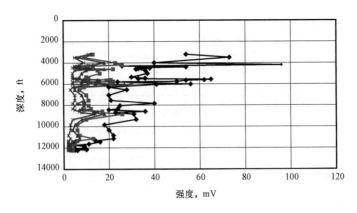

图 8.25　Sagebrush 42 – 46 井噪声测井

　　为了进一步确定井下情况,进行温度测试,温度测量数据如图 8.27 所示(第一次测试)。温度测量是决定性的。温度测量表明地下井喷继续从井底流向深度大约 11000ft 的地层。第二次温度测量(压井后)也在图 8.27 中给出,第二次温度测试结果表明第二次压井成功,钻柱被固在大约 13000ft 处。这个实例证实温度测量是具有权威性的,而噪声测井则是错误的。

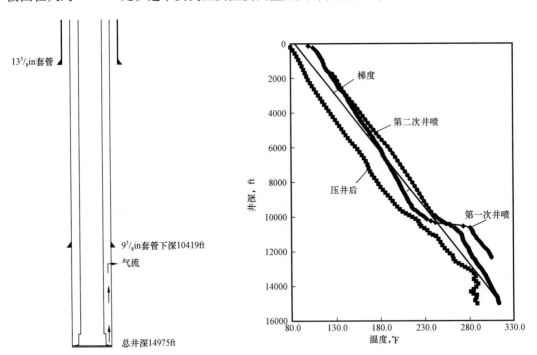

图 8.26　得克萨斯州立昂县
第一次地下井喷井眼示意图

图 8.27　1998 年 2 月得克萨斯州立昂县温度剖面

　　接下来,一个堵塞被放置在 14708ft 处的钻铤内,在钻杆 10600ft 处射孔。井很顺利地恢复循环。接着在 12412ft 处点火爆炸切割钻具,爆炸切断后,井马上开始流动,地下井喷重新开始。

当时,主要问题就是流体是在环空中流动还是通过钻柱流动。如果要确定和评估选择方案,那么一个准确的流动路径模型是至关重要的。由于切割工具没能切断钻杆,实施了绳索作业。

因此,进行了另一次温度测量,结果如图 8.27 所示(第二次井喷)。在被炸开地层处的温度明显高于以前的记录。既然温度与以前记录的不同,那么井眼的情况也不同是非常合理的。进一步推断,由于在炸开层和该层以下的温度明显比以前记录的高,测量装置一定直接在流体中,这也就意味着,流体的流动路径是沿着钻柱向上。基于这些解释,可以得到这样的结论,流体的流动同图 8.28 解释。通过在加重钻杆内另外放置堵塞,并得以控制。

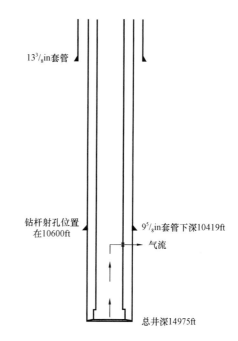

13³/₈in 套管

钻杆射孔位置在10600ft

9⁵/₈in套管下深10419ft

气流

总井深14975ft

图 8.28　得克萨斯州立昂县第二次地下井喷井眼示意图

8.3　流体窜入层—密集序列地震—放喷井

在地下井喷中,漏失带的流体窜入是救援井作业中必须考虑的一个重要方面。位于流体窜入层范围内的救援井将遇到流体窜入层,且引发井控问题。控制流体窜入井段的钻井液密度接近于1psi/ft,该值通常会造成超过漏失层上下地层的破裂压力梯度。因此救援井会发生漏失,需要另下一层套管。

另外,在分析侵入流体压破地层而流到地面的可能性时,漏失带的流体窜入是一个重要的考虑因素。在海上作业,浅层流体窜入尤其需要重视。

1984 年 9 月下旬,在加拿大新斯科舍(Nova Scotia)近海的西文彻(WestVenture)油田,美浮公司(Mobil)的 N - 91 井经历了一次重大的井喷,在该井大约 3000ft 处钻了一口救援井 B - 92 井。导管下深635ft,钻至2350ft 时发生气涌。遇到气层是井喷引起的流体窜入的结果。用浅层地震探测地下流体窜入的范围。布斯(Booth)报道:当地震资料与原始资料比较,识别出两个新的地震波[1]。

较深的地震波位于 2200ft 和 2300ft 之间。该结果与救援井的流体窜入层一致。然而,另一个地震波位于大约 1370ft 和 1480ft 之间。上部层被解释为从 N - 91 井向外直径入约为 3300ft 的范围。该地震波之所以受到极大关注,原因是在于流体窜入层段和1100ft 远的海底之间只有非胶结砂岩、砾岩和黏土。

幸运的是流体串入层没有被流体压破。在 1984 年 11 月 5 日到 1989 年 5 月 9 日,又进行了 8 次测试。这些测试揭示了从第一次测试以来,浅层气体没有明显的增长,只有一点轻微的

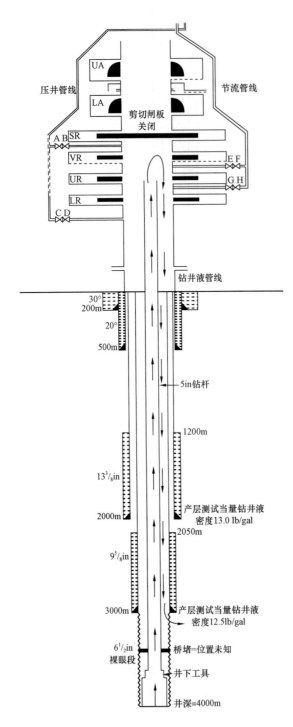

图 8.29 使用剪切闸板控制井喷的典型例子

上侵。另外,这些测试对救援井作业的安全区域的选择是至关重要的。这些测试对分析萨帕塔斯科舍(Zapata Scotain)平台上作业的安全性和潜在危险性是非常重要的。

过去已经习惯通过钻放喷井到流体窜入层来降低流体对该层的窜入。一般来说,这些努力还没有被证明成功过。漏失带一般来说不是好的储层。因此漏失的气体大大超过从放喷井采出量。结果是对地层的窜入相对没有受放喷井的影响。

例如,在 TXO 马歇尔(Marshall)完成 3 口放喷井。发现井喷的地下漏失量大约在 $15 \times 10^6 \text{ft}^3/\text{d}$。三口放喷井的总产量小于 $2 \times 10^6 \text{ft}^3/\text{d}$。这种情况经常被报道。

如果流体窜入是一个问题,较好的选择方案可能就是在地面释放井喷。如果流体窜入受到影响,排放气体的体积必须足够引起流动井口压力小于关井压力和在漏失带到井口间的摩擦压力损失之和。一旦这种流体窜入停止,井口作业可以安全地实施。如果必要,救援井也将处在最便捷的位置。

8.4　剪切闸板

如果使用剪切闸板,该情况与在 Mil - Vid3# 井在剪切闸板下钻杆被立刻截断相似。通常流体流经钻杆,沿着环空进入套管鞋下的地层。

图 8.29 给出了一个典型例子。该图表明,当使用剪切闸板时,结果与安装导管和生产完井类似。如果流体只流经环空,井将经常被桥堵。尤其是在近海较晚的不稳定岩层。使用导管且通到套管鞋,流体能够长期流动。剪切闸板应作为最后一个手段使用。

8.5 水泥和重晶石段塞

一般来说,当地下井喷发生时,首先想到是注水泥或泵入重晶石段塞。水泥塞会造成井的永久损害。至少,像这样不加选择的作业会导致井下情况变坏。一般来说,更倾向于在注水泥前,控制住井喷。如果没有解决问题,当注入水泥时,通往井喷层的通道就会失去。只有直到井被控制或在已明确注水泥可以控制住井喷的情况时,才考虑注水泥。

重晶石段塞是致命性的或引起井下情况恶化。重晶石段塞是由重晶石、水和稀释剂简单混合而成,密度大约 18 lb/gal。每一次混合都显示不同的性能,且必须做先导试验才能确保合适的安置。直观地看,密度越高,重晶石段塞越好。然而,通过分析图 8.30 可知,对具体的混合物,密度范围在 14 ~ 18 lb/gal 之间的段塞,重晶石会沉淀。

可是,密度高于 20 lb/gal 的混合物不会沉淀重晶石。不沉积的原因是重晶石颗粒之间的相互作用,所有的混合物都能达到一个不会沉淀的密度。当需要成功沉积一个重晶石段塞时,总的静水压力不必超过储层压力。然而,当总的静水压力超过储层压力时,确实成功了。

当选择重晶石或水泥时,需要放弃钻柱。试图将钻柱从水泥塞或重晶石塞中提出来,只能延缓水泥凝固或重晶石的沉淀。

常见情况是,水泥塞和重晶石段塞仅仅使井控问题复杂化。例如,在得克萨斯州东部的一次事故,不合适的注水泥导致井报废,不得不钻救援井。在近海的另外一次作业,重晶石段塞沉淀在钻杆上,当往上提钻杆时,钻杆被提断,导致井报废。在两种情况中,由于重晶石段塞和水泥塞的不合适选择,导致了数百万美元的经济损失。

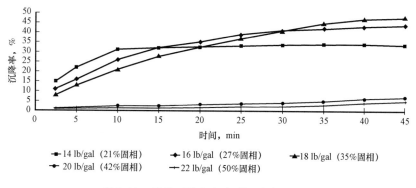

图 8.30　重晶石段塞密度对沉降率的影响

参 考 文 献

Booth J. Use of shallow seismic data in relief well planning. World Oil. 1990;210(5):39.

第 9 章　实例分析:伊恩罗斯 2 号井

12 月 5 日

23:00—下尾管和尾管封隔器。用 2000psi 的压力进行测试,持续时间为 15min。测试成功。

12 月 6 日

06:00—完成甩钻具。

11:00—拆甩封井器。井开始冒气,考虑是圈闭气,继续拆甩封井器。

11:20—井开始第二次冒气。意识到可能什么地方出问题了,每半小时冒一次气。

12:00—气体撞击到钻台。

13:30—气体撞击到钻台以上 30ft 的游车。

15:00—气体喷过天车。

15:30—感觉地面震动。所有人都跑掉了,弃井。

密西西比州兰金县伊恩罗斯(E. N. Ross)2 号井井喷实例分析,为理解本书中所讨论的概念提供了一个很好的机会。对该实例的分析、评价及解释是为了增进对知识的理解,不涉及不同见解。事件分析的目的是了解各种因素和教训。文中介绍的内容无意指责在该井进行的任何作业,当然,这也不是事后聪明。本章唯一的目的是说明如何利用本书中的理论和工具来帮助分析情况和可选用的方法。

伊恩罗斯 2 号井于 1985 年 2 月 17 日开钻,位于密西西比州兰金县约翰(Johns)油田,是以斯马克沃(Smackover)地层为目的层的开发井,设计井深为 19600ft,$13\frac{3}{8}$in 套管下深 5465ft,$9\frac{5}{8}$in 套管下深 14319ft,$7\frac{5}{8}$in 尾管下深 18245ft,尾管顶部位于 13927ft $9\frac{5}{8}$in 套管。除了从 7335ft 到 8979ft,长度为 1644ft 的井段是 47 lb/ftS － 95 钢,其他部分均为 53.5 lb/ftS － 95 钢。47 lb/ft S － 95 为"弱强度",因此,井中若有异常高压情况,套管失效更可能发生在 7335ft 以下,而不是在井口。可以推断,由于是在 7335ft 以下套管失效,任何致命性的酸性气体都有可能在地下喷发。

斯马克沃地层顶部大约为 18750ft,是众所周知的异常压力段,酸性气藏大约含 30% 的 H_2S,4% 的 CO_2。用密度为 17.4 lb/gal 油基钻井液钻井,19419ft 处起钻换钻头,用了 2 个金刚石钻头之后,换了 1 个镶齿钻头。1985 年 6 月 10 日,带有新镶齿钻头起钻,钻柱被卡,钻头位于 19410ft。

油基钻井液滤饼问题及接单根坐卡瓦过程中钻柱被卡,加深了钻柱是压差卡钻的推断。据此推断,决定用中途测试(DST)工具解卡。结果,钻柱在 18046ft 处倒开,位于 $7\frac{5}{8}$in 尾管内 199ft 处。1094ft 的螺旋钻铤、稳定器及钻杆留在井中。图 9.1 为打捞作业前的井身结构图。根据水泥胶结测井,套管水泥面顶部位于 850ft。

第一次使用带有卡瓦打捞筒的 DST 工具在井底不能打开。返排钻杆中的钻井液,可是,卡瓦打捞筒仍不能打开。卡瓦打捞筒和封隔器组合工作数小时后,解卡并起钻,当在钻台上检查 DST 工具时,发现封隔器下半部分、两个接头及卡瓦打捞筒落在井中,这使打捞进一步复杂化。

采用公锥打捞,没有取得成功。进行磨铣,3h 磨铣了 2.5ft。1985 年 6 月 20 日,第二次使用带有打捞矛的 DST 工具,用 100bbl 密度为 17.4 lb/gal 油基钻井液及水注入容量为 13bbl 的钻柱中,使液面上升到距井口大约 800ft。据报道,工具打开,井下流动 1min,没有数量记录的淡水流到井口。按常规方法反向循环钻杆中的钻井液到井口。钻井液密度由于气体侵入从 17.4 lb/gal 下降到 17.1 lb/gal。取出 DST 工具,关闭全封闸板防喷器。大约 9in 的打捞矛留在井中。

取出 DST 工具,打开卡瓦打捞筒。改变井底钻具组合和打捞工具用了大约 2h。当全封闸板防喷器打开时,井中流出少量钻井液。

将卡瓦打捞筒、7 根 4¾in 钻铤、3 立根的 3½in 钻杆和 5in 钻杆的钻具组合下入井中,关闭井口。据报道,下钻期间,流出 8bbl 钻井液。井口关井压力为 500psi。钻柱底部位于 562ft。用密度为 18.4 lb/gal 钻井液通过节流阀进行循环,循环后,关井,井口关井压力为 3000psi,溢流量接近 100bbl。

关井压力达到 3000psi,钻杆开始向上移动。打开节流阀,关闭 5in 钻杆上的闸板防喷器。再一次关闭节流阀,井口关井压力增至 3250psi。试图关闭方钻杆上的安全阀,但由于压力高,没有成功。因此,最后一次打开节流阀,关闭安全阀,关闭节流阀。该井最终于 1985 年 6 月 21 日关井,最大溢流量估计为 260bbl,井口关井压力为 3700psi。

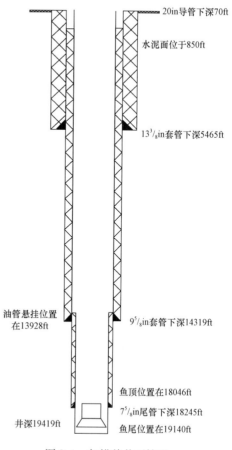

图 9.1　打捞前井下情况

关井后在强行下钻作业前,设计了详细的强行下钻程序。强行下钻程序通常推荐 3½in 钻杆以 2000ft 间隔强行下钻。每 2000ft 间隔,用常规等待加重法密度为 18.4 lb/gal 的钻井液循环。也就是说,钻杆内充满 18.4 lb/gal 的钻井液。只要确定了立管压力,套压应保持不变。立管压力确定后,将密度为 18.4 lb/gal 的钻井液循环至井口时,它应保持不变。可以预计,分段下钻并循环加重钻井液程序可以降低 9⅝in 套管的压力。

卡瓦打捞筒一旦在落鱼上部,一些因素更有利于反向循环钻井液。相应地,应用 1 个泵抽式回压阀替代钻柱上的 2 个常规回压阀。泵抽式回压阀有 1 个小球和阀座,通过投球可以把它抽出。泵抽式回压阀由于尺寸小,很容易腐蚀。

6 月 21 日至 7 月 13 日,做实施强行下钻准备工作。伊恩罗斯 2 号井安装了强行下钻设备、400ft 长的点火管线。1800ft 的流动管线通到伊恩罗斯 1 号井。从 6 月 21 日至 7 月 9 日 18d,井口压力保持 3700psi 相对不变。7 月 9 日至 7 月 13 日,井口压力下降到 2600psi。至 7 月 13 日,强行下钻了 69 个单根,钻柱总长约 2139ft。

7 月 14 日,强行下入了另外 60 个单根,钻柱总长接近 4494ft。根据强行下钻设计,用 276bbl 密度为 18.4 lb/gal 的钻井液循环,并排出 265bbl 钻井液。整个作业过程没有出现问题,井口没有观察到气体。将密度为 18.4 lb/gal 钻井液循环后,井口压力稳定在 2240psi。

7 月 15 日上午,井口压力为 2350psi。这一天强行下钻到 8950ft,井口压力稳定在 2000psi。图 9.2 为井身结构。在 3½in 钻杆顶部安装两个手动球形阀。用高压旋转接头及锤式活接头连接泵车与钻杆,如图 9.3 所示。

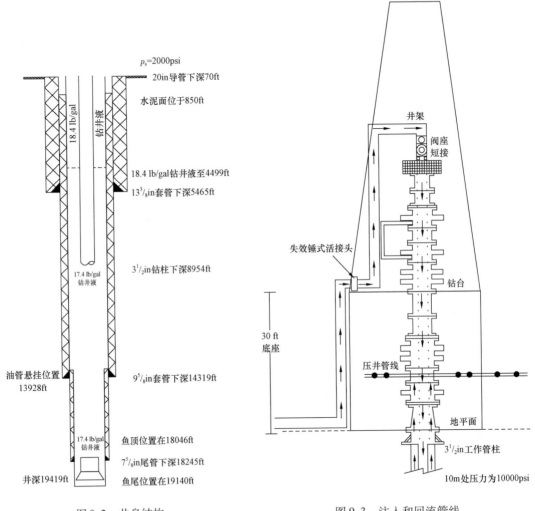

图 9.2　井身结构　　　　　　　　图 9.3　注入和回流管线

尽管强行下钻规定间隔为 2000ft,但总长约 4456ft 的钻杆下入井中。按照强行下钻规定,开始用等待加重法循环钻井液。在提高泵排量并建立立管压力过程中,套压保持不变。环空压力为 2000psi 情况下,泵排量分别为 2bbl/min 和 3bbl/min 时,立管压力分别为 2700psi 和 2990psi。一旦立管压力达到 2990psi,用密度为 18.4 lb/gal 的钻井液,泵排量为 3bbl/min 循环钻井液。

　　井口压力、注入钻井液总体积及总排出量见表9.1及图9.4。从表9.1看出:注入钻井液作业大约从 16:43 开始。注满钻杆需要 35bbl 钻井液。17:27,从钻杆注入 120bbl 钻井液,环空流速超过泵排量,造成钻井液池中钻井液体积增加。

表9.1　伊恩罗斯2井注入及排出钻井液过程(1985 年 7 月 15 日)

时间	油管压力 psi	套压 psi	注入量 bbl	净注入量 bbl	排出量 bbl	平均注入速度 bbl/min	平均排出速度 bbl/min	溢流量 bbl	备注
16:43	0	2000	0	0	0	0		0	在 8958ft 下装管子
16:45	0	2000	10	0	0	5.0		0	2bbl/min—700psi
16:48	0	2000	20	0	0	3.3		0	3bbl/min—2940psi
16:52	0	2040	30	0	0	2.5		0	18.6 lb/gal
16:59	2940	2060	40	5	0	1.4		0	
17:03	2880	2200	50	15	0	2.5		0	
17:08	2920	2125	60	25	24	2.0	4.8	−1	
17:12	2940	2150	70	35		2.5	2.5		
17:15	2880	2090	80	45	42	3.3	2.5	−3	
17:18	2880	2040	90	55	55	3.3	4.3	0	
17:22	2900	2010	100	65	65	2.5	2.5	0	
17:25	2910	1990	110	75	76	3.3	3.6	1	
17:27	2880	1990	120	85	89	5.0	6.5	4	
17:32	2880	1990	130	95	100	2.0	2.2	5	
17:38	2880	1780	150	115	135	3.3	5.8	20	
17:41	2880	1700	160	125	160	3.3	8.3	35	
17:44	3000	1900	170	135	180	3.3	6.6	45	
17:47	3000	1900	180	145		3.3	6.0		
17:50	2920	1900	190	155		3.3	6.0		18.1 lb/gal
17:53	2940	1925	200	165		3.3	6.0		
17:57	3040	2100	210	175		2.5	6.0		17.8 lb/gal
18:00	2940	2200	220	185		3.3	6.0		
18:03	3020	2200	230	195	295	3.3	6.0	100	
18:06	3000	2300	240	205		3.3	4.0		
18:08			247	212	315	3.5	4.0	103	
18:09	3040	2400	250	215		3.0	5.5		
18:10			253	218	326	3.0	5.5	108	1.76 lb/gal
18:12	2980	2300	260	225		3.5	7.6		
18:13			263	228	349	3.0	7.6	121	

续表

时间	油管压力 psi	套压 psi	注入量 bbl	净注入量 bbl	排出量 bbl	平均注入速度 bbl/min	平均排出速度 bbl/min	溢流量 bbl	备注
18：15	3040	2500	270	235		3.5	9.3		
18：18	2980	2500	280	245		3.3	9.3		
18：19			282	247	405	2.0	9.3	158	17.5 lb/gal
18：21	3080	2800	290	255		4.0	14.3		
18：22			294	259	448	4.0	14.3	189	17.4 lb/gal
18：25	2800	2740	300	265		2.0	10.5		
18：26			302	267	490	2.0	10.5	223	
18：28	2880	2740	310	275		4.0	8.6		
18：31	2980	2820	320	285		3.3	8.6		17.6 lb/gal
18：35	3040	3300	330	295		2.5	8.6		
18：37			336	301	585	3.0	8.6	284	
18：38	3040	3400	340	305		4.0	6.9		
18：42	3000	3480	350	315		2.5	6.9		
18：45	2960	3575	360	325		3.3	6.9		
18：47	3000	3700	370	335		5.0	6.9		18.2 lb/gal
18：52	3080	3900	380	345		2.0	6.9		
18：54	2840	3900	390	355		5.0	6.9		18.0 lb/gal
18：57	2940	3980	400	365		3.3	6.9		
19：01	2800	4100	410	375		2.5	6.9		
19：04	2980	3900	420	385		3.3	6.9		
19：08	2880	4310	430	395		2.5	6.9		
19：12	2900	4590	440	405		2.5	6.9		火焰较好
19：15	2980	4700	450	415		3.3	6.9		16.5 lb/gal
19：19	2900	4750	460	425		2.5	6.9		
19：23	2900	4700	470	435		2.5	6.9		点火
19：26	2900	4700	480	445	927	3.3	6.9	482	
19：28	3000	4500	490	455		5.0	7.9		
19：31	2990	4600	500	465		3.3	7.9		
19：39	4180	4800	530	495		3.7	7.9		
19：42		5100	540	505	1054	3.3	3.6	549	关井
19：55	3780	5000				0.7	3.6		开井
19：56	5200	5000	550	515		0.7	3.6		
20：03	5200	5000	580	545		4.2	3.6		

续表

时间	油管压力 psi	套压 psi	注入量 bbl	净注入量 bbl	排出量 bbl	平均注入速度 bbl/min	平均排出速度 bbl/min	溢流量 bbl	备注
20:07	5700	4990	600	565		5.0	3.6		
20:09	6000	4980				3.3	3.6		
20:10	5960	4900	610	575		3.3	3.6		
20:12	6060	4910	620	585		5.0	3.6		
20:13	6100	4940				5.0	3.6		
20:14	6100	4910	630	595		5.0	3.6		
20:15	6300	5000	640	605		10.0	3.6		
20:16	6240	5000				4.3	3.6		
20:17	6240	4960				4.3	3.6		
20:18	6460	4910	653	618		4.3	3.6		
20:19	6460	4890				8.3	3.6		
20:20	6500	4900				8.3	3.6		
20:21	6280	4990	678	643		8.3	3.6		
20:23	5940	5010	690	655		6.0	3.6		
20:25	5920	4950				3.7	3.6		
20:26	6100	5010				3.7	3.6		
20:27	6100	5000				3.7	3.6		
20:28	6100	4900				3.7	3.6		
20:29	6220	5100				3.7	3.6		
20:30	6220	4990				3.7	3.6		
20:31	6300	5050	720	685		3.7	3.6		
20:33	6360	5000	730	695		5.0	3.6		
20:34	6300	4900				5.0	3.6		
20:35	6400	5000	740	705		5.0	3.6		
20:36	6400	4950				5.0	3.6		
20:37	6560	5010	750	715		5.0	3.6		
20:38	6560	5000				5.0	3.6		
20:39	6650	5004	760	725		5.0	3.6		
20:41	6800	5010	770	735		5.0	3.6		
20:43	6750	5000				3.3	3.6		
20:44	6850		780	745		3.3	3.6		
20:45	6700	4700	790	755		10.0	3.6		
20:46	6750	4790				3.3	3.6		
20:47	6700	4710				3.3	3.6		

续表

时间	油管压力 psi	套压 psi	注入量 bbl	净注入量 bbl	排出量 bbl	平均注入速度 bbl/min	平均排出速度 bbl/min	溢流量 bbl	备注
20:48	6650	4680	800	765		3.3	3.6		
20:49	6700	4700				5.0	3.6		
20:50	6720	4800	810	775		5.0	3.6		
20:52	6800	4750	820	785		5.0	3.6		
20:53	6700	4610				5.0	3.6		
20:54	6700	4625	830	795		5.0	3.6		
20:55	6740	4650				5.0	3.6		
20:57	6700	4580				5.0	3.6		
20:58	6750	4500	850	815		5.0	3.6		
21:00	6700	4650	860	825	1293	5.0	3.6	468	

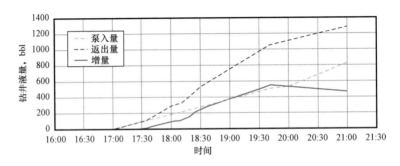

图9.4 伊恩罗斯2井循环(1985年7月15)

在18:54,注入390bbl钻井液,排出近725bbl,井口有气体显示,随着气体流向井口,钻井液净溢流369bbl。19:42,关井,环空压力为5100psi,立管压力为4180psi。此时,注入540bbl钻井液,从环空中排出1054bbl,钻井净溢流549bbl,点火成功,回压阀回封关闭。

观察13min后,重新开始注入钻井液作业,循环速度增加到6bbl/min。环空压力为5000psi,立管压力为5200psi。与强行下钻程序相反,直到20:44,环空压力保持5000psi。此时,立管压力达到6850psi。然后,立管压力基本保持在6700psi。21:10,钻台上的锤式活接头发生泄漏,注入管线出现问题。关闭节流阀,钻井液从钻杆中不但继续流动,而且流速增加,表明回压阀失效。随后,用起重机吊篮将3人吊到强行下钻工作台中。他们努力关闭两个球形阀,但没有成功。酸性气体报警器发出警报,放弃井场。点燃气体后,钻机完全被大火烧毁。

9.1 井喷分析

当然,这次作业过程中有许多作出决定的机会,每次做决定时刻由于可选方法太多而无法确定。

9.1.1 钻井和打捞作业

使用 DST 工具对不含烃低压浅层压差卡钻进行解卡。众所周知,DST 有时也用在含烃高压深层。解卡作业要取得成功,井筒内必须建立压差。毫无疑问,斯马克沃(Smackover)地层已经钻开并含有高压酸性气体。所以,即使作业取得成功,可能会产生流体侵入和井控问题。

在套管中倒开钻具终归使情况更复杂。如果 DST 作业成功,还需要讨论下一步问题。支持在套管中倒开的见解是正确的,也就是说,在套管中进行打捞及安装封隔器比在裸眼井中容易。

正如第 4 章已讨论,油基钻井液可能掩盖存在流体侵入。起钻过程中可以检测出钻井液不流动或井眼不完全充满。据报道,该井起钻过程中,井眼完全充满钻井液。

9.1.2 井涌

起钻时,作业人员发现有溢流现象,立即试图将钻杆下入井中,在1985年,这种做法很普遍。

根据第 3 章概述,一旦观察到井涌,最好的措施是立即关井。如果一发现溢流,作业人员就关好井,溢流量及井口压力就会很小。

此时,难度很大的井控问题不可避免地发生。落鱼鱼顶位于 18046ft,距井底 1400ft,不可能将钻柱下到井底并循环出侵入流体。

作业人员观察到井涌,立即将钻铤、卡瓦打捞筒及一小段钻杆下入井中,在1985年,这一做法很普遍。根据后面的要求,如果没有下钻柱,会更好些。当需要高排量压井时,钻铤限制了泵排量。而且,由于井口压力高,把钻铤强行从井中起出会很困难。若是螺旋钻铤,会更加困难。

作业人员成功地将大约 560ft 的钻柱下入井中并关井,此时,井口压力为 500psi,溢流量只有 8bbl。作为 1985 年的例行操作,再一次循环井眼,然而 560ft 钻井液密度的改变不足严重地影响了深度为 19419ft 井的井底压力。

钻头不到井底的情况下,没有好办法循环井底。第 4 章已讨论,井底以上的井段,无法用常规的压井程序循环。U 形管模型仅适用于钻头在井底的情况。钻头在其他部位时,U 形管模型变为 Y 形管模型,此时,不可能真正知道井眼情况。工程师法、等待加重法及保持立管压力不变,在钻头不在井底情况下是没有意义的。

第 4 章已介绍,循环井眼可以采用钻井液池液面高度不变方法,也可称为等体积控制法,更好描述的名词是静止方法,这些名词均可描述任何钻井作业期间不出现侵入流体时的通常循环方式。

第 4 章已概述,采用此方法,所有情况必须保持不变,尤其是钻井液池液面深度、节流阀尺寸、立管压力及环空压力在井眼循环过程中不应改变,若有改变,必须关井。第 2 章建议,这些参数中任何一个在日常钻井作业过程中发生变化,都是必须关井的信号。发生井涌时同样正确,任何变化都是必须关井的信号。

钻井液池液面深度在井眼循环过程中没有保持不变,溢流量从 8bbl 增至 100bbl 左右,最终关井时,井口压力从 500psi 增至 3250psi,关井井口压力引起的井口受力足以使钻柱冲出井眼。为保证钻柱安全,不得不开井,释放钻井液。最终关井时,井口压力达到 3700psi。溢流总量一直有争议。为写此书,总溢流量由压力分析确定为260bbl。

最后,我们应记住由于没有3½in钻杆防喷器闸板,为关闭闸板,要下5in钻杆单根。由于这一微小问题,为了提出5in钻杆并开始强行下钻作业,不得不停止作业。

9.1.3 强行下钻程序

强行下钻程序规定钻柱要以2000ft间隔强行下钻,每2000ft间隔,应充分循环井眼,直到到达"井底"。在提高泵排量并建立立管压力过程中,建议通过维持套压不变确定每2000ft间隔的循环压力。其后,维持立管压力不变,直至新钻井液循环到井口。最后,可以预测在"井底"反向循环是较好的做法。在钻柱上安装两个回压阀这一传统强行下钻常识被放弃,而选择安装一个泵抽式回压阀。

今天与1985年情况相同,从事井控人员以同样方法探讨这一问题。可是,正如前几章讨论的及该井施工所证明的,从理论上看,强行下钻作业有一些理论难点,在钻头不到井底的情况下,没有好办法循环有流体侵入的钻井液。推荐使用的建立立管压力并维持不变的常规井控方法存在潜在问题。

如果没有侵入流体的运移,常规的循环方法没有问题。如果有侵入流体的运移,就会出现问题。侵入流体的上升使井口压力增加。节流阀相应地要打开,以保持立管压力不变。在此情况下,会引起更多流体流出。应该记住刚刚讨论的,当井场人员在562ft处循环时,这口井的情况已恶化。

可以用第4章所介绍的技术从理论上解释,用密度为18.4lb/gal的钻井液替换侵入流体上方密度为17.4 lb/gal的钻井液,可以减小井口最大压力。另外,这一技术可以用来从理论上证明以2000ft间隔将侵入流体循环到井口可以降低井口最大压力。

7335ft处9⅝in47 lb/ft套管为"弱强度"钢,可以推断即使9⅝in套管注水泥,水泥顶面离井口850ft。当井筒内钻井液的密度为17.4 lb/gal时,井口压力将不超过5000psi。记住所要考虑的实际问题使这一方法难度很大,某些情况下不可能完成,但理论方面有指导作用,值得研究,见例9.1。

例9.1
给定条件:
如图9.5与图9.6;
相对密度,$S_g = 0.785$;
溢流量 $= 260$bbl;
井底压力,$p_b = 16907$psi;
井口压力,$p_a = 3700$psi;
井底温度,$T_h = 772°$R;
温度梯度,$T_{grad} = 1.3°$R/100ft;
压缩系数,$Z_h = 1.988$;
$Z_s = 1.024$;
气体压力梯度,$\rho_f = 0.162$psi/ft;

套管环空容积,$C_{dpca} = 0.0589bbl/ft$;

尾管环空容积,$C_{dpla} = 0.0308bbl/ft$;

气体顶部,$TOG = 12385ft$。

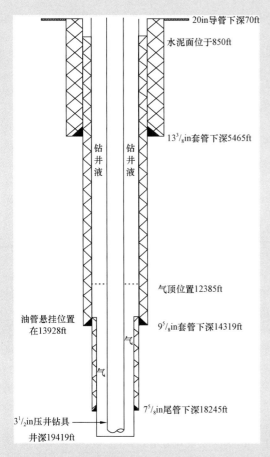

图9.5 例9.1 井身结构

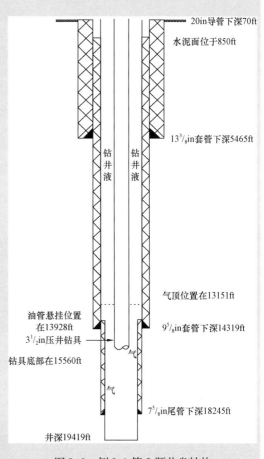

图9.6 例9.1 第5题井身结构

求出：

(1)井底为 $3\frac{1}{2}$in 钻杆,钻井液密度为 17.4 lb/gal 情况下的井口压力。

(2)井底为 $3\frac{1}{2}$in 钻杆,钻井液密度为 18.4 lb/gal 情况下的井口压力。

(3)第 1 情况下,有气体返到井口时的井口压力。

(4)第 2 情况下,有气体返到井口时的井口压力。

(5)仅有 2000ft 的侵入流体用密度为 17.4 lb/gal 钻井液排出,有气体返到井口时的井口压力。

(6)仅有 2000ft 的侵入流体用密度为 18.4 lb/gal 钻井液排出,有气体返到井口时的井口压力。

解答：

(1)钻杆位于 19419ft,钻井液密度为 17.4 lb/gal 时的井口压力为：

$$p_b = p_s + \rho_f h_b + \rho_m (D - h_b)$$

$$p_s = p_b - \rho_f h_b - \rho_m (D - h_b)$$

$$h_b = D - TOG$$

$$h_b = 19419 - 12385$$

$$h_b = 7034 \text{ft}$$

$$p_s = 16907 - 0.162 \times 7034 - 0.052 \times 17.4 \times (19419 - 7034) = 4562 \text{psi}$$

（2）钻杆位于19419ft，钻井液密度为18.4 lb/gal 时的井口压力为：

$$p_s = 16907 - 0.162 \times 7043 - 0.052 \times 18.4 \times (19419 - 7034) = 3918 \text{psi}$$

（3）公式（4.22）可以计算钻杆位于19419ft，钻井液密度为17.4 lb/gal 并有气体返到井口时的井口压力。

$$p_{xdm} = \frac{B}{2} + \left[\frac{B^2}{4} + \frac{p_b \rho_m z_x T_x h_b A_b}{z_b T_b A_x}\right]^{\frac{1}{2}}$$

$$B = p_b - \rho_m (D - X) - p_f \frac{A_b}{A_x}$$

$$= 16907 - 0.9048 \times (19419 - 0) - 0.162 \times 7043 \times \left(\frac{0.7806 \times 0.0308 + 0.2194 \times 0.0589}{0.0589}\right)$$

$$= -1378$$

$$p_{0dm} = -\frac{-1378}{2} + \left[\frac{(-1378)^2}{4} + \frac{16907 \times 0.9048 \times 1.024 \times 520 \times 7034 \times 0.037}{1.988 \times 772 \times 0.0589}\right]^{\frac{1}{2}} = 4202 \text{psi}$$

（4）公式（4.21）可以计算钻杆位于19419ft，钻井液密度为18.4 lb/gal 并有气体返到地面时的井口压力。

$$B = 16907 - 0.9568 \times (19419 - 0) - 0.162 \times 7034 \times \frac{0.0370}{0.0589} = -2389$$

$$p_{0dm} = \frac{-2389}{2} + \left[\frac{(-2389)^2}{4} + \frac{16907 \times 0.9568 \times 1.024 \times 520 \times 7034 \times 0.037}{1.988 \times 772 \times 0.0589}\right]^{\frac{1}{2}} = 3926 \text{psi}$$

（5）钻杆不在井底，钻井液密度为17.4 lb/gal，2000ft 侵入流体增加段，气体返到地面时井口压力如下：

尾管中气体体积为234bbl：

技术套管中气体量为26bbl = 368ft

$$TOG = 13560ft$$

$$TOL = 13928ft$$

钻柱最大深度 $= 15560ft$：

侵入流体在 $7\frac{5}{8}in$ 尾管与 $9\frac{5}{8}in$ 套管中的深度分别为：

$$L_{尾管} = 15560 - 13928 = 1632ft$$

$$L_{套管} = 13928 - 13560 = 368ft$$

$$I_{tot} = 1632 \times 0.0428 + 368 \times 0.070 = 96bbl$$

气体顶部新高度 TOG：

$$TOG = 13928 - \frac{96 - 0.0308 \times 1632}{0.0589} = 13151ft$$

侵入气体新高度 h_b：

$$h_b = 15560 - 13151 = 2409ft$$

侵入流体底部新面积 A_b：

$$A_b = \frac{777}{2409} \times 0.0589 + \frac{1632}{2409} \times 0.0308 = 0.0399$$

井底压力 p_b：

$$p_b = 16907 - 0.162 \times (19419 - 15560) = 16282psi$$

新井口压力计算如下：

$$B = 16282 - 0.9048 \times 15560 - 0.162 \times 2409 \times \frac{0.0399}{0.0589} = 1939$$

$$p_{0dm} = \frac{1939}{2} + \left[\frac{(1939)^2}{4} + \frac{16282 \times 0.9048 \times 1.024 \times 520 \times 2409 \times 0.0399}{1.988 \times 772 \times 0.0589} \right]^{\frac{1}{2}} = 4016psi$$

(6)条件与(5)相同，钻井液密度为 18.4 lb/gal，钻杆不到井底情况下的井口压力：

$$B = 16282 - 0.9568 \times 15560 - 0.162 \times 2409 \times \frac{0.0399}{0.0589} = 1130$$

$$p_{0dm} = \frac{1130}{2} + \left[\frac{1130^2}{4} + \frac{16282 \times 0.9568 \times 1.024 \times 520 \times 2409 \times 0.0399}{1.988 \times 772 \times 0.0589} \right]^{\frac{1}{2}} = 3588psi$$

例 9.1 假定井底无落物，并有可能将 $3\frac{1}{2}in$ 钻杆强行下钻到井底 19419ft 处。见第 1 题，钻柱到底，钻井液密度为 17.4 lb/gal 由于溢流段较长，井口压力从 3700psi 增至 4562psi。第 3 题假定所有侵入流体从井底循环至井口，气体流到井口时井口压力仅为 4202psi，比侵入气体在井底小 360psi。

根据第 5 题，如果 2000ft 侵入流体增加段用密度为 17.4 lb/gal 钻井液循环到井口，有气体返到井口的最高压力为 4016psi，比将全部侵入流体从井底循环出小约 200psi。有意思的是，循环前钻头位于 15560ft 时井口压力通过第 5 题计算为 3996psi。

相比之下，钻井液密度为 18.4 lb/gal，钻头到井底条件下，井口压力为 3918psi（见第 2 题）。如果按题第 4 题假定，所有侵入流体循环到井口，有气体返到井口时最高压力为 3926psi 与循环开始时基本相同。如果按题第 4 题假定，2000ft 间隔段长侵入流体排出，有气体返到井口，井口最高压力为 3588psi。

异常压力变化是由于有落物存在、7⅝in 长尾管及侵入流体量。侵入流体完全充满尾管。因此，当循环开始时，侵入流体立即循环流进 9⅝in 套管中，流体段相当短，循环压力必然会急剧下降。随着侵入流体在 9⅝in 套管中循环至井口，环空压力增大。

从现场操作角度看，压力较低认为是有利条件，也就是说，情况最差时井口压力为 4600psi 比最大容许值 5000psi 小。因此，考虑到时间、难度及以 2000ft 间隔循环时有关的机械问题，分段循环理论上不是最佳选择。

必须记住，例 9.1 存在一个理论问题。假设密度为 17.4 lb/gal 钻井液能够被密度为 18.4 lb/gal 钻井液代替及侵入流体以 2000ft 间隔循环至井口。理论上没有正确程序实现本例的假定与分析。

强行下钻程序研究了以 2000ft 间隔量及在"井底"的循环。由于井底有落物，强行下钻作业的位置在 18046ft，距井底 1400ft。

通过钻杆反向循环侵入流体这一观点的理论意义值得考虑。当然，如果反向循环侵入流体，环空压力会更小。可是，一定要考虑钻杆内的压力，见例 9.2。

例 9.2

给定条件：

假定 2000ft 的侵入流体在例 9.1 给定条件下反向循环至井口，钻柱容量 C_{ds} 为 0.00658bbl/ft。图 9.7 为井深结构图。

求：

立管所承受的最大压力。

解答：

当受到最初 2000ft 气体侵入时，见例 9.1 解答，气体顶部位于 15560ft 侵入气体循环至井口的体积为 96bbl。

因此，钻杆内气柱高度为：

$$h = \frac{V}{C_{ds}} = \frac{96}{0.00658} = 14590\text{ft}$$

立管压力为：

$$p_s = p_b - \rho_m(D - h_b) - \rho_f h_b$$
$$= 16282 - 0.9568 \times (15560 - 14590) - 0.162 \times 14590 = 12990\text{psi}$$

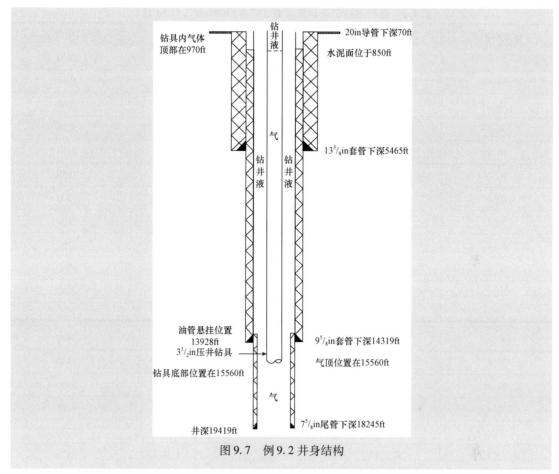

图9.7　例9.2井身结构

例9.2表明,如果尝试了反向循环作业,预计立管压力达到最大值约13000psi。立管和井口连接处这一压力值,尤其是由含30% H_2S 的气体导致的结果,任何人都不可能感到舒服。

9.1.4　井口压力的意义

从6月21日气体开始侵入至7月15日这段时间,井口压力变化最值得分析研究。至7月9日的最初18d期间,井口压力保持相对不变为3700psi。正如第4章已讨论,井口压力不变表示侵入气体在这18d内没有运移。

7月9日以后至7月15日井口出现问题并点火这一天,井口压力开始下降。井口压力稳定在2000psi左右。见例9.1说明,井口压力下降是侵入流体运移的结果。7月9日至7月15日这6d期间,侵入气体上升至10750ft左右。7月15侵入气体顶部由点火前泵注作业分析加以证实,将在后面介绍。

9.1.5　至7月14日的强行下钻作业

强行下钻作业按常规进行至7月14日。7月14日,钻柱底部位于4494ft左右,用密度为18.4 lb/gal钻井液循环之前,没有释放钻柱所取代的一定量钻井液,引起井口压力增加,允许增至3800psi。表9.2为7月14日强行下钻记录的一部分。应当特别注意:强行下钻29个单根代表替换了10.4bbl钻井液,但仅释放了1.5bbl钻井液。

表9.2 强行下钻记录伊恩罗斯2号井(1985年7月14日)

钻杆长度,ft	钻杆总长度,ft	替换体积,bbl	排出体积,bbl	井口压力,psi
30.4	2161.37	0.36		3010
30.4	2191.77	0.36		3040
30.4	2222.17	0.36		3060
30.4	2252.57	0.36		3100
30.4	2282.97	0.36		3140
30.4	2313.37	0.36		3150
30.4	2343.77	0.36		3200
30.4	2374.17	0.36		3240
30.4	2404.57	0.36		3260
30.4	2434.97	0.36		3300
30.4	2465.37	0.36		3340
30.4	2495.77	0.36		3380
30.4	2526.17	0.36		3400
30.4	2556.57	0.36		3430
30.4	2586.97	0.36		3450
30.4	2617.37	0.36		3480
30.4	2647.77	0.36		3500
30.4	2678.17	(1.14)	1.5	3520
30.4	2708.57	0.36		3540
30.4	2738.97	0.36		3560
30.4	2769.37	0.36		3600
30.4	2799.77	0.36		3600
30.4	2830.17	0.36		3620
30.4	2860.57	0.36		3640
30.4	2890.97	0.36		3600
30.4	2921.37	0.36		3600
30.4	2951.77	0.36		3600
30.4	2982.17	0.36		3780
30.4	3012.57	0.36		3850

第4章已讨论,当强行下入每一单根时,应释放每一单根或立柱所取代体积的钻井液,否则,难以推测井下情况,确定恰当的井口压力,分析侵入流体运移情况。可是,这一天刚开始,井口压力为3000psi,侵入流体顶部刚好位于钻柱的底部。

采用强行下钻程序要根据常规压井程序建立立管压力。即环空压力维持 3800psi 保持不变,并建立立管压力。注入 276bbl 并排出 265bbl,然后,将密度为 18.4 lb/gal 钻井液循环至井口,二者差值为充满钻杆所需体积。注入钻井液作业后,井口压力稳定在 2240psi,没有任何气体循环至井口。

注入钻井液作业过程中,由于钻杆环空中没有气体,侵入气体没有运移,进行驱替作业没有遇到困难。参考第 4 章关于离开井底循环及本章前述内容,做进一步讨论。

9.1.6　7 月 15 日的强行下钻作业

7 月 15 日上午,井口压力为 2390psi,按常规进行强行下钻作业。改变强行下钻程序,允许较长的间隔段。据此,强行下钻到 8954ft 与推荐的 2000ft 间隔段相对,间隔段为 4464ft。

这一天,井口压力一直下降,直至这一天结束,压力稳定在 2000psi。根据例 4.1 分析,侵入流体顶部位于 10250ft。严格来讲,应为 10750ft。伊恩罗斯 2 号井 7 月 15 日夜晚情况说明如图 9.8 所示。

9.1.7　7 月 15 日的循环程序

根据强行下钻概述,套压维持不变为 2000psi,泵排量为 3bbl/min 时,立管压力确定为 2900psi。根据表 9.1 及图 9.4,开始循环作业。图 9.8 说明给定情况下的井身结构图,环空体积为 532bbl。正如前面提到,将约 120bbl 钻井液注入钻柱后,钻井

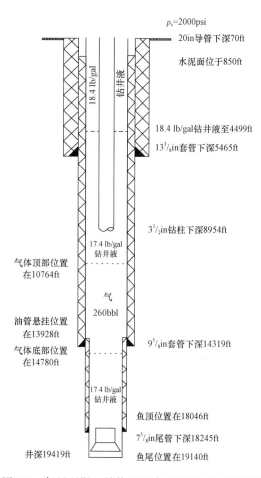

p_s=2000psi
20in 导管下深 70ft
水泥面位于 850ft
18.4 lb/gal 钻井液至 4499ft
$13\frac{3}{8}$in 套管下深 5465ft
18.4 lb/gal
钻井液
$3\frac{1}{2}$in 钻柱下深 8954ft
17.4 lb/gal 钻井液
气体顶部位置在 10764ft
气 260bbl
油管悬挂位置在 13928ft
$9\frac{5}{8}$in 套管下深 14319ft
气体底部位置在 14780ft
17.4 lb/gal 钻井液
鱼顶位置在 18046ft
$7\frac{5}{8}$in 尾管下深 18245ft
井深 19419ft
鱼尾位置在 19140ft

图 9.8　伊恩罗斯 2 号井 1985 年 7 月 15 日夜晚情况

液池液面开始增高。认识这一时刻很重要,此时为 17:27,立管压力为 2900psi,环空压力下降到 1900psi。此后,环空压力降至 1700psi,然后,随立管压力保持不变而开始增大。

从 18:26 至 18:37 期间 11min(表 9.1),95bbl 钻井液从井中排出,平均排出速度为 8.64bbl/min。同一期间,泵排量平均值为 3.09bbl/min,净溢流速度为 5.55bbl/min。所以,内插表 9.1,18:31 左右,从环空排出 532bbl 钻井液。

如前所述,直至 18:54 左右,环空容量的流体排出后近半小时,共排出 725bbl 气体,仍没有达到井口。因此,可以推断:当开始循环作业时,环空中没有任何气体;排出 120bbl 后,17:27,钻井液池液面升高,这不是环空中气体膨胀的结果。

由此可见:溢流及环空压力升高归于侵入流体的运移或增加的侵入流体的结果。如果遵循第 4 章提出的准则,17:27,当钻井液池液面开始升高时,应停止作业。按照计划与程序,当

环空容量的流体排出时,没有观察到任何气体,环空压力继续升高,停止作业是合理的。

循环开始时,侵入流体顶部位置可以通过分析表9.1加以证实,见例9.3。

例 9.3

给定条件:

见图9.8,表9.2;

环空容量,$C_{dpca}=0.0589bbl/ft$;

$9\frac{5}{8}$套管容量:$C_{ci}=0.0707bbl/ft$;

注入390bbl排出725bbl气体到井口。

求出:

开始循环时,侵入流体的顶部位置。

解答:

环空体积:

$$V_{dpca} = D_{dpca}C_{dpca} = 8954 \times 0.0589 = 527bbl$$

排出527bbl,注入体积约320bbl。

气体到井口,注入的体积为390bbl。

气体到井口,排出的体积为725bbl。

环空容量流体排出后至有气体上升到井口期间,注入量:

$$= 390 - 320$$

$$= 70bbl$$

环空提供的流体体积:

$$= 725 - 527 - 70$$

$$= 128bbl$$

开始循环时,侵入流体顶部:

$$\frac{128}{0.0707} + 8954 = 10764ft$$

例9.3中,气体到达井口时,排出725bbl钻井液(比环空容量多198bbl)。排出198bbl期间,仅向井中注入了70bbl。因此,198bbl一定来自于钻柱末端以下井段。由此得出侵入气体顶部位于10764ft左右。井口压力精确测定证实这一计算在数据及压力计精度限制范围内,准确性好。

19:42,关井观察,540bbl钻井液注入井中之后,排出1054bbl,环空压力从2000psi增至5000psi。做出继续作业的决定,保持环空压力不变,泵排量为6bbl/min。从表9.1看出,从这一时刻至注入管线破裂,立管压力从2900psi增至6700psi。

如前所述,没有将环空中气体从井底循环出来的正确模型,理论上讲,立管压力保持不变,泵排量为3bbl/min的循环同样适合泵排量为6bbl/min的循环。可是,从图9.4看出,将泵排量增至6bbl/min之后,净溢流减少,这表明井底情况得到改善。

7月15日,注入管线与回流线如图9.3所示。钻台上的锤式活接头出现故障,锤式活接头与钻柱间没有回压阀,泵抽式回压阀发生故障。因环空关闭,井中全部作用力集中在钻杆上,井底流速继续增大。虽然钻柱顶部的两个球形阀适用于此情况下,但尽力关闭没有成功。

如第1章所提到,球形阀在井控方面是有问题的。在此特殊情况下,上部阀是通用类型,称作低扭矩阀,并认为在难度大情况下使用有效果(下部阀是简单的方钻杆阀)。事件发生之后,在各种排量与压力条件下的井控试验,每个阀的试验结果并不一致。实验室情况通常比井场所经历的实际情况复杂程度小。或许可以使用液压阀,也可使用关闭闸式阀。可是,如果流速高或关阀需要时间长,闸式阀可能受到冲蚀。

注入管线上的锤式活接头冲开后,所有遇到的问题再次出现,虽然尽力关闭适用于此情况下的两个球形阀,但没有成功。钻台上开始喷出气体,发出硫化氢警报,由于硫化氢有毒,不能很快靠近钻台,除了点燃气体外,几乎没有其他选择。

9.2 其他可供选择方案

考虑其他可选用的井控方法很有意义。将落物顶部距井底这1400ft井段中的侵入流体排出来比较困难,因此,没有安全又容易操作的好方法控制这口井。

一种可选方法是试图将侵入流体顶回地层。可是,对于1100ft的裸眼井段,不可能将侵入流体顶入斯马克沃(Smackover)地层。并且有可能超过了套管鞋处的破裂压力梯度,套管鞋以上的侵入流体顶入紧邻套管鞋的以下地层,1100ft裸眼井段底部残留的侵入流体仍难于处理。

整个过程最有趣的现象是在出现井涌的最初18d侵入流体没有运移。在紧接着的6d,仅上移了不到4000ft,位于10750ft左右。一种可选井控方法是使侵入流体流到井口。第4章概述至程序可以用来设计运移程序和预测环空压力剖面图。体积压井法仅是在循环流速为零情况下的司钻法,见例9.4。

例9.4

给定条件:如例9.1,例9.2和例9.3;

假设侵入流体升到井口;

$3\frac{1}{2}$in 钻杆位于8954ft;

井内仅有密度为17.4 lb/gal 钻井液;

假设井口压力最大值为5000psi。

求出:

(1)环空压力剖面图;

(2)运移程序;

(3)驱替侵入流体程序。

解答:

(1)确定环空压力剖面图的方法与例9.1相同,在气体流到井口及井底有落物情况下,井口压力为:

$$p_{0dm} = 3510\text{psi}$$

第一次关井时,侵入流体顶部位于13546ft并且

$$p_a = 3700\text{psi}$$

气体位于8954ft 通过方程(4.21)计算 p_x:

$$p_{xdm} = \frac{B}{2} + \left[\frac{B^2}{4} + \frac{p_b \rho_m z_x T_x h_b A_b}{z_b T_b A_x} \right]^{\frac{1}{2}}$$

$$B = p_b - \rho_m (D - X) - p_f \frac{A_b}{A_x}$$

$$= 16907 - 0.9048 \times (19419 - 8954) - 0.162 \times 5873 \times \left(\frac{0.0426}{0.0707} \right)$$

$$= 6892$$

$$p_{8954dm} = \frac{6892}{2} + \left(\frac{6892^2}{4} + \frac{16907 \times 0.9048 \times 1.586 \times 636 \times 5873 \times 0.0426}{1.988 \times 772 \times 0.0707} \right)^{\frac{1}{2}} = 10314 \text{psi}$$

$$p_a = p_x - \rho_m X = 10314 - 0.9048 \times 8954 = 2212 \text{psi}$$

图9.9 为环空压力剖面图。

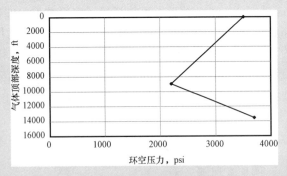

图9.9　气体运移—环空压力剖面

(2)本例中流动方法很简单。假设套压最大值为5000psi,仅让套压增至5000psi 并释放必需量的钻井液以保持套压不变为5000psi,释放钻井液的体积不应超过侵入流体所增加的体积。

$$V_s = \frac{p_b z_s T_s}{p_s z_b T_b} V_b = \frac{16907 \times 0.775 \times 520}{3510 \times 1.988 \times 722} \times 260 = 329 \text{bbl}$$

因此,增加量为

$$\Delta V = 329 - 260 = 69 \text{bbl}$$

侵入流体在5000psi 压力下运移时,从环空中放出的钻井液体积小于69bbl。

(3)假定所预期的压力和体积与分析所预测的相同,在井口压力稳定情况下,侵入流体在井口位置,可以用司钻法驱替侵入流体。如果不可以,必须关井。可以采用另一种可选方法——体积压井法,在仔细地测量注入的钻井液同时,通过钻柱加压,压力能够达到5000psi。达到5000psi 后,从环空中排出钻井液,达到稳定的井口压力,比注入量的静压力小。

例如,如果 $p_a = 3510\text{psi}$ 且 $V_s = 329\text{bbl}$:

$$V_2 = \frac{p_1 V_1}{p_2} = \frac{3510 \times 329}{5000} = 231\text{bbl}$$

压力达到5000psi注入的钻井液体积为:

$$329 - 231 = 98\text{bbl}$$

增加的58bbl有效静压力为:

$$\Delta H_{yd} = \frac{V_m}{C_{dpca}}(\rho_m - \rho_f) = \frac{98}{0.0589}(0.9048 - 0.162) = 1236\text{psi}$$

因此,井口压力从5000psi到3510再到1236psi,即:

$$p_a = 2274\text{psi}$$

重复此方法直至释放出侵入流体,本例中,仅释放出气体。

例9.4说明,排出侵入流体是一可行的选择,不能超过所允许的井口压力最大值,按体积驱替或释放侵入流体。

认识到侵入流体已经运移至10750ft可以提出值得考虑的有价值选择方法。侵入流体顶部位于10750ft,底部位于14780ft。强行下钻,直至落物顶部并采用司钻法循环出侵入流体。预期压力将与例9.1中确定的压力相同,只是溢流从10000ft以上开始,而不是从底部开始。可是,如果在钻柱末端以下有增加的侵入流体,已发生的问题可能会同样出现。因此,一定要认真分析驱替程序,如果出现与分析结果有任何偏差,应关井并进行评价。

另一种可选方法是将井口与设备及点火线相连接并使井内流体流动。过去,这一地区的井每天只产出几百万立方英尺的气体。因此,在井底流动压力下降之前,井下可能要流动一小段时间。此后,应用第5章描述的动量原理进行压井。按前面描述的方法,认真地从侵入流体以下部位进行循环是一个很好的应急措施。令人感兴趣的是,点火后,井最终被封住,正如前面已描述,井被控制了,在高排量和高流速下,注入高密度钻井液,井被压死。

9.3　观察与结论

以上进行了有趣并有教育意义的观察。许多情况下,预测已达到"井底"。可是,井底有落物后,不可能达到总深度19419ft,落物顶位于18046ft,"井底"比总深度少1373ft。因此,以"井底"为基础的任何理论方法实际上是不可行的。强行下钻到"井底"并循环出井口的观点理论上是不可能的。尽管使钻柱尽可能深,1373ft气体仍留在钻柱末端以下井段。

在井控作业中,从井底循环是一难得的好主意。但本例中,在尝试循环时,井况已恶化。

第 10 章　应急计划

钻井日报

1988 年 1 月 12 日,星期一

昨天晚上,将岩心从井内取出时,发现井涌。于是把井内钻具组合取出,开始下钻。起到 1500ft 时,井涌增强,无法继续下钻。关井,井口压力为 500psi。接上方钻杆,循环 1d 保持立压恒定。然后再次关井,此时井口压力 4200psi。现在你打算做什么?

只要有油气钻井,就会有井涌、井喷、油井着火和其他井控问题。事实上,最近的统计研究表明,今天发生的井控问题与 20 世纪 60 年代一样多。并且该统计研究着重强调了规范和培训的重要性。

任何井控都是由人完成的。也就是说任何人都可以扑灭一口油井大火,任何人都能压住一口井涌井。科威特的奥—敖达(AL – AWDA)项目证明了这点,打消了人们对该观点的怀疑。在科威特,灭火和压井是由专业人员、工程师、井队长、钻工、强行起下钻作业人员、教师、酒吧招待、钻井液工程师、农民、美国人、印度人、中国人、罗马尼亚人、匈牙利人、俄罗斯人及科威特人来完成的。有趣的是在科威特每口井井控所需的平均时间实质上是同样的,与组成队伍的人员和国籍无关。

井喷的结果是令人震惊的,这也可能是在井控尝试中一个不正确的决定造成的结果。井喷潜在的损失包括人员伤亡、设备损失、财产损失和大量天然气资源损失。从 20 世纪 20 年代早期出现井控专业,直到 20 世纪 80 年代初期,只有一人丢掉了性命,麦让·肯雷(Myron Kinley)的兄弟弗洛伊德(Floyd)在控制井喷大火时牺牲在钻台上。这是在井控作业时应特别注意考虑的情况。从 20 世纪 80 年代初期以来,已经有多人在井控中丧失了生命,其中包括在叙利亚井喷中牺牲的 5 个人(3 名是专业人员)。考虑到行业现状,包括井控服务公司的情况,将来可能会有更多的人在井控中丧生。

为什么会有更多的人丢掉性命呢? 这有几方面的原因,原因之一是由于 20 世纪 80 年代初期石油价格暴涨和自从海湾战争以来井控专业人员的增多;另一个原因是 20 世纪 80 年代石油的萧条,该行业失去了很多实用的现场经验。当阿莫科(Amoco)石油公司的国际钻井经理乔治·鲍伊克林(George Boyklin)1989 年春天致辞给 SPE/IADC 钻井委员会,抱怨该行业正在经历一场整体衰退。随着 2014 年行业再次萎缩,更多有经验的人将退休。

井控作业一般是很昂贵。近些年来报道的一些井喷处理花费超过 1 亿美元。甚至有报道花费超过 2.5 亿美元。1981 年阿帕奇(Apache)Key1 – 11 井的井喷是得克萨斯州历史上最大的井喷。据报道该井的恢复和井控作业花费超过 5 千万美元。

井喷所造成的天然气资源永久性损失可能会超过恢复费用。在一个国际作业中,地下井喷使世界上最大气田三分之二以上的资源损失掉。同很多行业一样,环境的考虑也是一项主要支出。一口燃烧的气井对环境的污染很小，但对一口喷发的油井，恢复环境的支出要超过恢复油井的费用。

油井被控制之后，费用和问题并不总是随之结束。现今全球范围内好多诉讼的倾向导致了更广泛的诉讼，时间经常超过油井的生命周期，费用超过井控的费用。例如，在阿帕奇（Apache）Key 井发生井喷后，诉讼涉及数百人，花费了数百万美元，并且危及了公司的生存。最终的法律问题在井喷 17 年后的 1998 年才得以解决的。

对于能源工业的影响和间接成本同样令人吃惊。发生在圣·芭芭拉（Santa Barbara）海峡的井喷事故对国内的法律规范和环境问题造成了巨大冲击。在加拿大，1985 年大量酸性气体的喷发永远改变了控制要求，加强了政府的干涉，且增加了勘探的费用。在英国北海，派帕阿尔法（Piper Alpha）平台事故和萨格（Saga）井喷也产生了相似的结果。深海地平线井喷关闭了墨西哥湾的钻井作业，实质上改变了监管要求，它甚至对陆地作业产生重大影响。

石油公司面临着有关井喷后果的巨大责任和消除井控事件影响的难题，对任何作业，管理、计划和执行都是最基础的工作。在井控作业中，应急预案对消除问题的影响特别关键。

我认为，应急计划的作用就是决定何时需要调用专门技术。明确在何处、在什么情况下，司钻需要井队长参与，井队长需要钻井现场监督参与，现场监督需要公司参与等。对于这一系列问题最基本的回答就是这一级技术无法处理问题时，它上一级监督管理人员必须立即发挥作用。或者当危机来临时必须做出重要决定。也许最重要的是作业者何时取得外部井控顾问的帮助？答案取决于作业者的专业技术水平。要鼓励所有井队成员寻求上一级的帮助。求得帮助而用不上要比需要帮助而得不到要好（且便宜）得多。

应急计划必须首先强调现场作业人员的安全。任何将现场人员置于危险中的方案和行为都必须阻止。确定在哪一点油井和它的周边是安全的，什么时候该放弃井场是管理人员的责任。永远也不要忘记起火的主要因素：燃料、氧气和燃点。任何时候，只要有这三点存在，所有人员就面临生命危险。如果井内流体含有毒气体，如硫化氢，这种情况将更为危险，需要更换设备。

不可能做出一个全球通用的应急计划，而对该计划需要做的仅仅是填空。一个庞大的流程图和毫不相干的陈年资料组成的烦琐计划比没有计划还要糟糕。必须有足够的现场资料来确定所需的人员、设备和服务来说明潜在的井控情况。例如，在南得克萨斯的作业者，不需要确定各种货运飞机的位置和运量，而在非洲丛林则需要这些资料。

超出井控之外的技术对作业者是一个挑战。历史上，井控专家是一个灭火队员。在大约一百个起火事件中，只有一个是地面井喷。灭火技术是唯一考虑的因素。一口井可能发生地面井喷或发生地下井喷。井喷可能需要地面或地下干预或需要打救援井，选择恰当的技术也是一种挑战。

作业者必须对潜在服务商的人员资质进行评估。吹嘘自大并不表示某人为井控专家。经验和资质不容易确定。井控作业经常隐藏着未知的事物。作业者可能担心损失或畏惧诉讼，结果对调查并不做诚实的努力。服务商一般不愿意公布商业秘密，如方法、理念或井控技术等，因为他们担心因此而丧失竞争实力，总之利益至上。在有些情况，井控工作处理得很好，而在有些情况下，井控工作的努力会造成严重的井控问题，甚至会转化成大灾难。不幸的是，两者都可能被宣布为成功，无知和傲慢是一种危险的结合。

最好的应急计划应包括一位除了时间外没有什么特意兜售的井控顾问。一些作业者确认和依靠技术专家本人,而不考虑他们所属的机构。一些大服务公司提供全套的服务已经很普遍,但这种方法并不总是经济的。如果泵入作业是其主要的服务线,服务商可能从项目费用出发对提供非必要性的泵入作业更感兴趣。

第11章 奥—敖达项目:科威特油井大火

如果不了解这一历史性项目的简要历史和对这一项目的全面观察,那么,任何压力控制高级读本都写不出来。我很自豪,我曾为科威特石油公司和科威特人民重建家园服务过。我认为,我的参与是我工作生涯中最大的荣耀。

没有照片和语言能记录描述这一项目的惊人、雄伟。也没有语言能描述这一项目的壮丽。它确实超出了那些现有手段的描写范围,也超出了现在还没有的那些手段的完全评估范围,一个有代表性的实况如图 11.1 所示,它是白天拍摄的,但浓烟遮天蔽日。

图 11.1 科威特油井大火照片

随着这些大面积的油井大火,科威特被洗劫一空。撤退的伊拉克军队野蛮地毁坏了油田的任何东西。什么可以用的东西都没留下,没有手动工具,没有带泵汽车,没有车辆,没有打捞工具,没有住房—什么都没有。完成熄灭大火和控制油井这一任务所需的任何东西都得进口。

全世界都对勇敢的科威特人深怀敬意。在 8 个月内扑灭了大约 700 口油井大火,这是一个惊人的成绩。特别是从这一事实来看:科威特是一个只有 150 万人口的小国,被彻底地、残忍地抢劫过。没有谁比科威特人工作得更艰苦,工作时间更长。许多人几个月没有见到过他们的家人,日复一日,从早到晚,整天,整星期,整月地工作,不倦地努力拯救自己的国家。

11.1 项目概述

根据作者的理解,将 1991 年 8 月 1 日生效的,有关灭火和井控的基本组织图示如图 11.2。科威特的油田如图 11.3 所示。大布尔甘(Greater Burgan)油田是科威特最大的油田。拉里·弗拉克(Larry Flak)是布尔甘油田以外的油田米纳基什(Minagish)和劳扎塔因(Raudhatain)油田的协调人。德士古公司(Texaco)负责中立区的油田,英国国际勘探钻采财团(British Consortium)负责萨卜里耶(Sabriah),科威特狂喷井救援公司(The Kuwaiti Wild Well Killers 或 KW-WK)负责乌姆·古代尔(Umm Gudair)的油井。圣菲(Santa Fe)公司前雇员拉里·琼斯(Larry

Jones)负责合同和后勤。科威特石油公司雇员阿卜杜拉·巴伦(Abdulla Baroun)负责科威特石油公司与多国灭火队的联络工作。

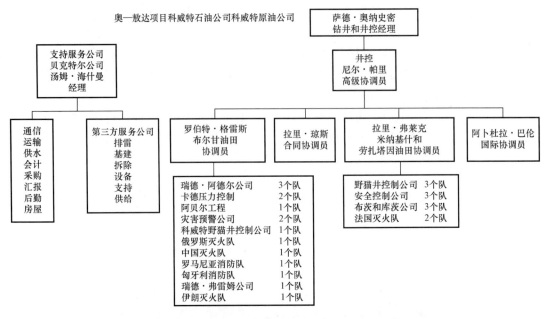

图 11.2　奥—敖达项目组织结构图

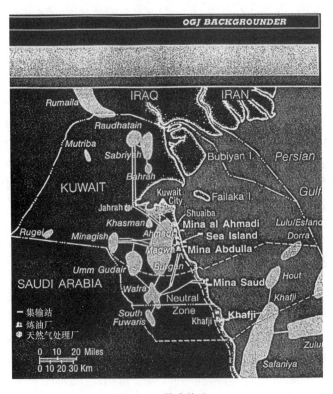

图 11.3　科威特油田

截至 8 月 1 日,从 4 个公司来的 812 个灭火队已经控制了 257 口油井,这些油井绝大多数都在艾哈迈迪(Ahmadi)和迈格瓦(Magwa)油田。这两个油田离科威特城最近。在迈格瓦和艾哈迈迪以后,重点是在布尔甘油田。但是,当其他灭火队到达时,原有的灭火队搬到了布尔甘以外的油田。到 11 月初这一项目结束时,有 26 支灭火队部署在科威特,如图 11.2 所示。

成千上万的人卷入了这些关键作业,所有的人都应受表扬。几乎所有的支援都是在汤姆·海什曼(Tom Heischman)非常巧妙的安排下,由贝克特尔公司(Bechtel)提供的。德士古在中立区提供了支援。英国国际斟探钻采财团在萨卜里耶提供了大部分支援。圣菲钻井公司的管理部门和雇员做出了巨大的贡献,他们之中有许多人是在战后第一批返回科威特的。圣菲钻井公司作出的许多贡献之一是支援了重型设备操作者,这些人跟灭火战士肩并肩地工作,清除杂物碎片,扑灭大火。

科威特油田和油井状况的早期报道见表 11.1。在绝大多数油田中,很容易确定每一口井的状况。但在布尔甘油田情况却不是这样。在布尔甘,油井密度非常之高,烟雾把能见度降低到只有几米,甚至到项目完成时,进入油田的某些部分都是不可见的。即使在前后几个星期,对于个别井的状况,看法还不一致。但是,考虑到周围的情况,总的情况还是准确的。布尔甘油田有代表性的一天示于图 11.1 中。

表 11.1 奥—敖达(AL－AWDA)项目:油井统计数据

油田	油井数量					说明
	已钻井	着火井	喷油井	损坏井	完好井	
迈格瓦(Magwa)	148	99	5	21	15	
艾哈迈迪(Ahmadi)	89	60	3	17	6	
布尔甘(Burgan)	423	291	24	27	67	
劳扎塔因(Raudhatain)	84	62	3	5	3	
萨卜里耶(Sabriah)	71	39	4	9	2	
日阿喀(Ratqa)	114	0	0	0	8	数据不包括浅井
巴哈日(Bahra)	9	3	2	*	*	* 表示数据不确定
米纳基什(Minagish)	39	27	0	7	1	
乌姆·古代尔(Umm Gudair)	44	26	2	10	2	
迪哈瑞夫(Dharif)	4	0	0	0	3	
阿卜杜里亚赫(Abduliyah)	5	0	0	0	4	
卡什曼(Khashman)	7	0	0	1	1	
合计	1037	607	43	97	112	

科威特绝大多数油井是老井和浅井(少于 5000ft),地面压力小于 1000psi。一般都是用 $3\frac{1}{2}$in 油管在 7in 套管内完井,并且通过套管和油管开采。老井有老式的格雷紧凑井口(Gray

Compact Head)把所有的套管挂整体地收装在逐渐扩大的心轴卷筒中。格雷紧奏井口的图片如图 11.4 所示。新井和深井有更高压力和采用常规的井口。

图 11.4　格雷紧奏井口图

　　伊拉克军队在采油树下主阀周围以及"B"段翼阀上装满可塑炸药,然后在炸药上部布满沙袋,以使炸药向采油树里爆炸。爆炸的力量是巨大的,破坏是难以描述的。

　　在幸运的例子中,如图 11.5 所示,采油树在主阀处断裂,没有其他损坏。在这种情况下,燃烧的大火直上,石油几乎完全被耗尽。但是,绝大多数情况都不是这么简单。在多数情况下,采油树的破坏不是完全的,因此,原油从多个裂缝和断口处流出。结果,燃烧过程不烧的原油在井口周围集聚成湖,通常有几英尺深(图 11.6)。在整个布尔甘油田的地面上,都覆盖有几英尺深的原油。涉及几百英亩的地面大火到处都是(图 11.7)。此外,一些溢流出来的未燃烧的原油在井口处熬炼,形成巨大的焦炭丘(图 11.8)。

图 11.5　采油树在主阀处断裂

图 11.6　未燃烧原油在井口集聚成湖

图 11.7　原油着火图

图 11.8　未燃烧原油在井口形成巨大焦炭丘

焦炭丘虽然对灭火战士是一个眼前的问题,可是,它们对科威特和全世界也许有益。焦炭左堵塞受损坏井原油外溢。

11.2　问题

11.2.1　风

科威特的风是个严峻的问题。通常,是从北向西北刮的强风。这种方向不变的强风对灭火作业是有益的。但是,在夏季那几个月中,热风非常讨厌。此外,被风携带的沙子严重刺激人的眼睛,保护眼睛的唯一好办法是戴普通的滑雪护目镜。可以预料,夏天的"施马尔(schmals)"或风暴会大大延误作业的进行。但是,情况并不是这样。溢流在沙漠上的原油,有助于压住沙子,减小风暴的强度。结果,作业受风暴的延误很少。

在没风的时候,风是最成问题的。在这一段时间内,15min 内风向改变180°并不罕见。并且风向会连续不断地改变。油井附近的任何设备都可能被改变方向的风毁坏。在任何情况下,所有设备都被原油覆盖,作业被延误,直到完全清除掉。在风再一次回到传统的风向以前,这种情况会持续好多天。

沙漠里的湿度一般都很低。但是,当风改变方向,给内陆带来潮湿的海湾空气时,湿度就会上升到100%。当这种情况发生时,道路会变得很滑湿危险。有许多次都出现过严重的车祸。

11.2.2　后勤

第一个问题是到达井位。通向井位的道路是由 EOD(清除爆炸物工兵队)和贝克特尔公司为灭火队员准备。EOD 清除了战争遗留下来的爆炸区,而贝克特尔则负责提供井位并给灭火队员提供用水。每一个从事这方面工作的人(有许多人)都做了惊人的工作。为了保持战略规划的效率,密切合作是至关重要的。目标是使各个队工作到这一项目的结束。

在九十月份高峰工作期间,白天运送1500 趟翻斗车修路和建筑材料,夜间连运几百车,这都是常事。

在油湖里查找那些遗弃弹药的位置是不可能的。因此,能够安全接近的方法是把卡车倒至路端,向油湖内倒入几立方码的材料,希望这些杂物掩埋一切。然后,推土机将这些材料散开,这一过程重复进行,直至到达现场位置。

11.2.3　供水

供水系统是由旧的集油管线建成的图(11.9)。绝大多数管线已经在地面使用了许多年,并且都受到了战火损坏。水管线是跨沙漠而铺设的,像一条洒水管线。尽管如此,每天仍能送 2500×10^4 gal 水。挖潟湖,每个位置都通了管线,集水系统就能向潟湖提供水了。潟湖的容量大约是 25000bbl。

足够的供水总是有问题。在灭火的作业阶段,水被连续泵入潟湖。一般说来,潟湖一个晚上就能充满。在项目的最后在布尔甘油田预计困难的位置建成了两个潟湖。因为在接近结束时灭火队更加集中了,工作区的用水量更大。尽管有许多障碍,但是在最后的这些日子里,供水第一次在这个项目中不成问题了。在不能用管线输送水的地区,用罐车从附近加水点运水。

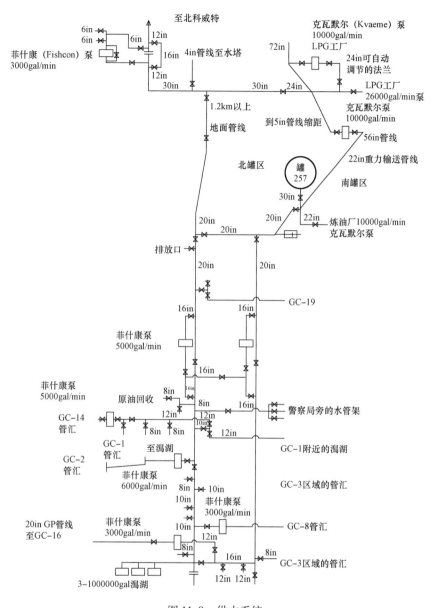

图 11.9 供水系统

11.2.4 地面大火

一旦到达灭火位置,灭火队员们接管材料,并将其分布到井上。在处理过程中,地面大火必须控制,并且是个主要问题。地面大火通常覆盖几十英亩。在许多情况下,我们辨认不出井来。从焦炭堆里流出来的未燃烧的油或火被扑灭后或从井里流出来的未燃烧的油给地面大火提供了燃料。多半时间,狂喷井灭火队员工作在地面大火很大的下风头,离井不到 100yd。

最糟糕的地面大火是在布尔甘的中心。根据预测,与安全控制(SafetyBoss)公司人员一起为扑灭地面大火设计了一台特殊装置。它包括一个装在拖车上的 250bbl 的罐。火监控器装在罐的顶部,灭火泵装在罐的后面。用 D-9 履带式拖拉机牵引,后面跟着 D-8 以保证安全。

它有一个内置的导管,喷洒灭火中常用的各种泡沫剂。队员们都工作在井喷和地面大火之间,每天浑身都是油。图11.10照片上的"泡沫1号"及其队员很出色,做出了很大贡献。

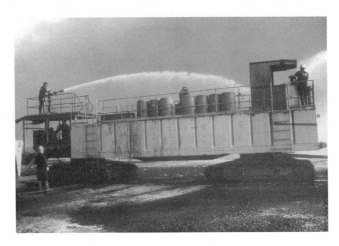

图11.10　供水系统

罗马尼亚和俄罗斯灭火队员特别善于战斗和控制地面大火。他们都带来了灭火卡车,这种车能喷洒把地面大火闷熄的粉末和化学药品。他们的努力对项目的成功贡献很大。在所有情况下,高温点都得用沙土盖上,防止复燃。有些高温点继续焚烧几个月。在白天,这些情况通常不易看见,但是在夜间,沙漠大火清晰可见。最后几个项目之一就是压住这些顽固的"恶魔"。

11.2.5　油湖

除了地面大火之外,未燃烧的油集聚成巨大的油湖。通常,油井被油湖包围。有一种情况,火从焦炭堆的一边出来,油可流到焦炭堆的另一边。油湖可能有几英尺深。油湖燃烧火,以想像不到的强度燃烧,产生大量烟雾。在油湖里工作是很危险的,因为进来的路可能被大火堵住,阻截了工作人员的出路。在油经过几天的风化以后,就不太可能燃烧了。因此,绝大多数火就可以因新原油减少而被扑灭。

在以后的日子里,就可以用大约50ft宽的路来围住湖里燃烧的油井的办法将问题解决。然后,采用交叉道路使火与新原油隔离。这种做法是成功的。如果某些较大油湖着了火,可能要烧几个星期的时间(图11.6)。

11.2.6　焦炭堆

一旦到达了油井,就要接近井口装置。一般情况下,每一支灭火队都有灭火泵、小拖车、监视篷、起重机,还有两个反向铲——一个长延伸的和一个履带235式的。为了到达离工作点足够近,第一步就是从监视篷向火上喷水。中等的灭火泵每分钟能泵送大约100bbl水,每口井上通常装备两台。

尽管潟湖容纳大约25000bbl水,但是,在每分钟200bbl的流量下,可能很快就被耗尽。用水溅洒,可以将监视篷移至离井口50ft以内。于是长延伸的反向铲就可以用来挖掉焦炭堆,把井口暴露出来。这种作业如图11.11所示。

如同以前所提到的,有些未燃烧的油在井口周围熬成焦,形成巨大的焦炭堆。焦炭堆像一个直径100ft的大饼。在井口上,焦炭堆可能有30至40ft高,直径50至70ft。它像大饼上的奶油。

图 11.11 供水系统

在某些情况下,焦炭堆非常硬,难于挖掘。更有一些情况,焦炭疏松,容易搬动。火在焦炭堆的一边燃烧,油流到另一边去,这种情况不多。

在北部油田,在井口周围构成了路肩,迅速地充满焦炭。挖开焦炭,看到一个燃油坑。

11.3 控制程序

井口暴露出来以后,就评估危险,确定压井程序。科威特81%的井是用三个程序中的一种来控制的。所采用的比例见表11.2。

表 11.2 压井技术汇总
单位:口

插入器	封井四通	封井器组	封隔器	其他	合计
225	239	94	11	121	690

11.3.1 插入器

如果井通过某个形状相当圆的通道向上流,就可以用插入器来控制井。见表11.2,总计225口井是用这一技术控制的。插入器就是一个带锥度的短节,当井喷时以及有时仍在燃烧时,强行插入井内。插入器连着起重机或小拖车的端部。压井液通过插入器泵入井口,如果井口不规则,就将形状或尺寸不规则的材料泵入,沿插入器周围将其封住。

由于绝大多数井的地面压力都比较低,插入器作业都取得了成功。但是,当井口大于7ft或者较高压力的井上,插入器一般都不成功。常规的插入器作业简图如图11.12所示。

11.3.2 封井四通

另一种通用的办法是把第一个可用法兰处以上的井口除去。用起重机或小拖车将一个上部带有一个大球阀的四通强行安装到采油树上留有的可用法兰上。然后关闭球阀,通过球阀下面四通的侧孔将井压住。这一程序叫封井四通作业,如图11.13和图11.14所示。见表11.2所示出的,有239口井是用这种技术控制住的。这一作业是在扑灭大火后进行的。

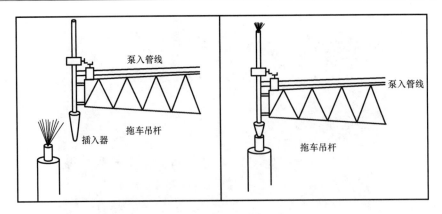

图 11.12　典型的插入器作业简图

图 11.13　采油树上带大球阀的四通

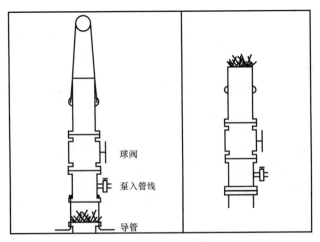

图 11.14　封井四通作业

11.3.3　封井器组

　　如果上述选择方案失败,就将井口装置从套管处除去。这一作业在灭火后和灭火前都可完成。在某些情况下,是用小车将井口拉下。在另一些情况下,则是用炸药将其炸掉。在这些尝试的最初的日子里,是用抽汲绞车和绳缆将其割掉。在最后4个月里,这一程序通常用高压水喷射切割。在井口拆掉以后,套管柱就用通常称为移动车床的机械割刀割除,留下大约4ft的套管柱,以连接封井器组。

井通常是用封井器组在7in生产套管上盖住的。很幸运,科威特油井上的所有套管柱都是注水泥到地面。因此当井口从套管上切掉以后,它们不像多数井常发生的那样掉下去或自毁。封井器组由三组防喷器构成(图11.15)。第一组是带卡瓦的闸板,目的是抵抗因关井产生的向上的力。第二组是倒装的环形闸板,目的是封住暴露的7in套管。带出口的四通把带卡瓦的闸板或防喷器与最上端的全封闭闸板分隔开。

拆掉井口以后,火就被扑灭。将套管拆除,留下大约4ft的7in套管暴露在外面。通常,用起重机将封井器组放在暴露的套管上。一旦封井器组就位,环形闸板就关闭,带卡瓦的闸板也跟着关闭。现在,井内流体就可以通过封井器组流动了。

当接上泵车,一切准备就绪时,就关闭全封闸板,于是,泵车就向井内泵入。这一作业在各地着火井上都进行过,但是,在科威特,只是在火扑灭后才进行这一作业。在科威特,封井器组井控作业在94口井上进行过。BG-376井是布尔甘油田上的最后一口井喷井,于1991年11月2日被控制住。图11.16描绘了BG-376井的封井器组井控作业。

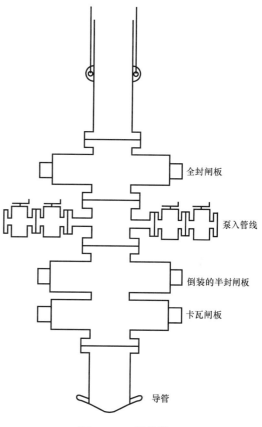

图11.15　封井器组

图11.16　BG-376井的封井器组井控作业

11.4 灭火

11.4.1 水

在科威特,扑灭大火是整个作业中的最容易的部分。尽管没有保留正式记录,但采用的是三个基本程序。绝大多数火是用水监控器扑灭的。石油中含有沥青,API 重度低,因此,比大多数原油挥发性较差。通常将 3 至 5 个监控器移近火源,在起火点,液流加强。当这一区域冷却以后,火就开始被阻止。一个监控器展开喷洒,进一步使火冷下来。很大的井火在几分钟内就被扑灭。图 11.17 示出了用监控器灭火的情况。

有些灭火队用火抑制材料和化学药品有效地灭火,减少水的需求量。这些材料更广泛的应用,更有效地保存了宝贵的水源。

11.4.2 氮

在得到所需的水量以前,许多火是用氮来扑灭的。一个连在小车上的 40ft 的烟囱放在火上,使火苗通过烟囱直接向上。火只在烟囱顶部燃烧,然后在底部的入口,将氮注入烟囱。常规的烟囱如图 11.17 所示。

图 11.17 氮灭火图

11.4.3 炸药

当然,有些大火是用炸药扑灭的。炸药有效地将支持燃烧所需的氧气从火中夺走。用火监控器将火和火的周围区域冷却下来,以防止复燃。装药量从 5 lb C_4 到 400lb 甘油炸药。装好的炸药封入一个与小车吊杆相连的桶中。有的在炸药里包含一些抑制火的材料。桶用绝缘材料缠住,以保障炸药只是在火上才能燃着。然后将炸药放在火中引爆。图 11.18 展示了正在放置准备起爆的炸药箱。

11.4.4 新技术

有一种技术引起了公众的广泛注意和兴趣。在东欧集团国家—俄罗斯,匈牙利和罗马尼亚—用喷气式发动机灭火。匈牙利灭火队员是最有意思的,他们的"大风"是由两台装在 20

图 11.18　炸药灭火图

世纪 50 年代生产的苏联坦克上的米格发动机组成的。水和火的抑制剂通过喷嘴射入并经遥控进入漩涡。坦克位于离火大约 75ft 的地方,然后接通水管线。发动机低速旋转,当它接近火时,用水保护机器。然后坦克就背对着火。一旦就位,发动机速度就增加,火就像人吹火柴一样被完全吹灭。匈牙利"大风"如图 11.19 所示。

图 11.19　匈牙利"大风"图片

11.5　切割

在灭火作业的最初一些日子里,用两台抽汲绞车之间的钢丝锯来锯套管柱和井口的。这一技术证明太慢。到 8 月初,气动喷射切割完全取代了抽汲钢丝。水力喷射切割对井控工作并不是新技术。但是,在科威特,技术得到了改进。

在科威特,主要用了两个系统。最广泛使用的是用金刚砂的 36000psi 高压喷射系统。水射流是用每分钟 3 至 4gal 水。通常,割刀在要切割的物件周围的轨道上运行。在其他情况下,是用一个手动喷枪,这一手动喷枪被证明很有效,很有用。大约有 400 口井使用了这一技术。

缺点是火必须在切割以前扑灭,并且在井口处要有一个使人员安全工作的井口圆井。在广泛使用前必须评估的另一种意见是在烟雾弥漫的黑暗中或深夜,当金刚砂碰撞到被切物件时,会发出火花,还不知道,在某些情况下这些火花是否足以使液流着火。因为,复燃永远是要关切的问题。

另一水喷射系统是在与小车端部相连的拖拉机上或架子上使用喷嘴。拖拉机允许从一端用一个喷嘴进行切割,而架子上有两个喷嘴,可以从两边切割物件。这一系统是在压力 7500~12500psi 下进行操作。具有含砂量 12 lb/gal 的稠化水用来进行切割。这一系统很有效,不需要人员接近井。此外,如果被切割物件可以通过火看得见的话,这一系统可以用在正在燃烧的井上。这一技术在 48 口井上用过。

传统的切割焊枪被某些人使用过。用一个烟囱使火苗上升,工人可以在井口周围切割。镁棒也用过,因为它们有这样的优点,即套叠在一块的长度可达 10ft。

11.6　统计资料

最有权威的人士预言,作业会需要 5 年的时间。实际用了 229d 项目的过程如图 11.20 和图 11.21 所示。起初,只有四个公司参与了灭火工作。8 月初,又增加了几个队,组成了从世界各地来的 27 个队。参加的公司和每个公司控制的井数见表 11.3。表 11.3 所列的每个公司控制的井数不太重要,因为有些公司有更多的人员并且有很长一段时间在科威特。重要的是,8 月 1 号以后最困难的井被控制住了。如图 11.21 所示,按每口井大约 4 个队日统计,每口井的队日数基本是个常数。这不是说某些井不太难和某些队不很好。

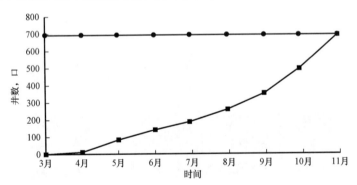

图 11.20　奥—敖达项目科威特油井恢复

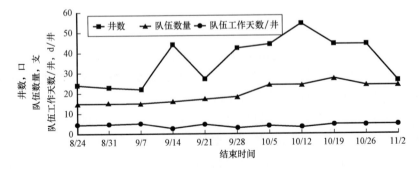

图 11.21　奥—敖达项目统计资料

表 11.3　奥—敖达项目:抢救和封井的油井

承包商	合计
瑞德·阿戴尔公司(Red Adair)(美国)	111
布茨考茨公司(Boots & Coots)(美国)	126
狂喷控制公司(Wild Well Control)(美国)	120
安全控制公司(Safety Boss)(加拿大)	176
卡德压力控制公司(Cudd Pressure Control)(美国)	23
NICO 灭火队(伊朗)	20
中国灭火队	10
科威特石油公司(KOC)	41
灾害预警公司(Alert Disaster)	11
匈牙利灭火队	9
亚伯工程公司(美国)—KOC	8
—WAFRA	31
罗马尼亚灭火队	6
瑞德·弗雷姆(Red Flame)公司(加拿大)—KOC	2
—WAFRA	5
豪威尔(Horwell)公司(法国)	9
俄罗斯灭火队	4
英国灭火队	6
生产维修(Production Maintenance)公司	9
总计	727

也如图 11.21 所示,在 10 月 12 日的那一周,达到了高纪录,当时在 7d 内控制住了创纪录的 54 口井。10 月份这个月,平均每天控制住 6.3 口井。并且创纪录的控制井数是 13 口井。

图 11.22 和图 11.23 列出了布尔甘油田的统计资料。8 月下旬,在布尔甘油田工作的高达 15 个队。从 9 月初开始,灭火队向北部和西部油田迁移。他们由来自世界各地的灭火队来替换。图 11.21 和图 11.23 表明,每井队日数在 8 月至 11 月间,平均每井 5 队日,实际下降到平均每井 4 队日。

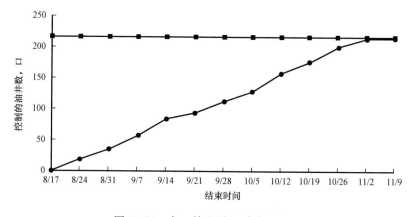

图 11.22　奥—敖达项目:布尔甘油田

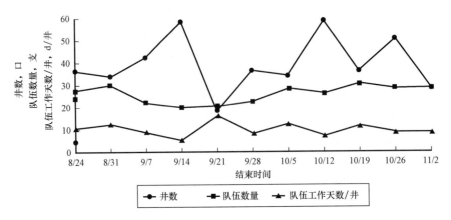

图 11.23　奥—敖达项目:布尔甘油田统计资料

如图 11.23 所表明的,布尔甘的过程是始终如一的。如同在图 11.23 中可以注意到的,记录下来的最好过程在 9 月 14 日周末,当时由 10 个队控制住了 29 口井,超过了每井两队日的量。布尔甘比较麻烦的井是在本项目较后的日子里控制住的。

11.7　安全

在 1991 年 11 月 6 日官方终止该项目时截止,与科威特火灾有关的机构数量达到了 11 个。

每一个灭火队都配备了救护车和医疗设施。在如此恶劣的环境中,这些消防人员成为了生命的守卫者。他们给烧伤的工作人员提供水或者其他可以喝的东西。另外,他们可以给受伤不严重的人提供治疗,同时可以给医疗直升机提供帮助。按照惯例,报道一位伤者所需的 10 ~15min,也是患者送达医院进行治疗的时间。

英国皇室军队清理了井场和其他的军需品,实现了一项创举。消防人员所经过的道路与区域都需要例行检查。任何离火源非常近的爆炸物很容易被点燃。因此,消防人员要从这些困难中免于伤害。然而,到该项目完成时为止,EOD 因为陆地排雷而失去了两名工作人员。其中一人是因为清理海滩而丧生。另外一人是在 Umm Gudair 油田工作时,因为莫名的爆炸而丧生。

在该项目的早期发生了最严重的事故。在艾哈迈迪和布尔甘之间有一条主干道,从一个燃烧的井中飘出的烟在该条主干道上漂浮。像往常一样,工作人员已经习惯了这种境况,然后逐渐驱走该烟雾。在这特殊一天里,在烟雾里和路边的沟渠里也有火苗。来自三个服务公司的工作人员明显在烟雾中迷失了方向,将车开向了火堆里。五个人全部死亡。在另一个事件中,有一个人因为管线事故丧生,另外一个人是在与重型设备相关的道路事故中丧生。

在所有的这些消防人员中,来自中国的一个团队中有一个工作人员严重烧伤,但是没有危及生命。另外,在该项目结束的时候,来自 Rumanian 团队的两个工作人员因为风停之后气体火焰聚集,从而导致了严重的烧伤。气体被之前扑灭的火苗点燃。两名受伤人员被空运到欧洲,但是不久就死亡了。

11.8 总结

根据 1996 年美国安全局签署的文件,除去失去的储备物的价值,因为伊拉克而导致的经济损失达到了 951630871 美元。于该事件中,奥—敖达项目的损失也达到每天超过 3 百万美元,总计 708112779 美元。据估计,刚开始的时候,大火每天要烧到(500 ~700) × 10^4 bbl 石油。除了南极洲之外,来自各大洲的和 40 多个国家的 10000 多名非军事人员为消防人员提供了援助。

据估计,该井每天排放 5000t 左右的烟,形状貌似羽毛,分布的距离达到 800mile 远。在奥—敖达项目中,提供了超过 350 万份的餐食。

官方于 1991 年 6 月终止该项目时,有 696 口被报道。第一口井在 3 月 22 日得到了保护,最后的一场火在 11 月 6 日被扑灭,总共花了 229d。值得注意!

后 记

对我来说,关于科威特的报道开始于 1990 年 6 月。那时,我在伦敦钻井实践研讨会上讲课。有 6 位从科威特来的与会者,其中有两人以后会成为科威特狂喷井救援公司[KWWK—在奥—敖达(A1-Awda)项目期间科威特自己的灭火队]的成员。他们都是棒小伙子。我们经常讨论中东的形势,很显然,他们不是萨达姆·侯赛因和伊拉克的狂热者。

我们的研讨会结束后不久,伊拉克军队入侵了他们的祖国。如同伊拉克记者以后披露的,在最初入侵的那些日子里,伊拉克人开始蓄意地和系统地准备破坏科威特油田。炸药放在井口周围,导线接到要害点,以便一个人只要按一下电钮,就能毁掉几口油井。熟悉油田的科威特人被胁迫去给他们帮忙。

规划和准备奥—敖达项目的主要贡献者之一是阿道尔·沙史大卫(Adel Sheshtawy),他是一位出生在埃及的美国公民。大约在 1973 年至 1978 年,阿道尔在俄克拉荷马大学教授石油工程。因为这种资历,他的班里有许多科威特工程师。这些工程师在科威特石油公司(KOC)都走上了负责岗位。

此外,阿道尔还在不同的石油工程学科中讲授了短期课程。在一次短期课程中,他有机会遇到了萨德·奥纳史密(SaudAl-Nashmi)。后来,萨德成了奥—敖达项目的负责人,与科威特的石油大火做斗争。

在入侵以后,萨德给阿道尔打电话,这两人在休斯敦相遇。事情很混乱。曾有一个总统指示,任何人不许与科威特或伊拉克公司打交道。但是,萨德接到钻井作业处的报告,要他留在科威特。这时候炸药正在被伊拉克军队往一些井上放,他非常忧虑。

加拿大油井控制安全(Safety Boss)公司经理麦克·米勒(Mike Miller)回忆起,阿道尔是在 1990 年 9 月底或 10 月初与他接触,开始规划返回科威特这件事的。麦克回忆说,那时着火井最大估计数是 50 口。

经过一段短时间,科威特人在饭店里建立了自己的总部。科威特石油公司与以休斯敦为基地的奥布赖恩·戈因斯工程公司(O'Brien Goins Engineering,OGE)建立了长期伙伴关系。戈因斯和奥布赖恩即使在那时也是石油工业中的传奇人物。阿道尔和几位科威特人转租了OGE 旁边的办公地点,开始规划返回科威特的事。OGE 的一位雇员拉里·弗莱克将成为奥—敖达项目的首任协调人。

根据麦克·米勒所说,在 1990 年秋天,在休斯敦至少开了 4 次会,打了许多电话,进行了几百小时的规划。与流亡在沙特阿拉伯提夫(Tief)的科威特政府之间的合同已准备好,但直到地面战争爆发时才签字。每一组都负责带来能维持一年作业所需的东西。所有订约者都有实质上的独立地位。井控公司在给压井作业的井做准备时,有完全的控制权。

1990 年秋,我正在为 Mil-Vid3# 井喷的救援井做准备,该井位于得克萨斯维得(Vidor)附近,属于爱麦瑞达·赫斯(Amerada Hess)公司。11 月 30 日晚,阿道尔和法赫德·奥吉米(Fa-hedAl-Ajmi)找到我。法赫德·奥吉米现在是科威特石油公司的副经理。阿道尔和法赫德整夜都在我的活动房子里,我们主要讨论了救援井的选择方案。阿道尔谈得最多。我们讨论了现代化的救援井技术。他们似乎对大斜度/水平救援井特别感兴趣。

阿道尔认为,伊拉克主要要两样东西。科威特人在鲁迈拉油田南部尖端钻井,鲁迈拉油田是伊拉克最大油田之一,只有一小部分延伸到科威特。伊拉克觉得鲁迈拉油田是伊拉克人的,对科威特在南部的开采不满。

再有,他进一步说,伊拉克的目标是要有进入波斯湾深水港口的通路,现在夏陶·阿拉伯(Shattal Arab)就已经提供了进入的通路——它是底格里斯河(Tigris)与波斯湾的汇合口。因为这些原因,阿道尔相信不会发生战争。

阿道尔继续说,尽管普遍承认不会有战争,但是,还是准备了应急方案。大家都知道,在伊拉克跟伊朗打仗时,它炸毁了伊朗的油井。大家都相信,对科威特的油田它也计划了类似的行动。那时,他没有吐露他疑心井上正在接通导线进行破坏。

正如同阿道尔那天晚上向我描述的,应急计划预料伊拉克炸毁 120 口油井。流亡的科威特官员同四个井控公司签订了合同,每个公司提供两个队。每个队至少由 4 人组成,包括队长。每个公司要提供能支撑一年灭火工作所需的设备。这四个公司是瑞德·阿戴尔(Red Adair),布茨考茨(Boots&Coots)和狂野井控制公司——都是来自休斯敦,还有安全控制(Safety Boss)公司,这是一个加拿大公司。

从一开始,甚至在规划阶段,以休斯敦公司为基地的一方对加拿大人就有很大的反感。尽管安全控制(Safety Boss)公司在业务上比任何一家休斯敦公司都见长,但是休斯敦各公司在全世界范围内有更高的知名度,主要是由于瑞德·阿戴尔招揽生意的手腕。

休斯敦各小组都是来自同一个合伙经营公司,而加拿大人却有不同的意见和观点。如同我们将看到的,加拿大人没有受传统的休斯敦有关灭火的条令的阻碍,结果,在奥—敖达项目中机动灵活得多,效率高得多。这种灵活性和效率是加拿大人比休斯敦各公司多处理几乎40%的井的主要原因。

1991 年 1 月 15 日,当伊拉克人没有撤军,海湾战争开始时,阿道尔预言被证明不成立。到 2 月 23 日战争结束时,正在撤退的伊拉克部队炸毁了 700 多口油井,远远超过应急计划料想的数字。

流亡中的科威特政府立即着手实施应急计划,狂热地工作,把应急计划扩大到包括任何人和每一个可以帮助的人。

我在半夜接到无数秘密电话,来电者声称自己是科威特王室成员或者是王室的特殊朋友,具有能受到王室接见或得到合同的权威。每个人都想成为我的代理人或帮助与科威特联系接触的特殊朋友。有的甚至要预先付钱来进行正常的联系。简直是疯了。

问题基本上就是这样。从来没有过大规模的井控服务事业,理由很简单,从来没有过许多井喷和油井大火。麦然·金利(Myron Kinley)单枪匹马地控制过这个行业,直到 20 世纪 50 年代,而瑞德·阿黛尔继续垄断,直到 20 世纪 70 年代。

20 世纪 70 年代末和 80 年代初的繁盛,引起了对井控服务业的要求超过了所能提供的限度。这样过量的要求,形成了更多的机会。20 世纪 70 年代末,阿戴尔跟他的两个得力助手布茨·汉森(Boots Hansen)和考茨·马修斯(Coots Mathews)发生了争论,他们离开了,成立了布茨考茨公司。大约在同时,乔·勃登(Joe Bowden)开始创立了狂喷控制公司。在这一相同的大致期间内,鲍勃·卡德(Bob Cudd)离开了奥提斯(Otis),组建了卡德(Cudd)压力控制公司。

这些新公司一般都是由在老公司工作过的人员配备的。一个例外就是鲍勃·卡德和卡德压力控制公司。尽管他以在强行起下钻方面的专长而知名,但是鲍勃以前在油井灭火和压井作业方面也有丰富的经验。

安全控制(Safety Boss)是一家加拿大公司,建于1954年,在全世界各地作业,由我的老朋友麦克·米勒拥有和经营。但是,在行业内,对他们的作业却知之甚少。安全控制(Safety Boss)是由麦克的父亲开始的,最初是在油田灭火方面崭露头角。该公司使用更多的传统灭火技术,包括特别设计的具有一般外观的灭火卡车。

被选作应急计划一方的这4个公司的任何一方,都有少数能处理井喷的雇员。按照应急计划,每个公司都要提供2个(后来是3个)专职队,实际上,这就是说,4个队(后来是6个队)要轮流工作28d,每个队最少要由4个有经验的人组成。那就是说,每个公司要提供16个(后来是24个)有经验的灭火队员。提供紧急灭火服务的工业部门不是那么大,只有很少的人员就可以了。

结果,绝大多数灭火公司都争夺热门人员补充自己队伍的需要。笼罩着油井大火的神秘面纱揭掉了。有钻井工、工程师、不压井作业工人、修井工人、学校教师、酒吧侍者领班(这里列举几种)作为灭火队员。原因是科威特绝大多数油井都比较简单,几乎任何人都可以干。

OGE要准备井控工程。这就是说,每一个灭火队都从OGE那里分配到一名工程师。灭火队要扑灭大火,将井封住,然后,井控工程师负责将井压住,确保以后的开采。

另一个关键组织是总部设在加州圣菲泉(Santa Fe Spring)的圣菲(Santa Fe)钻井公司。1981年科威特石油公司买下了圣菲钻井公司,并对其管理表示信任。圣菲钻井公司对灭火工作要提供支持服务。特别是,每个灭火队都分配到一个由4名或更多重型设备操作员和钻工组成的小队。最终,所有灭火队都配备有挖土机、铲车和推土机供自己支配。圣菲的人员操作这些设备。

最大的工程公司贝克特尔(Bechtel)公司对其灭火工作提供支援负全面责任。特别是贝克特尔公司要提供住房、重型设备、汽车等。根据我的看法,贝克特尔公司的两个最大责任范围是灭火专用的水和修路及筑路材料的土木工作。

科威特石油公司的官员负责全面协调和全面工作。主要责任落在了萨德·奥纳史密肩上,他是一位比较年轻但又很能干的工程师。

当战争结束,损坏的范围披露出来以后,科威特人急于实施他们的应急计划,并进一步将计划扩大到还包括参加灭火工作以外的任何人,前面提到的基础建设机构当时并不为人知晓。

经过几十次失败的线索和几百次受挫折的电话,我终于认识到,阿赫迈德·奥卡特(AhmedAl—Khatib)我想他是一位巴勒斯坦人,是加州圣菲泉的圣菲钻井公司办事处的合适接触人。

跟他接触后,很明显,我的想法是对的。他告诉我,科威特人目前正在寻找其他人进行科威特的灭火工作。他说,有一个委员会将审查任何事物,并且这个委员会要迁往伦敦。他继续说,那些感兴趣的人要把资料送给他,他将对此做评估后转交。那以后,如果申请者被认定合格,将被邀请会面。

我通知我的老朋友鲍勃·卡德,递交了我们的资料。不久,就安排了会面,鲍勃和我就去了加州。1991年3月12日,星期二,我们在圣菲钻井公司办事处会见了阿赫迈德·奥卡特和约翰·阿尔福特(JohnAlford)。

我们被告知,科威特的情况比预计的糟糕得多。科威特石油公司急于要对能做贡献的每一个人进行鉴别,特别是鉴别附加的井控工程服务以及油井灭火队的能力。

正是在这期间,我第一次听说有关尼尔·帕里(Neal Parry)的事。尼尔是在圣菲钻井公司作为一名司钻开始他的职业生涯的。在服务了36年以后,作为一名执行副总裁于1988年退休。在他的不同职位上,他在科威特度过了大部分时间,得到了科威特人的信任。后来我认识了他,为他工作,并对他非常尊重。在最近一次会见中,尼尔解释说,他在科威特的工作是他生涯中光彩的一段。来自一位从司钻晋升到一个大公司执行副总裁的人的这一意见,充分说明了奥—敖达项目的意义。

奥卡特先生告诉我,我们刚刚失掉了尼尔。他离开了加州,参加了伦敦的一个委员会。那个委员会要考虑新技术以及附加的服务工作。

3月28日,尼尔从伦敦来了电话。他告诉我,要鲍勃·卡德和我去科威特调研情况。因为机场已被炸毁,没有去科威特的商用飞机。我们得旅行到迪拜,然后租飞机去科威特城。我们要在科威特停留几天,然后返回伦敦与委员会成员相会。委员会在伦敦维多利亚火车站附近有一个与圣菲钻井公司共用的办公室。

鲍勃和我于4月3日去伦敦。我们去圣菲伦敦办理处与委员会成员相见,这些成员中包括:阿赫迈德·奥阿瓦迪(AhmedAl—Awadi),法若·坎道(Famuk Karnlil),穆斯塔法·阿撒尼(Mustafa Adsani)和尼尔·帕里。吉米·端拉普(Jim Dunlap)协助尼尔。我们第一次深入了解了科威特的情况,但是我们要看的什么都没有准备。

4月9日,星期二,鲍勃和我旅行到了迪拜,在那里过了一夜。第二天早晨我们登上了艾威格林(Evergreen)包租飞机去科威特城。当我们到达科威特城的时候,从火上冒出的烟清晰可见。我曾看到过许多油井大火,但是从没看到过在大约40mile长,40mile宽的区域内密集了700多口油井大火。

我永远也不会忘记在科威特城机场着陆时看到的荒废情况。在跑道中心有一个炸弹坑。到处是烟和火。圣菲公司的钻井总监斯坦帕楚(Stan Petree)去接我们并护送我们到住地。在以后的日子里,我们游览了科威特。

在那些日子里,我照了几百张照片,拍摄了几小时的录像。即使用所有的照片和英语的所有词汇,也无法描述我所看到的东西。最糟糕的是大布尔甘油田,那里井的密度最高(图1)。

大布尔甘(Burgan)油田是科威特最早的油田,也是最大的油田,并且也是全世界最大的油田。它是科威特皇冠上的一颗明珠。布尔甘北端的小城市艾哈迈迪(Ahmadi)是油田社区的中心。布尔甘的高速公路从艾哈迈迪向南延伸至GC1(1号集油中心)和埃米尔(Emir)沙漠宫殿。

在挨着GC1的布尔甘油田中间,埃米尔家族建立了美丽豪华的宫殿,到处都是花园、动物和世界上最好的马。

布尔甘高速公路末端这一科威特主权的象征,现已躺在大火的废墟之中(图2),我第一次沿布尔甘高速公路驾车行驶是冷静的。看不见太阳,天黑得如同半夜。油像下雨似的落在我们的车上,把可见度降低到只有几英尺。油井着起大火,地面大火到处可见。

在绝大多数道路上,油几乎都淹没轮胎。我不知道我们车子排气管排出的热量为什么没有点燃我们下面的油。以后我知道了,科威特的油含碳氢化合物低,燃点高——这一事实对我

图1　大布尔甘油田

图2　布尔甘高速公路

们的灭火工作很有帮助。

　　从艾哈迈迪到布尔甘的高速公路上,自始至终,马路两边都是火。烟很浓,我看不见车的前方,也说不清车是否在马路上。我承认我有点害怕。我们绕集油中心转。所有的集油中心都被夷为平地(图3)。

　　后来,我询问我们军方成员关于集油站毁坏的事,他们也困惑。一位军官说也说不清毁坏是联军所为还是伊拉克人所为,但是他看来很像是核武器毁坏。

　　伊拉克人的破坏是丧失理性的。他们劫夺和破坏了艾哈迈迪的科威特石油公司总部。他们偷去了或破坏了科威特油田的每一样工具或车辆。除了最近由贝克特尔或灭火队员带来的设备外,我没有看见也找不到一件可用的设备。我没有看见任何手工工具——没有榔头、螺丝刀、钳子、什么都没有。

　　也有轻松的一面,在营地住地,灭火队员们都挺有意思。那些家伙收集了足够供应一个小队的军需品,有 AK-47、反坦克炮、地雷和各种能够想得出的炸弹。我想,他们没有把自己炸掉,这真是个奇迹。

　　我去参加我们队召集的一个会议。讨论的主题是我们可能遇到的各种地雷。因为军械专

图3　被夷为平地的集油中心

家画出了各种地雷的图画,并说明了它们是多么危险,我们听到有人告诉他的朋友,他是如何在他的屋内找到 2~3 个地雷的。

有一次,一队人想检验一下伊拉克人的反坦克武器。门开着直通他们捡来的东西,手拿武器的勇敢家伙站在门前,瞄准一个报废的坦克。他开了火,胳臂挺直。但是,从武器中出来的回火在他车门开了一个匀称的洞,受惊的队员一直等到天黑,回到了艾哈迈迪,用挖土机埋上了车子!队长后来知道了这次事故,赔偿了科威特石油公司的车子。

在路途中,我在许多场合偶尔遇到圣菲钻井公司的当地经理迈尔斯·谢尔顿(Miles Shelton)。那时,我得到清楚的印象,迈尔斯或许还有其他人预料卡德压力控制公司和在科威特北部工作的新来者与艾哈迈迪的作业没有关系。因为贝克特尔正在南部工作,圣菲公司将给灭火队员提供支援,而我的公司 GSM 将给井控工程提供支援。当然,那跟我在加州得到的印象是一致的。在很多情况下,我从不同的可靠来源听说过那种情况。但是,就我个人来说,我不认为这是科威特人认真考虑过的事情。

4 月 16 日,鲍勃和我回到了伦敦。第二天我们就与委员会的成员会面。我们做了介绍,委员会告诉我们去科威特工作只是个时间问题。4 月 20 日,我们回家等待。

5 月 9 日,我去了特立尼达(Trinidad)处理一口井喷。5 月 17 日完成了任务。正当任务要完成时,我们接到了鲍勃·卡德的电话,我们得去伦敦谈判合同问题。于是,我就从西班牙港直接去伦敦。

大约是 6 月 1 日,我回到美国等待。在那期间,似乎每件事都动得很慢。贝克特尔公司不能或者不愿意支援在科威特工作的灭火队。因此,就没有必要进入更多的灭火队了。

同时,我接到了德国的路德维格·俾茨史(Ludwig Pietzsch)的电话,他们小组有兴趣参加这一新技术探索。6 月底,我到法兰克福与俾茨史和他们小组相见。他们有很有意思的想法,包括激光制导起重机,先进的喷射切割,以及透过烟和火能看清井口的光学仪器,我继续同俾茨史和他的小组打交道。对他们、对石油工业、对我们所有的人都非常遗憾的是在他们的想法没等到验证以前,项目就完成了。毫无疑问,有些想法会对灭火技术作出意义深远的贡献。

7月29日，事情开始发生。我被告知，尼尔·帕里被正式提名为萨德的新的协调人。贝克特尔在后，新的灭火队正在途中。此外，还要增加国际灭火队。贝克特尔要支援工业用品队伍，而国际灭火队要自带用品。英国公司负责萨卜里耶(Sabriyah)的工作，包括灭火。法国公司在劳扎塔因(Raudhatain)工作。当然，无论是英国公司还是法国公司都没有灭火资历。因此，他们从休斯敦大街上或他们能雇到的任何地方雇用人手。但是，他们工作的还不错。

8月5日，尼尔·帕里给我打电话邀我去科威特为他做管理队伍的工作。他说，关于灭火，他自称不懂任何事情，但是，他知道如何把事情做好。他说，我负责油田作业，他能给我工作中所需的东西。他继续说，最难处理的井喷在我们前面。他希望灭火队员能尽快把井封住和压住。他不希望任何灭火队陷在一口井上。如果证明一口井太难处理，就放置等以后处理。

在那时，科威特城周围的井都已被封住。最大的挑战是布尔甘油田。在布尔甘，油井之间距离很近，烟很浓，到处都是油湖，地面上大火猖獗。扑灭布尔甘的火是我的任务。

应当承认，绝大多数油井都是按传统方法灭火、封住和压住的。但是，一般认为，那时有许多井需要更多的时间、精力和努力。有些被认为需要救援井，一旦认定是那种情况的话，拟出一套井控战略并最终战胜最后几口井，那就是我的工作。

我问尼尔·帕里这个项目要持续多长时间。他告诉我，计划在这里停留5年，每90d休假一次。1991年8月10日，星期六，我吻别了家人，去科威特。8月12日到达科威特城。

我的住处是在艾哈迈迪办事处。从3月以来，一直被灭火队员居住地的地板和地毯都因原油、钻井液和烟灰而变黑。我的第一个印象是，项目处在混乱之中。没有协调和组织。每个人都像一串松了的炮弹一样，到处乱跑。一般来说，灭火队员只是在他们想工作的井上工作，什么时候、什么地方、他们高兴怎么做就怎么做。

有几个不同的灭火战略。瑞德·阿戴尔的弟子们基本上是按同一方式操作的。他们在25000bbl潟湖的边缘放置了至少2个大的、橇装的、柴油机驱动的离心泵。8至12in的带法兰的管线连到一个分段总管上。火焰监控器用反射镀锡皮屏蔽。所有管道都是用螺纹或螺栓连在一起的。在灭火时搬移很费时间。有些公司，像卡德压力控制公司，用更轻便更容易安装的灌溉管线。每一样东西都要装在卡车上，运到很远的地方。

加拿大安全控制公司，使用特别设计的卡车。他们的用水是运输工具拉来的，储存在几个500bbl的压裂罐内。必要时，加拿大人穿着防火工作服和防御外衣。结果，他们一般都在离火较近处工作，并且用水较少。他们用常规的消防软管把泵与监控器连接起来。结果，他们可以很机动、很灵活。他们可以驱车到着火处，滚出消防软管，几分钟就可以工作。晚上，他们把软管卷起来，驱车到艾哈迈迪。此外，他们比以休斯敦为基地的灭火队员用更多的化学阻燃剂。

他们的机动灵活有许多优点。风向变化时，裸露的设备会被油浸泡。结果，直到蒸汽清洁器除去油以后才能工作。因为灭火卡车每晚都要开到城里，在必要时还得清洗，他们都准备在第二天早晨去工作。

在某些情况下，他们的机动性是个优点。在一种情况下，在布尔甘的最西端的一口井上，我简直得不到足够的水填充井上的潟湖。我请麦克·米勒和他的安全控制队员帮助解决，结果比传统的灭火队员卸掉卡车所用的时间还少。在我看来，这些优点主要造成了这样一个事实，尽管加拿大队比其他队晚启动几个星期，但是他们比原来的4个公司多制服了40%的油井。加拿大公司（由于他们的努力）和卡德压力控制公司（由于鲍勃·卡德的奉献），是在奥一敖达项目封井作业后仅保留的两个公司。

绝大多数灭火队的基本战略是相同的。他们使火向上燃烧,然后把火灭掉。灭火以后把井封住。

国际灭火队用多种技术。像罗马尼亚,匈牙利和俄罗斯这样的东方集团国家用灭火卡车、动力卡车和喷气发动机。常规的是1台或多台喷气发动机装在一个卡车上或坦克上,把火吹灭。匈牙利"大风"是最为壮观的(图4)。

图4 匈牙利"大风"

我定期地让新来的人在布尔甘边缘和地区的旁边工作,直到他们取得了经验并且显示他们有能力时为止。

当我到那时,以休斯敦为基地的灭火队员主要在艾哈迈迪周围工作。加拿大人在布尔甘南部工作。当时正刮北风,加拿大人总是在浓厚的黑烟中工作,而休斯敦队则是在阳光下工作。反感和歧视激励着加拿大人。

当我理出了一点头绪以后,十分清楚,最大的问题是供水问题。贝克特尔真是个令人满意的地方动物园。他们有组织图表的笔记本。在最初那些日子中的一天,我看过了组织图表,试图找出谁负责水供给。我甚至到贝克特尔总部,从一个办公室到另一个办公室。似乎没有一个人知道谁负责什么事情。绝大多数人都坐在一起围着看报。那一天,我不能确定谁是负责水的供应方。非常令人沮丧。

不久以后,我在油田碰到一位名叫兰迪·克劳斯(Randy Cross)的有意思的新西兰人。兰迪很有能力,似乎是负责供水问题的。我不能确信他是做什么工作的,但是以后我知道他能做很多工作。他的工作很出色。

做出用现有管线系统把水从海里引到每口井的潟湖的决定。这不是最好的想法。由于投下的那些炸弹,管线状况很糟糕。当我们打开水闸门时,它就像一个巨大的洒水系统。兰迪认为,建立一个新系统会更有效。

我听说兰迪有一份很大很有活力的工作。他负责恢复道路、准备井位、挖掘和修砌潟湖,并将潟湖充满水。他的工作要赶在灭火队员之前。我的口号和座右铭是:"赶上新西兰人!"

当我们进入布尔甘工作时,兰迪要保持领先我们有困难。一天,他带着一个问题来找我。他需要开辟一条路进入布尔甘的心脏,他需要这条路,以便建一个材料库,存放筑路和建筑用的材料。他也需要它,以接近管线。

因为我需要有灵活性的人,我求助于我的老朋友安全控制(Safety Boss)公司的麦克·米勒。我们勘测了兰迪要开辟的那条路,到处都有油井大火、地面大火、油和烟雾。许多油井大火马上就要临近兰迪想开辟的那条路。接受挑战就意味着麦克和他的队员不得不在周围都是大火和像下雨般的油中和浓雾中工作。麦克从未犹豫过,他说,如果应该做,他就要去做。

麦克和他的队员去工作了。他们在最不利的条件下,在一些难应付的井上工作。他们的设备绝对适合这种作业。他们可以驱动灭火车到现场,要装设备并在大约 1h 向火上喷水。天黑时,他们卷起软管,驱车回艾哈迈迪。留下最少量的设备未安装、裸露着。路似乎是在计划时间之内开辟的,我参观了他们的作业。如果能继续的话,对我来说是个奇迹,但是他们这样做了。

如果现在在科威特有英雄的话,那么,兰迪就应列在表的前列。恢复布尔甘的努力是这样组织的,灭火队员背面冲着风。这就是说,兰迪和他的队员们必须在烟雾和地面大火中重修公路,准备场地,挖坑,修建管线。

烟雾非常浓,每天的可见度是零。油像雨水般的下淌,我几乎每天都得洗车。弹药需要清除。兰迪用菲律宾劳工做他的工作。他们每天拉 1500 车筑路材料,有时一晚上拉 300 车。

在这个英雄的名单上,清除弹药的人也应列在前头。英国皇家军用品公司清除布尔甘的弹药。只有一种方法进行这一工作:他们在几个"陆地流浪者"车的前遮板上装有座位。他们给栅格划界,然后驱动栅格。他们的车辆就会因油而弄得很黑。他们从头到脚都是油。我不知道他们是如何幸存下来的。他们中有些人没能幸存,有些人被地雷炸死了。

皇家军用品公司清除了道路和场地的弹药并做出标记。最好停留在标记的范围之内,沙漠里到处都有没有爆炸的炸弹和地雷。更多的人没有受伤或没被炸死是这些人工作良好的证据。我知道地面大火在一个新区井的周围突然发生,这是经常的事,这听起来好像是 7 月 4 日一样。

当弹药堆集地查明以后,军用品公司就会请一位爆炸专家和灭火队员将其点燃。他们会前来忠告其他人,在某一时刻要发生什么事了,附近的每一人在预定时刻前都要躲避 5min。一个可怜的家伙得留在预计事件的 100yd 以内,以确保没有人不经意地进入区域以内。当一个弹药堆集地清除时,场面很壮观。我不知道看守的人是如何幸存下来的。它会使几千米以内感到大地震动(图 5)。

大约一个月后,贝克特尔开辟了拉兑法(Latifa)塔楼,所有的灭火队员都搬了进去。拉兑法塔楼是两个 17 层的公寓,俯瞰海湾。鲍勃·卡德和我在一座塔楼的 16 层分享一个三床位的一套房间。我们有新的电视频道和电影。马路对面建了一座大餐厅,我们就在那里用餐。

到达后不久,我觉得我们会在 1992 年复活节前结束工作。以后不久,我告诉我妻子,我将在圣诞节前结束工作。又过了几天以后,我想我们会在 1991 年感恩节前结束工作。这只是一个组织和工作的问题。

以后的几个月是一片模糊。我们每天早晨大约 4 点钟起床,吃过早饭去工作。下午 5 点结束,回到塔楼,洗澡,吃晚饭,上床睡觉。第二天又是这样。不久,我都不知道是星期几了,甚至都不知道是几月了。

图 5　弹药堆集地清除

尼尔信守诺言。他到那以后,我们就得到了我们需要的每一样东西。他确实知道如何安排项目。油井灭火队员都以自私和我行我素闻名。我认为除尼尔外没有人能博得他们的尊敬,并使他们一块转向正确的方向。

10 月中旬以前,很显然,项目进行得比任何人想象的都快。此外,我很害怕,怕有些人会变得过分自信或漫不经心,酿成致命的错误。确实,还没有严重的伤害,我们决定保持高度的安全标准。

在灭火中最危险的时候是当风向改变时。绝大多数时间都是强烈的北风。偶然间,风向会改变。在那些情况下,风似乎是在原地打转,没有方向。因此,油也旋流,浸没了大地和所有的设备。

在一天下午的晚些时候,北风平息了。我们都知道那意味着什么。罗马尼亚灭火队一直在地面大火处工作。风平息时他们正在停工准备过夜,突然地面大火复燃,吞没了一个队员。两人严重烧伤。

我们的安全网络是杰出的。我们能在 15min 内把伤员运到艾哈迈迪的医院。我想起当我去看望受伤的罗马尼亚人时,他们的脸严重烧伤肿胀。他们被安顿下来,用飞机运往欧洲。不幸,因伤势重,后来两人都死了。

事情继续进行得非常好。1991 年 11 月 2 日,我向尼尔报告。"我很高兴地告诉你,在布尔甘油田没有燃烧的火了!"我们结束了这一项目,计划在 1991 年 11 月 6 日举行结束仪式。跟科威特灭火队员一起,BG118 被装备起来成为科威特"最后"的火。在结束仪式上,埃米尔要亲自灭掉这股火。在离燃烧的井大约 100yd 的地方建了平台,安装了特殊控制台,因为尼尔曾告诉过我,当埃米尔轻按开关时火最好冒出来,否则,那就是笑柄。

结束仪式是个奇观。大帐篷(图 6)在沙漠中搭起来了,以供从各地来的显贵住宿。有足够的食品、音乐和舞蹈。科威特人穿着他们最好的传统服装(图 7),这在我们西方人看来是个有趣的景象。有无数的讲话和许多礼仪。最后,埃米尔出现了。我们参与灭火的所有的人都从旁边而过受接见,并与埃米尔握手,作为他对我们感谢的一个标志。

图6 灭火结束的庆祝场面

图7 科威特人穿着传统服装庆祝

在背景处一直燃烧的 BG118 是注意的焦点。当时,最后时刻到来,埃米尔走上平台。当他伸手去按开关时,我屏住了呼吸。科威特最后的大火熄灭了,没有哭泣,雷鸣般的欢呼声伴随着巨大的喝彩声。奥—敖达项目结束了。

很幸运,每件事都比计划的进行得要好。我刚好在1991年感恩节前回到了家里。希望这是人生经历仅有的一次—或者说甚至是世界事件历史中仅有的一次。这是具有不同文化的人在一起勤奋地工作,能够制胜的极好的例子。我们做了件很好的工作,我为我曾经是其中一员而骄傲! 我永远不会忘记它。

国外油气勘探开发新进展丛书（一）

书号：3592
定价：56.00元

书号：3663
定价：120.00元

书号：3700
定价：110.00元

书号：3718
定价：145.00元

书号：3722
定价：90.00元

国外油气勘探开发新进展丛书（二）

书号：4217
定价：96.00元

书号：4226
定价：60.00元

书号：4352
定价：32.00元

书号：4334
定价：115.00元

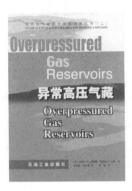

书号：4297
定价：28.00元

国外油气勘探开发新进展丛书（三）

书号：4539
定价：120.00元

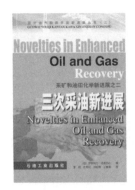

书号：4725
定价：88.00元

书号：4707
定价：60.00元

书号：4681
定价：48.00元

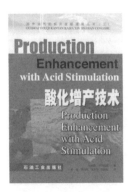

书号：4689
定价：50.00元

书号：4764
定价：78.00元

国外油气勘探开发新进展丛书（四）

书号：5554
定价：78.00元

书号：5429
定价：35.00元

书号：5599
定价：98.00元

书号：5702
定价：120.00元

书号：5676
定价：48.00元

书号：5750
定价：68.00元

国外油气勘探开发新进展丛书（五）

书号：6449
定价：52.00元

书号：5929
定价：70.00元

书号：6471
定价：128.00元

书号：6402
定价：96.00元

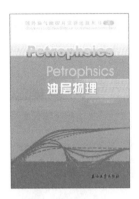

书号：6309
定价：185.00元

书号：6718
定价：150.00元

国外油气勘探开发新进展丛书（六）

书号：7055
定价：290.00元

书号：7000
定价：50.00元

书号：7035
定价：32.00元

书号：7075
定价：128.00元

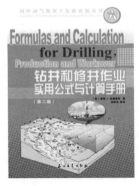

书号：6966
定价：42.00元

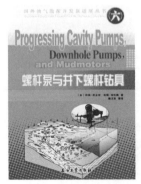

书号：6967
定价：32.00元

国外油气勘探开发新进展丛书（七）

书号：7533
定价：65.00元

书号：7802
定价：110.00元

书号：7555
定价：60.00元

书号：7290
定价：98.00元

书号：7088
定价：120.00元

书号：7690
定价：93.00元

国外油气勘探开发新进展丛书（八）

书号：7446
定价：38.00元

书号：8065
定价：98.00元

书号：8356
定价：98.00元

书号：8092
定价：38.00元

书号：8804
定价：38.00元

书号：9483
定价：140.00元

国外油气勘探开发新进展丛书（九）

书号：8351
定价：68.00元

书号：8782
定价：180.00元

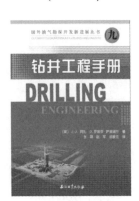

书号：8336
定价：80.00元

书号：8899
定价：150.00元

书号：9013
定价：160.00元

书号：7634
定价：65.00元

国外油气勘探开发新进展丛书（十）

书号：9009
定价：110.00元

书号：9989
定价：110.00元

书号：9574
定价：80.00元

书号：9024
定价：96.00元

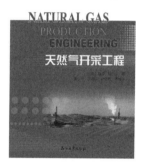

书号：9322
定价：96.00元

书号：9576
定价：96.00元

国外油气勘探开发新进展丛书（十一）

书号：0042
定价：120.00元

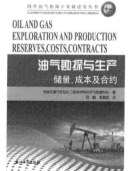

书号：9943
定价：75.00元

书号：0732
定价：75.00元

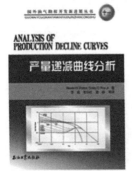

书号：0916
定价：80.00元

书号：0867
定价：65.00元

书号：0732
定价：75.00元

国外油气勘探开发新进展丛书（十二）

书号：0661
定价：80.00元

书号：0870
定价：116.00元

书号：0851
定价：120.00元

书号：1172
定价：120.00元

书号：0958
定价：66.00元

书号：1529
定价：66.00元

国外油气勘探开发新进展丛书（十三）

书号：1046
定价：158.00元

书号：1167
定价：165.00元

书号：1645
定价：70.00元

书号：1259
定价：60.00元

书号：1875
定价：158.00元

书号：1477
定价：256.00元

国外油气勘探开发新进展丛书（十四）

书号：1456
定价：128.00元

书号：1855
定价：60.00元

书号：1874
定价：280.00元

书号：2857
定价：80.00元

书号：2362
定价：76.00元

国外油气勘探开发新进展丛书（十五）

书号：3053
定价：260.00元

书号：3682
定价：180.00元

书号：2216
定价：180.00元

书号：3052
定价：260.00元

书号：2703
定价：280.00元

书号：2419
定价：300.00元

国外油气勘探开发新进展丛书（十六）

书号：2274
定价：68.00元

书号：2428
定价：168.00元

书号：1979
定价：65.00元

书号：3450
定价：280.00元

国外油气勘探开发新进展丛书（十七）

书号：2862
定价：160.00元

书号：3081
定价：86.00元

书号：3514
定价：96.00元

书号：3512
定价：298.00元

书号：3980
定价：220.00元

国外油气勘探开发新进展丛书（十八）

书号：3702
定价：75.00元

书号：3734
定价：200.00元

书号：3693
定价：48.00元

书号：3513
定价：278.00元

书号：3772
定价：80.00元

国外油气勘探开发新进展丛书（十九）

书号：3834
定价：200.00元

书号：3991
定价：180.00元